연산 능력 강화
개념 기억력 강화
기초력 완성

비상은
믿습니다

당연한 것을 낯설게 바라보는 시선이
교육을 움직이게 한다는 것을.

현장에서 출발한 고민이
다음 교육의 해답이 될 수 있다는 것을.

배움의 즐거움이
교육의 가장 강력한 연료라는 것을.

다름을 존중하는 태도가
교육의 가치를 더 깊게 만든다는 것을.

그리고,
우리가 선택한 이 가치들이
곧, 우리 교육의 방향이 된다고 믿습니다.

이 믿음 하나하나가 모여,
새로운 콘텐츠와 플랫폼이 되어
교육의 새로운 전형을 만들어갑니다.

상상 그 이상 –

visang

수와 연산

1학년	2학년	3학년

수와 연산

1학년

1-1 9까지의 수
- 1부터 9까지의 수
- 수로 순서 나타내기
- 수의 순서
- 1만큼 더 큰 수, 1만큼 더 작은 수 / 0
- 수의 크기 비교

1-1 덧셈과 뺄셈
- 9까지의 수 모으기와 가르기
- 덧셈 알아보기, 덧셈하기
- 뺄셈 알아보기, 뺄셈하기
- 0이 있는 덧셈과 뺄셈

1-1 50까지의 수
- 10 / 십몇
- 19까지의 수 모으기와 가르기
- 10개씩 묶어 세기 / 50까지의 수 세기
- 수의 순서
- 수의 크기 비교

1-2 100까지의 수
- 60, 70, 80, 90
- 99까지의 수
- 수의 순서
- 수의 크기 비교
- 짝수와 홀수

1-2 덧셈과 뺄셈
- 계산 결과가 한 자리 수인 세 수의 덧셈과 뺄셈
- 10이 되는 더하기
- 10에서 빼기
- 두 수의 합이 10인 세 수의 덧셈

- 받아올림이 있는 (몇)+(몇)
- 받아내림이 있는 (십몇)−(몇)

- 받아올림이 없는 (몇십몇)+(몇), (몇십)+(몇십), (몇십몇)+(몇십몇)
- 받아내림이 없는 (몇십몇)−(몇), (몇십)−(몇십), (몇십몇)−(몇십몇)

2학년

2-1 세 자리 수
- 100 / 몇백
- 세 자리 수
- 각 자리의 숫자가 나타내는 값
- 뛰어 세기
- 수의 크기 비교

2-1 덧셈과 뺄셈
- 받아올림이 있는 (두 자리 수)+(한 자리 수), (두 자리 수)+(두 자리 수)
- 받아내림이 있는 (두 자리 수)−(한 자리 수), (몇십)−(몇십몇), (두 자리 수)−(두 자리 수)
- 세 수의 계산
- 덧셈과 뺄셈의 관계를 식으로 나타내기
- □가 사용된 덧셈식을 만들고 □의 값 구하기
- □가 사용된 뺄셈식을 만들고 □의 값 구하기

2-1 곱셈
- 여러 가지 방법으로 세어 보기
- 묶어 세기
- 몇의 몇 배
- 곱셈 알아보기
- 곱셈식

2-2 네 자리 수
- 1000 / 몇천
- 네 자리 수
- 각 자리의 숫자가 나타내는 값
- 뛰어 세기
- 수의 크기 비교

2-2 곱셈구구
- 2단 곱셈구구
- 5단 곱셈구구
- 3단, 6단 곱셈구구
- 4단, 8단 곱셈구구
- 7단 곱셈구구
- 9단 곱셈구구
- 1단 곱셈구구 / 0의 곱
- 곱셈표

3학년

3-1 덧셈과 뺄셈
- (세 자리 수)+(세 자리 수)
- (세 자리 수)−(세 자리 수)

3-1 나눗셈
- 똑같이 나누어 보기
- 곱셈과 나눗셈의 관계
- 나눗셈의 몫을 곱셈식으로 구하기
- 나눗셈의 몫을 곱셈구구로 구하기

3-1 곱셈
- (몇십)×(몇)
- (몇십몇)×(몇)

3-1 분수와 소수
- 똑같이 나누어 보기
- 분수
- 분모가 같은 분수의 크기 비교
- 단위분수의 크기 비교
- 소수
- 소수의 크기 비교

3-2 곱셈
- (세 자리 수)×(한 자리 수)
- (몇십)×(몇십), (몇십몇)×(몇십)
- (몇)×(몇십몇)
- (몇십몇)×(몇십몇)

3-2 나눗셈
- (몇십)÷(몇)
- (몇십몇)÷(몇)
- (세 자리 수)÷(한 자리 수)

3-2 분수
- 분수로 나타내기
- 분수만큼은 얼마인지 알아보기
- 진분수, 가분수, 자연수, 대분수
- 분모가 같은 분수의 크기 비교

색깔별로 각 주제의 학습 내용을 알 수 있어요!

- 규칙
- 도형과 측정의 기초
- 시각과 시간
- 표와 그래프
- 비
- 길이
- 들이
- 무게
- 가능성
- 원 / 원기둥, 원뿔, 구 / 원주와 원의 넓이
- 평면도형 / 평면도형의 둘레와 넓이
- 입체도형 / 입체도형의 겉넓이와 부피

4학년

4-1 규칙 찾기
- 수의 배열에서 규칙 찾기
- 모양의 배열에서 규칙 찾기
- 등호를 사용한 식으로 나타내기
- 계산식에서 규칙 찾기

4-1 각도
- 각의 크기 비교, 각의 크기 구하기
- 예각, 둔각
- 각도의 합과 차
- 삼각형의 세 각의 크기의 합
- 사각형의 네 각의 크기의 합

4-1 평면도형의 이동
- 점의 이동
- 평면도형 밀기, 뒤집기, 돌리기

4-2 삼각형
- 이등변삼각형과 그 성질
- 정삼각형과 그 성질
- 예각삼각형, 둔각삼각형

4-2 사각형
- 수직
- 평행, 평행선 사이의 거리
- 사다리꼴, 평행사변형, 마름모

4-2 다각형
- 다각형, 정다각형
- 대각선
- 모양 만들기, 모양 채우기

4-1 막대그래프
- 막대그래프
- 막대그래프에서 알 수 있는 것
- 막대그래프 그리기

4-2 꺾은선그래프
- 꺾은선그래프
- 꺾은선그래프에서 알 수 있는 것
- 꺾은선그래프 그리기

5학년

5-1 대응 관계
- 두 양 사이의 대응 관계
- 대응 관계를 식으로 나타내기
- 생활 속에서 대응 관계를 찾아 식으로 나타내기

5-1 다각형의 둘레와 넓이
- 정다각형, 사각형의 둘레
- $1\ cm^2$, $1\ m^2$, $1\ km^2$
- 직사각형, 평행사변형의 넓이
- 삼각형의 넓이
- 마름모, 사다리꼴의 넓이

5-2 합동과 대칭
- 도형의 합동과 그 성질
- 선대칭도형과 그 성질
- 점대칭도형과 그 성질

5-2 직육면체
- 직육면체, 정육면체
- 직육면체의 성질
- 직육면체의 겨냥도
- 정육면체와 직육면체의 전개도

5-2 평균과 가능성
- 평균
- 일이 일어날 가능성

6학년

6-1 비와 비율
- 두 수의 비교 / 비
- 비율 / 백분율

6-2 비례식과 비례배분
- 비의 성질
- 간단한 자연수의 비로 나타내기
- 비례식
- 비례배분

6-1 각기둥과 각뿔
- 각기둥, 각기둥의 전개도
- 각뿔

6-1 직육면체의 겉넓이와 부피
- 직육면체의 겉넓이
- 부피의 단위 cm^3, m^3
- 직육면체의 부피

6-2 공간과 입체
- 어느 방향에서 본 모양인지 알아보기
- 쌓기나무로 쌓은 모양과 위에서 본 모양을 보고 쌓기나무의 개수 알아보기
- 위, 앞, 옆에서 본 모양을 보고 쌓기나무의 개수 알아보기
- 위에서 본 모양에 수를 써서 쌓기나무의 개수 알아보기
- 층별로 나타낸 모양을 보고 쌓기나무의 개수 알아보기

6-2 원의 넓이
- 원주와 지름의 관계
- 원주율
- 원주와 지름 구하기
- 원의 넓이

6-2 원기둥, 원뿔, 구
- 원기둥, 원기둥의 전개도
- 원뿔
- 구

6-1 여러 가지 그래프
- 띠그래프, 원그래프
- 띠그래프와 원그래프로 나타내기
- 띠그래프와 원그래프 해석하기

+ 교과서에 따라 3~4학년군, 5~6학년군 내에서 학기별로 수록된 단원 또는 학습 내용의 순서가 다를 수 있습니다.

변화와 관계, 도형과 측정, 자료와 가능성

	1학년	2학년	3학년

변화와 관계

1학년

1-2 규칙 찾기
- 규칙 찾기
- 규칙 만들기
- 규칙을 만들어 무늬 꾸미기
- 수 배열, 수 배열표에서 규칙 찾기
- 규칙을 여러 가지 방법으로 나타내기

2학년

2-2 규칙 찾기
- 무늬에서 색깔과 모양의 규칙 찾기
- 무늬에서 방향과 수의 규칙 찾기
- 쌓은 모양에서 규칙 찾기
- 덧셈표, 곱셈표에서 규칙 찾기
- 생활에서 규칙 찾기

도형과 측정

1학년

1-1 여러 가지 모양
- ▫, ▫, ○ 모양 찾기
- ▫, ▫, ○ 모양 알아보기
- ▫, ▫, ○ 모양으로 만들기

1-1 비교하기
- 길이의 비교
- 무게의 비교
- 넓이의 비교
- 들이의 비교

1-2 모양과 시각
- □, △, ○ 모양 찾기
- □, △, ○ 모양 알아보기
- □, △, ○ 모양으로 꾸미기
- 몇 시
- 몇 시 30분

2학년

2-1 여러 가지 도형
- △, □, ○을 알아보기
- 칠교판으로 모양 만들기
- 쌓은 모양 알아보기
- 여러 가지 모양으로 쌓기

2-1 길이 재기
- 길이를 비교하는 방법
- 여러 가지 단위로 길이 재기
- 1cm
- 자로 길이 재기
- 길이 어림하기

2-2 길이 재기
- 1m
- 자로 길이 재기
- 길이의 합과 차

2-2 시각과 시간
- 몇 시 몇 분
- 여러 가지 방법으로 시각 읽기
- 1시간
- 걸린 시간
- 하루의 시간
- 달력

3학년

3-1 평면도형
- 선분, 반직선, 직선
- 각, 직각
- 직각삼각형
- 직사각형 / 정사각형

3-1 길이와 시간
- 1mm, 1km
- 1초
- 시간의 덧셈과 뺄셈

3-2 원
- 원의 중심, 반지름, 지름
- 원의 성질
- 컴퍼스를 이용하여 원 그리기

3-2 들이와 무게
- 들이의 비교
- 들이의 단위 L, mL
- 들이의 덧셈과 뺄셈
- 무게의 비교
- 무게의 단위 g, kg, t
- 무게의 덧셈과 뺄셈

자료와 가능성

2학년

2-1 분류하기
- 분류하기 / 기준에 따라 분류하기
- 분류하여 세어 보기
- 분류한 결과 말하기

2-2 표와 그래프
- 자료를 분류하여 표로 나타내기
- 자료를 분류하여 그래프로 나타내기
- 표와 그래프를 보고 알 수 있는 내용

3학년

3-2 그림그래프
- 그림그래프
- 그림그래프로 나타내기

개념+연산

자연수	자연수의 혼합 계산
자연수의 덧셈과 뺄셈	분수의 덧셈과 뺄셈
자연수의 곱셈과 나눗셈	소수의 덧셈과 뺄셈
분수의 곱셈과 나눗셈	소수의 곱셈과 나눗셈

4학년

4-1 큰 수
- 10000 / 다섯 자리 수
- 십만, 백만, 천만
- 억, 조
- 뛰어 세기
- 수의 크기 비교

4-1 곱셈과 나눗셈
- (세 자리 수)×(몇십)
- (세 자리 수)×(두 자리 수)
- (세 자리 수)÷(몇십)
- (두 자리 수)÷(두 자리 수),
  (세 자리 수)÷(두 자리 수)

4-2 분수의 덧셈과 뺄셈
- 두 진분수의 덧셈
- 두 진분수의 뺄셈, 1−(진분수)
- 대분수의 덧셈
- (자연수)−(분수)
- (대분수)−(대분수), (대분수)−(가분수)

4-2 소수의 덧셈과 뺄셈
- 소수 두 자리 수 / 소수 세 자리 수
- 소수의 크기 비교
- 소수 사이의 관계
- 소수 한 자리 수의 덧셈과 뺄셈
- 소수 두 자리 수의 덧셈과 뺄셈

5학년

5-1 자연수의 혼합 계산
- 덧셈과 뺄셈이 섞여 있는 식
- 곱셈과 나눗셈이 섞여 있는 식
- 덧셈, 뺄셈, 곱셈이 섞여 있는 식
- 덧셈, 뺄셈, 나눗셈이 섞여 있는 식
- 덧셈, 뺄셈, 곱셈, 나눗셈이 섞여 있는 식

5-1 약수와 배수
- 약수와 배수
- 약수와 배수의 관계
- 공약수와 최대공약수
- 공배수와 최소공배수

5-1 약분과 통분
- 크기가 같은 분수
- 약분
- 통분
- 분수의 크기 비교
- 분수와 소수의 크기 비교

5-1 분수의 덧셈과 뺄셈
- 진분수의 덧셈
- 대분수의 덧셈
- 진분수의 뺄셈
- 대분수의 뺄셈

5-2 수와 범위와 어림하기
- 이상, 이하, 초과, 미만
- 올림, 버림, 반올림

5-2 분수의 곱셈
- (분수)×(자연수)
- (자연수)×(분수)
- (진분수)×(진분수)
- (대분수)×(대분수)

5-2 소수의 곱셈
- (소수)×(자연수)
- (자연수)×(소수)
- (소수)×(소수)
- 곱의 소수점의 위치

6학년

6-1 분수의 나눗셈
- (자연수)÷(자연수)의 몫을 분수로 나타내기
- (분수)÷(자연수)
- (대분수)÷(자연수)

6-1 소수의 나눗셈
- (소수)÷(자연수)
- (자연수)÷(자연수)의 몫을 소수로 나타내기
- 몫의 소수점 위치 확인하기

6-2 분수의 나눗셈
- (분수)÷(분수)
- (분수)÷(분수)를 (분수)×(분수)로 나타내기
- (자연수)÷(분수), (가분수)÷(분수),
  (대분수)÷(분수)

6-2 소수의 나눗셈
- (소수)÷(소수)
- (자연수)÷(소수)
- 소수의 나눗셈의 몫을 반올림하여 나타내기

✛ 교과서에 따라 3~4학년군, 5~6학년군 내에서 학기별로 수록된 단원 또는 학습 내용의 순서가 다를 수 있습니다.

개념﹢연산

메인 북

초등수학

3·2

구성과 특징

개념 + 드릴

기억에 오래 남는 **한 컷 개념**과 **계산력 강화**를 위한
드릴 문제 4쪽으로 수와 연산을 익혀요.

연산

계산력
강화 단원

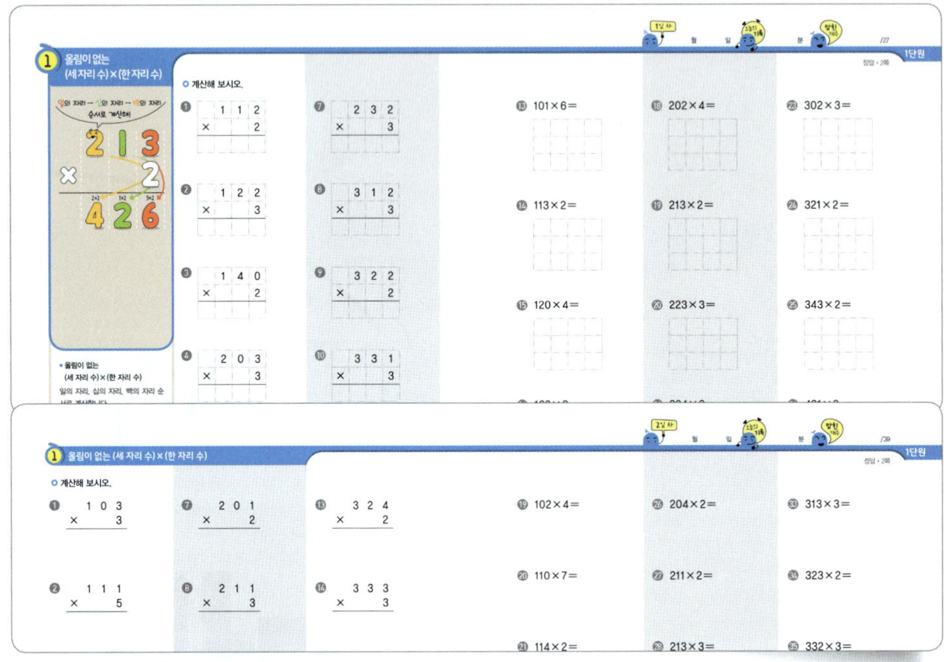

개념 + 익힘

기억에 오래 남는 **한 컷 개념**과 **기초 개념 강화**를 위한
익힘 문제 2쪽으로 도형, 측정 등을 익혀요.

도형, 측정 등

기초 개념
강화 단원

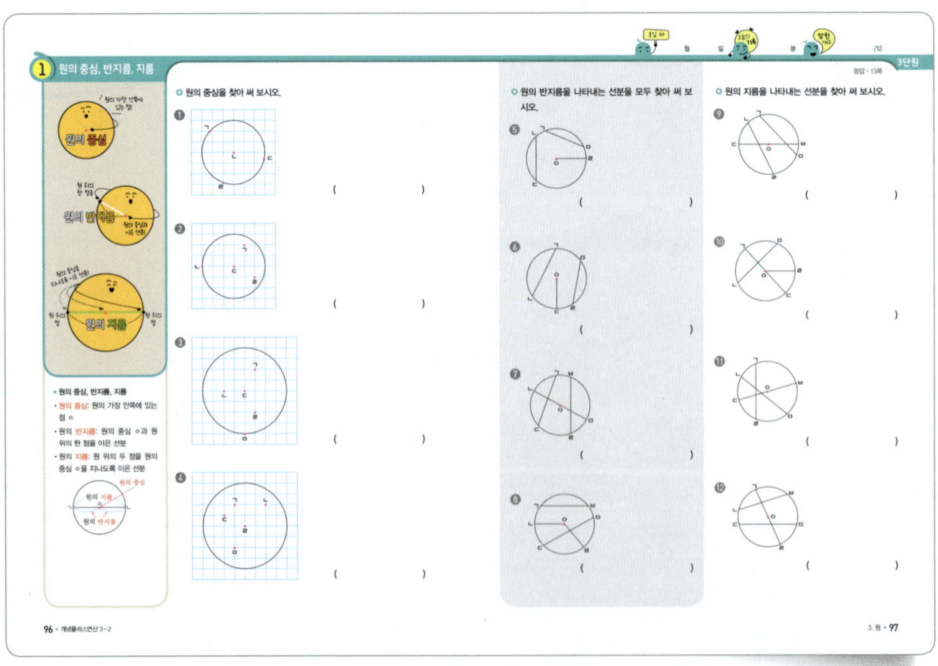

적용

다양한 유형의 연산 문제에 **적용 능력**을 키워요.

특강

비법 강의로 빠르고 정확한 **연산력**을 강화해요.

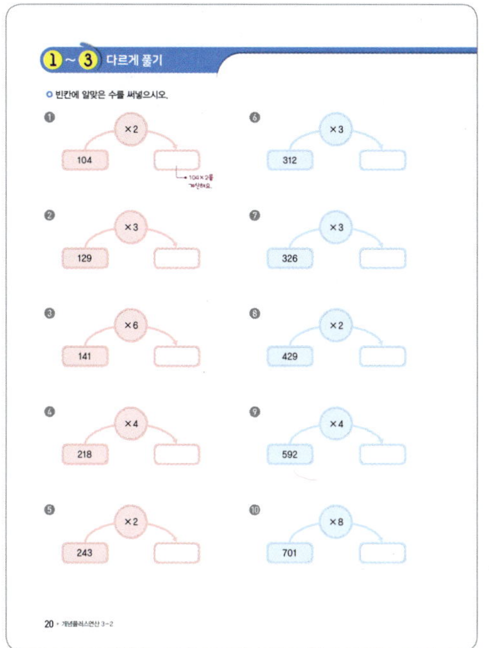

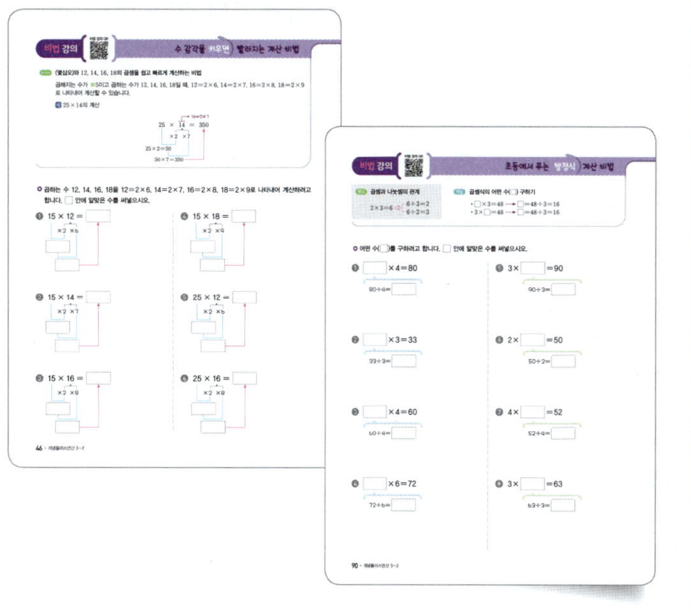

수 감각을 키우면 수를 분해하고 합성하여 계산하는 방법을 익혀요.

초등에서 푸는 방정식 □를 사용한 식에서 □의 값을 구하는 방법을 익혀요.

평가

단원별로 **연산력**을 **평가**해요.

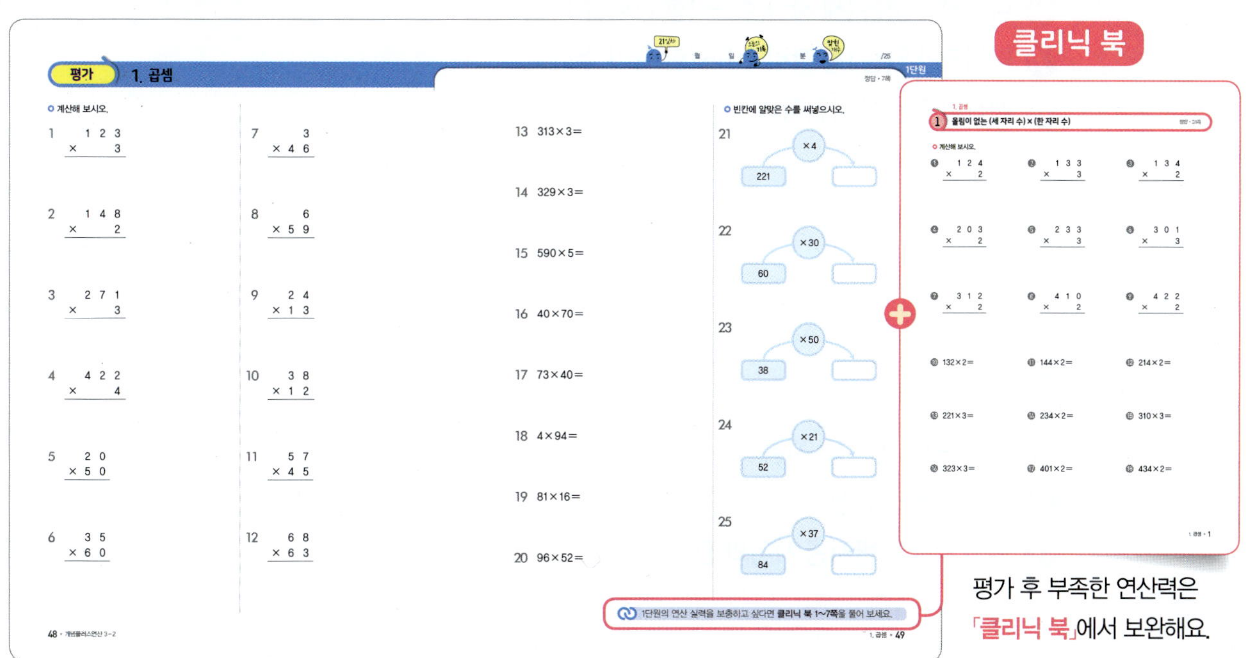

클리닉 북

평가 후 부족한 연산력은 「**클리닉 북**」에서 보완해요.

3-2에서 배울 내용을 확인해요!

20 ✕ 30
곱셈

학습 내용	학습 회차	걸린 시간
① 올림이 없는 (세 자리 수) × (한 자리 수)	1일 차	/8분
	2일 차	/12분
② 일의 자리에서 올림이 있는 (세 자리 수) × (한 자리 수)	3일 차	/9분
	4일 차	/13분
③ 십, 백의 자리에서 올림이 있는 (세 자리 수) × (한 자리 수)	5일 차	/10분
	6일 차	/14분
① ~ ③ 다르게 풀기	7일 차	/10분
④ (몇십) × (몇십)	8일 차	/8분
	9일 차	/10분
⑤ (몇십몇) × (몇십)	10일 차	/9분
	11일 차	/13분
⑥ (몇) × (몇십몇)	12일 차	/9분
	13일 차	/13분
④ ~ ⑥ 다르게 풀기	14일 차	/9분
⑦ 올림이 한 번 있는 (몇십몇) × (몇십몇)	15일 차	/8분
	16일 차	/14분
⑧ 올림이 여러 번 있는 (몇십몇) × (몇십몇)	17일 차	/8분
	18일 차	/14분
⑦ ~ ⑧ 다르게 풀기	19일 차	/11분
비법 강의 수 감각을 키우면 빨라지는 계산 비법	20일 차	/6분
평가 1. 곱셈	21일 차	/14분

- 올림이 없는
  (세 자리 수) × (한 자리 수)

일의 자리, 십의 자리, 백의 자리 순서로 계산합니다.

예 213 × 2의 계산

$$
\begin{array}{r}
2\ 1\ 3 \\
\times\quad\ 2 \\
\hline
6 \\
\end{array}
$$
3×2=6

⇓

$$
\begin{array}{r}
2\ 1\ 3 \\
\times\quad\ 2 \\
\hline
2\ 6 \\
\end{array}
$$
1×2=2

⇓

$$
\begin{array}{r}
2\ 1\ 3 \\
\times\quad\ 2 \\
\hline
4\ 2\ 6 \\
\end{array}
$$
2×2=4

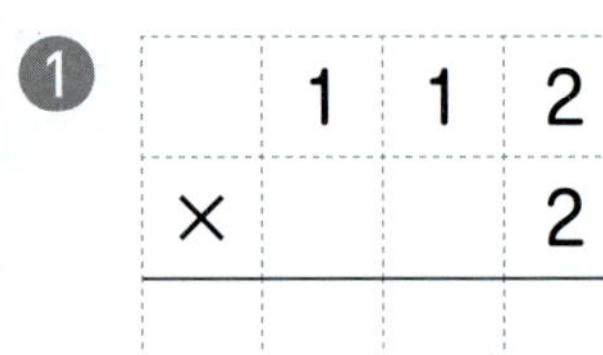

○ 계산해 보시오.

1
$$
\begin{array}{r}
1\ 1\ 2 \\
\times\quad\ 2 \\
\hline
\end{array}
$$

2
$$
\begin{array}{r}
1\ 2\ 2 \\
\times\quad\ 3 \\
\hline
\end{array}
$$

3
$$
\begin{array}{r}
1\ 4\ 0 \\
\times\quad\ 2 \\
\hline
\end{array}
$$

4
$$
\begin{array}{r}
2\ 0\ 3 \\
\times\quad\ 3 \\
\hline
\end{array}
$$

5
$$
\begin{array}{r}
2\ 1\ 2 \\
\times\quad\ 4 \\
\hline
\end{array}
$$

6
$$
\begin{array}{r}
2\ 1\ 4 \\
\times\quad\ 2 \\
\hline
\end{array}
$$

7
$$
\begin{array}{r}
2\ 3\ 2 \\
\times\quad\ 3 \\
\hline
\end{array}
$$

8
$$
\begin{array}{r}
3\ 1\ 2 \\
\times\quad\ 3 \\
\hline
\end{array}
$$

9
$$
\begin{array}{r}
3\ 2\ 2 \\
\times\quad\ 2 \\
\hline
\end{array}
$$

10
$$
\begin{array}{r}
3\ 3\ 1 \\
\times\quad\ 3 \\
\hline
\end{array}
$$

11
$$
\begin{array}{r}
4\ 0\ 2 \\
\times\quad\ 2 \\
\hline
\end{array}
$$

12
$$
\begin{array}{r}
4\ 1\ 3 \\
\times\quad\ 2 \\
\hline
\end{array}
$$

⑬ $101 \times 6 =$

⑭ $113 \times 2 =$

⑮ $120 \times 4 =$

⑯ $132 \times 3 =$

⑰ $141 \times 2 =$

⑱ $202 \times 4 =$

⑲ $213 \times 2 =$

⑳ $223 \times 3 =$

㉑ $224 \times 2 =$

㉒ $240 \times 2 =$

㉓ $302 \times 3 =$

㉔ $321 \times 2 =$

㉕ $343 \times 2 =$

㉖ $421 \times 2 =$

㉗ $432 \times 2 =$

○ 계산해 보시오.

①
```
    1 0 3
  ×     3
```

②
```
    1 1 1
  ×     5
```

③
```
    1 1 2
  ×     3
```

④
```
    1 2 1
  ×     4
```

⑤
```
    1 3 0
  ×     2
```

⑥
```
    1 4 3
  ×     2
```

⑦
```
    2 0 1
  ×     2
```

⑧
```
    2 1 1
  ×     3
```

⑨
```
    2 2 0
  ×     4
```

⑩
```
    2 3 1
  ×     3
```

⑪
```
    2 4 4
  ×     2
```

⑫
```
    3 1 3
  ×     2
```

⑬
```
    3 2 4
  ×     2
```

⑭
```
    3 3 3
  ×     3
```

⑮
```
    3 4 0
  ×     2
```

⑯
```
    4 1 4
  ×     2
```

⑰
```
    4 2 3
  ×     2
```

⑱
```
    4 3 1
  ×     2
```

⑲ 102×4=

⑳ 110×7=

㉑ 114×2=

㉒ 121×3=

㉓ 122×4=

㉔ 131×3=

㉕ 142×2=

㉖ 204×2=

㉗ 211×2=

㉘ 213×3=

㉙ 222×4=

㉚ 230×3=

㉛ 241×2=

㉜ 303×2=

㉝ 313×3=

㉞ 323×2=

㉟ 332×3=

㊱ 341×2=

㊲ 403×2=

㊳ 411×2=

㊴ 443×2=

- 일의 자리에서 올림이 있는
  (세 자리 수) × (한 자리 수)

예 127 × 3의 계산

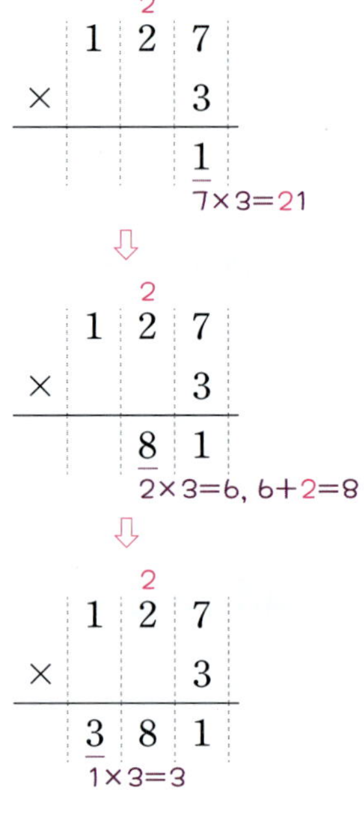

○ 계산해 보시오.

❶
	1	1	9
×			5

❷
	1	2	3
×			4

❸
	1	3	6
×			2

❹
	1	4	5
×			2

❺
	2	0	8
×			3

❻
	2	1	5
×			3

❼
	2	2	6
×			2

❽
	2	4	8
×			2

❾
	3	1	9
×			3

❿
	3	2	6
×			2

⓫
	4	1	7
×			2

⓬
	4	2	8
×			2

⑬ $108 \times 9 =$

⑭ $116 \times 4 =$

⑮ $125 \times 3 =$

⑯ $139 \times 2 =$

⑰ $147 \times 2 =$

⑱ $214 \times 4 =$

⑲ $219 \times 3 =$

⑳ $224 \times 3 =$

㉑ $235 \times 2 =$

㉒ $309 \times 3 =$

㉓ $318 \times 2 =$

㉔ $327 \times 2 =$

㉕ $415 \times 2 =$

㉖ $426 \times 2 =$

㉗ $439 \times 2 =$

② 일의 자리에서 올림이 있는 (세 자리 수) × (한 자리 수)

○ 계산해 보시오.

①
```
    1 0 7
×       6
```

②
```
    1 1 8
×       4
```

③
```
    1 2 6
×       2
```

④
```
    1 2 8
×       3
```

⑤
```
    1 3 5
×       2
```

⑥
```
    1 4 9
×       2
```

⑦
```
    2 1 6
×       3
```

⑧
```
    2 1 9
×       4
```

⑨
```
    2 2 7
×       3
```

⑩
```
    2 3 8
×       2
```

⑪
```
    2 4 5
×       2
```

⑫
```
    3 0 6
×       2
```

⑬
```
    3 1 4
×       3
```

⑭
```
    3 2 5
×       3
```

⑮
```
    3 3 6
×       2
```

⑯
```
    4 0 8
×       2
```

⑰
```
    4 1 6
×       2
```

⑱
```
    4 2 7
×       2
```

⑲ 102×8=

⑳ 106×4=

㉑ 113×6=

㉒ 115×5=

㉓ 124×4=

㉔ 138×2=

㉕ 146×2=

㉖ 207×4=

㉗ 217×3=

㉘ 218×2=

㉙ 226×3=

㉚ 228×3=

㉛ 249×2=

㉜ 304×3=

㉝ 317×2=

㉞ 319×3=

㉟ 324×3=

㊱ 338×2=

㊲ 405×2=

㊳ 419×2=

㊴ 446×2=

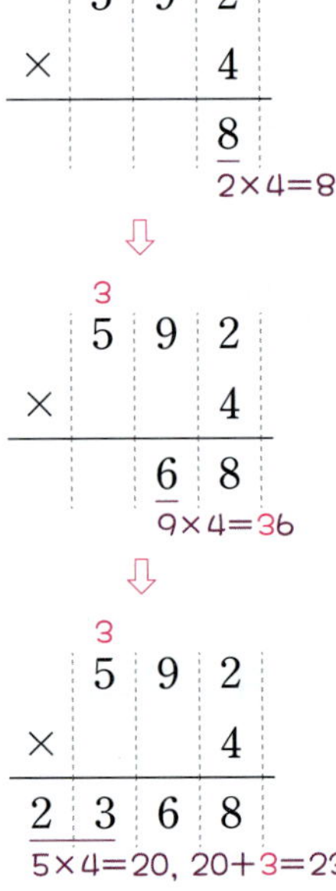

- 십, 백의 자리에서 올림이 있는
  (세 자리 수) × (한 자리 수)

예 592 × 4의 계산

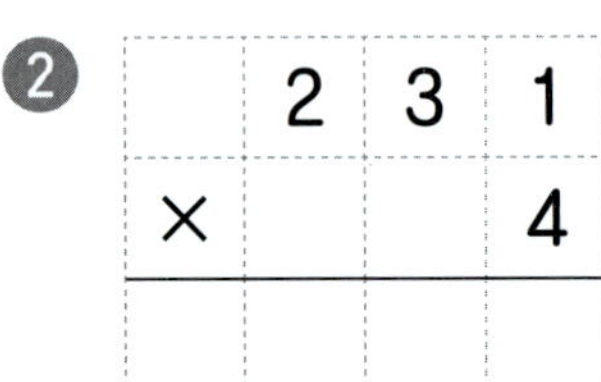

○ 계산해 보시오.

❶

	1	9	1
×			3

❷

	2	3	1
×			4

❸

	2	7	3
×			2

❹

	3	5	2
×			2

❺

	2	1	1
×			6

❻

	4	3	2
×			3

❼

	5	2	0
×			3

❽

	6	1	2
×			4

❾

	3	3	1
×			5

❿

	4	7	2
×			3

⓫

	5	4	2
×			4

⓬

	7	6	3
×			2

⑬ $132 \times 4 =$

⑭ $171 \times 5 =$

⑮ $283 \times 3 =$

⑯ $364 \times 2 =$

⑰ $492 \times 2 =$

⑱ $201 \times 8 =$

⑲ $310 \times 5 =$

⑳ $431 \times 3 =$

㉑ $732 \times 3 =$

㉒ $814 \times 2 =$

㉓ $340 \times 6 =$

㉔ $462 \times 3 =$

㉕ $653 \times 3 =$

㉖ $872 \times 4 =$

㉗ $921 \times 8 =$

○ 계산해 보시오.

❶
$$\begin{array}{r} 1\ 5\ 3 \\ \times\qquad 3 \\ \hline \end{array}$$

❷
$$\begin{array}{r} 1\ 6\ 1 \\ \times\qquad 6 \\ \hline \end{array}$$

❸
$$\begin{array}{r} 2\ 4\ 2 \\ \times\qquad 4 \\ \hline \end{array}$$

❹
$$\begin{array}{r} 2\ 8\ 4 \\ \times\qquad 2 \\ \hline \end{array}$$

❺
$$\begin{array}{r} 3\ 5\ 3 \\ \times\qquad 2 \\ \hline \end{array}$$

❻
$$\begin{array}{r} 4\ 7\ 0 \\ \times\qquad 2 \\ \hline \end{array}$$

❼
$$\begin{array}{r} 3\ 0\ 1 \\ \times\qquad 6 \\ \hline \end{array}$$

❽
$$\begin{array}{r} 4\ 1\ 2 \\ \times\qquad 4 \\ \hline \end{array}$$

❾
$$\begin{array}{r} 5\ 2\ 3 \\ \times\qquad 3 \\ \hline \end{array}$$

❿
$$\begin{array}{r} 6\ 4\ 2 \\ \times\qquad 2 \\ \hline \end{array}$$

⓫
$$\begin{array}{r} 7\ 1\ 1 \\ \times\qquad 7 \\ \hline \end{array}$$

⓬
$$\begin{array}{r} 8\ 1\ 2 \\ \times\qquad 4 \\ \hline \end{array}$$

⓭
$$\begin{array}{r} 3\ 5\ 2 \\ \times\qquad 3 \\ \hline \end{array}$$

⓮
$$\begin{array}{r} 5\ 8\ 4 \\ \times\qquad 2 \\ \hline \end{array}$$

⓯
$$\begin{array}{r} 6\ 4\ 1 \\ \times\qquad 5 \\ \hline \end{array}$$

⓰
$$\begin{array}{r} 7\ 6\ 2 \\ \times\qquad 4 \\ \hline \end{array}$$

⓱
$$\begin{array}{r} 8\ 2\ 0 \\ \times\qquad 6 \\ \hline \end{array}$$

⓲
$$\begin{array}{r} 9\ 4\ 2 \\ \times\qquad 3 \\ \hline \end{array}$$

⑲ $162 \times 4 =$

⑳ $190 \times 3 =$

㉑ $251 \times 3 =$

㉒ $272 \times 2 =$

㉓ $281 \times 3 =$

㉔ $394 \times 2 =$

㉕ $462 \times 2 =$

㉖ $311 \times 9 =$

㉗ $421 \times 3 =$

㉘ $502 \times 4 =$

㉙ $613 \times 3 =$

㉚ $724 \times 2 =$

㉛ $802 \times 4 =$

㉜ $913 \times 3 =$

㉝ $292 \times 4 =$

㉞ $360 \times 8 =$

㉟ $442 \times 3 =$

㊱ $571 \times 5 =$

㊲ $782 \times 3 =$

㊳ $842 \times 4 =$

㊴ $931 \times 7 =$

○ 빈칸에 알맞은 수를 써넣으시오.

1 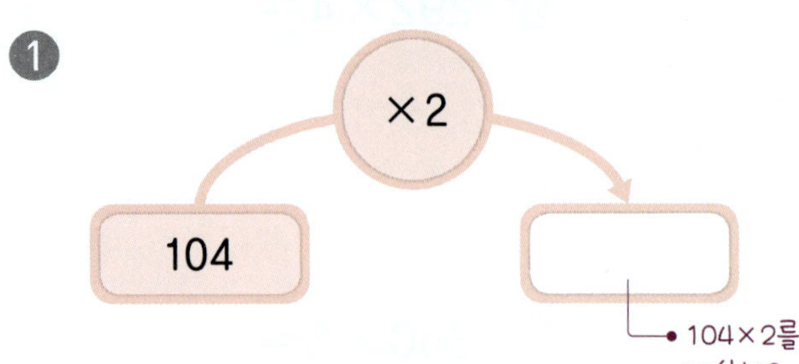

104×2를 계산해요.

2 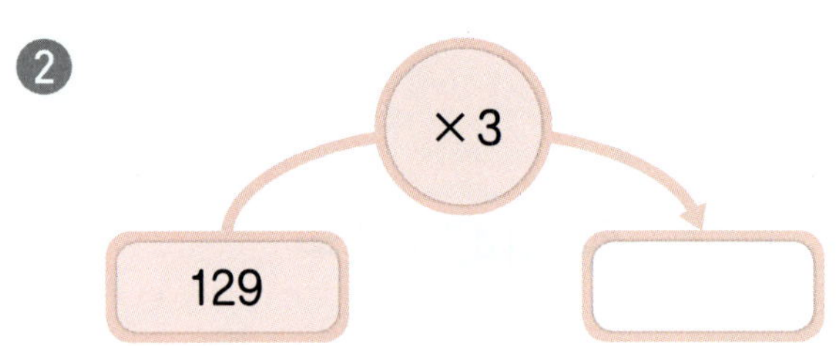

3 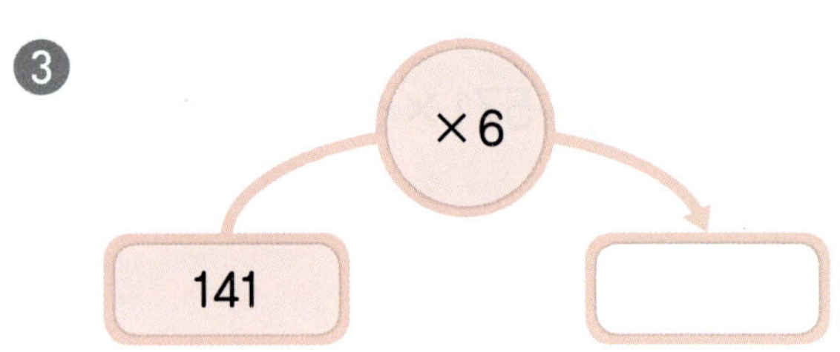

4 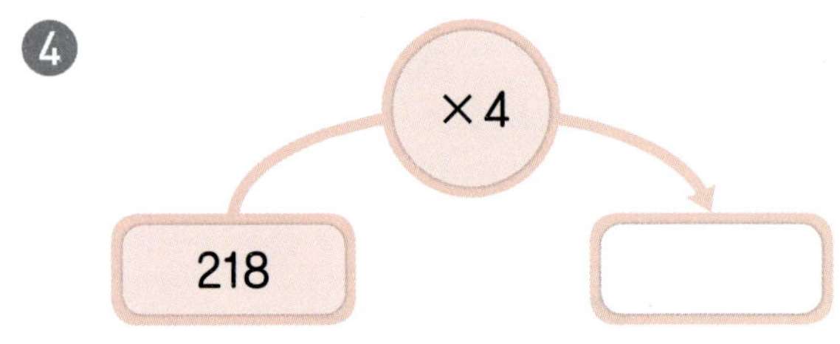

5 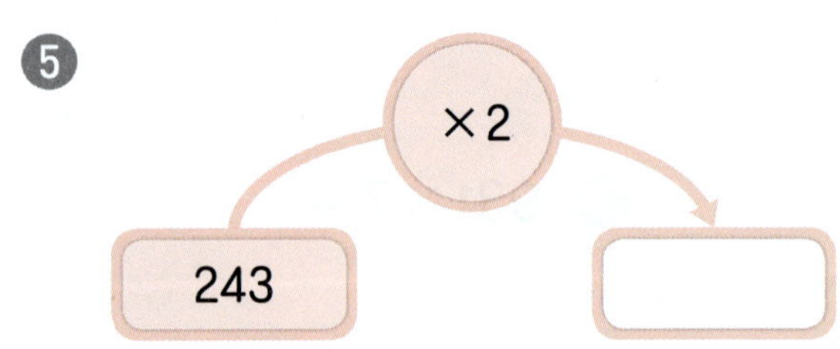

6 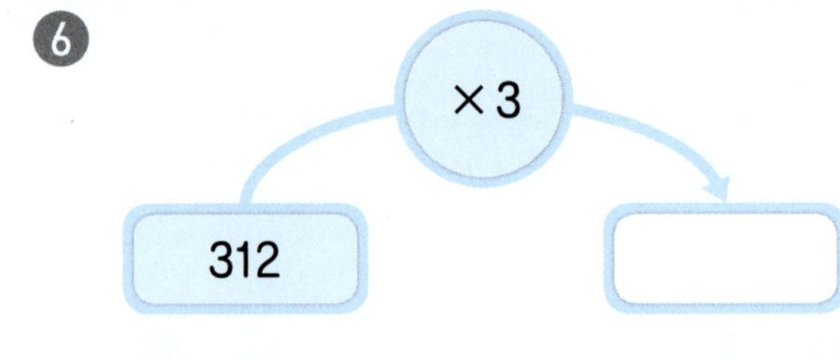

7 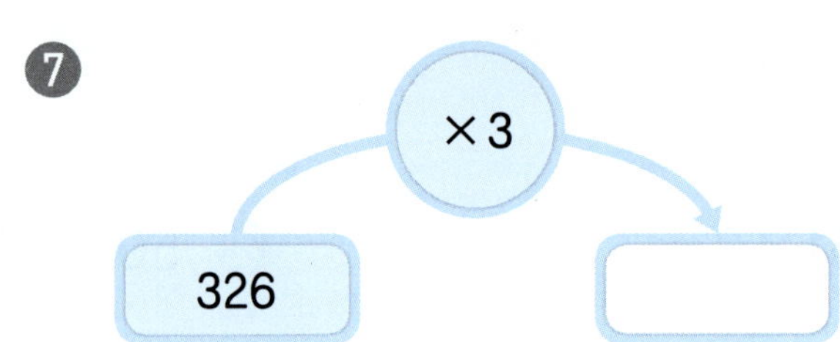

8 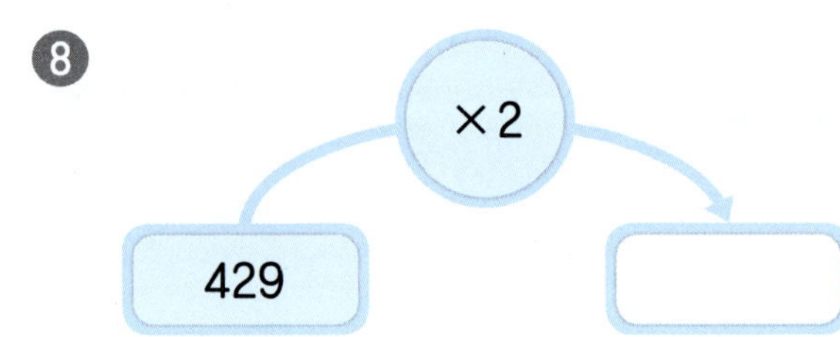

9 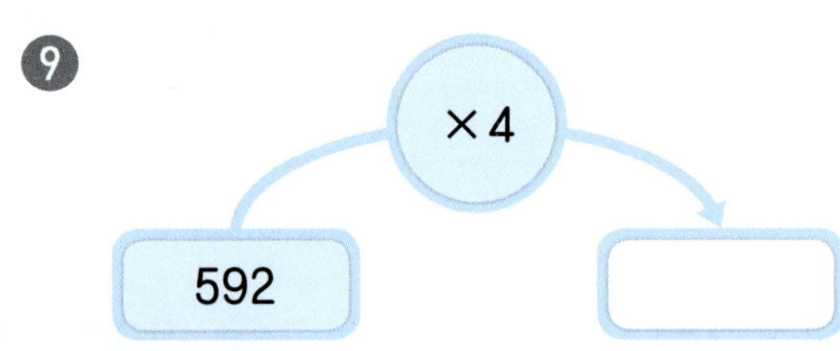

10 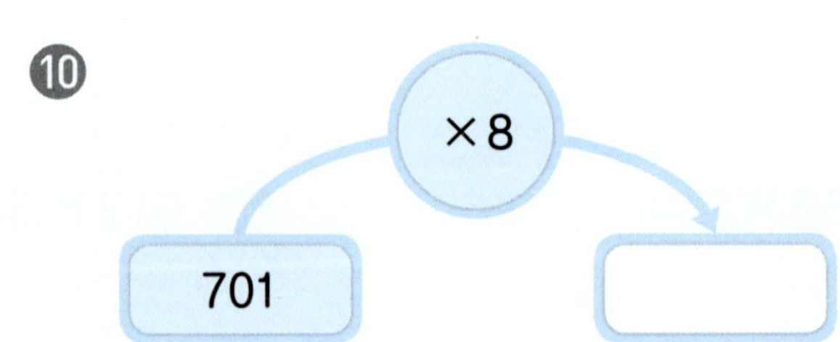

정답 • 3쪽

⑪ 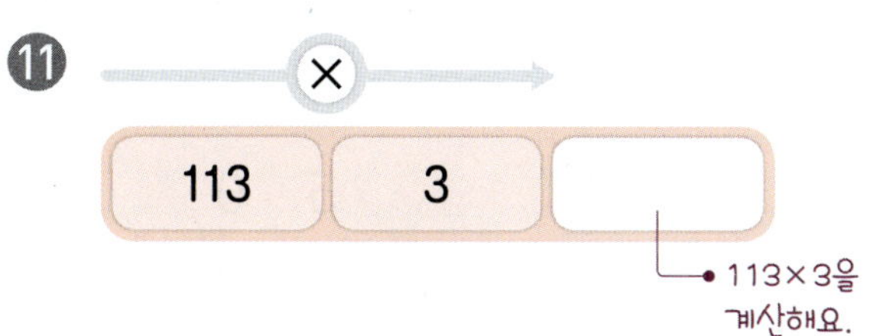

| × |
| 113 | 3 | |

↳ 113×3을
계산해요.

⑮ 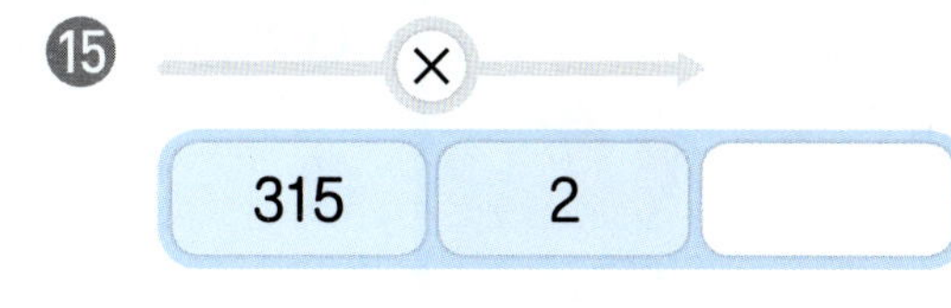

| × |
| 315 | 2 | |

⑫ 

| × |
| 127 | 2 | |

⑯ 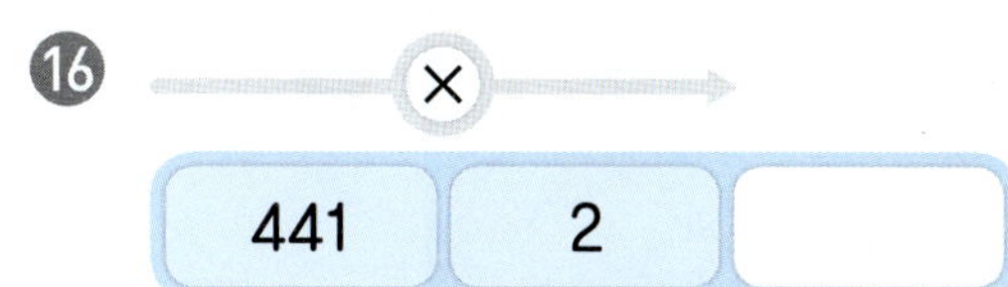

| × |
| 441 | 2 | |

⑬ 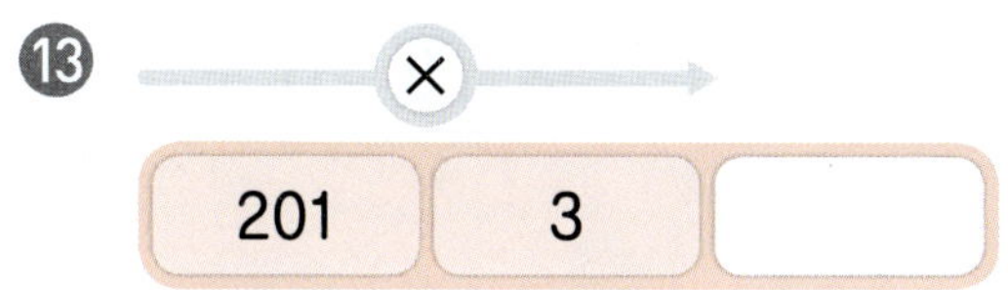

| × |
| 201 | 3 | |

⑰ 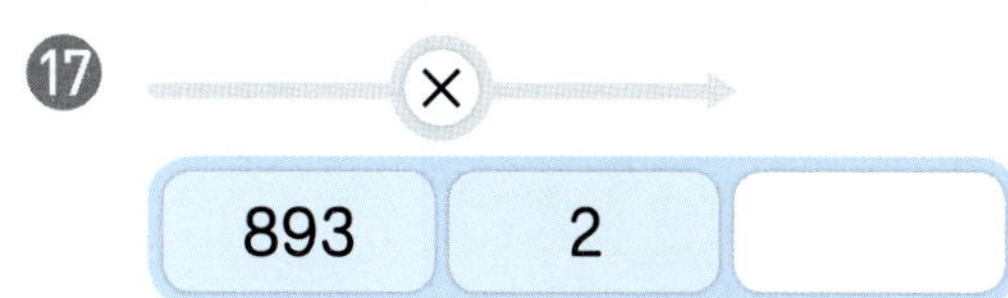

| × |
| 893 | 2 | |

⑭ 

| × |
| 250 | 3 | |

⑱ 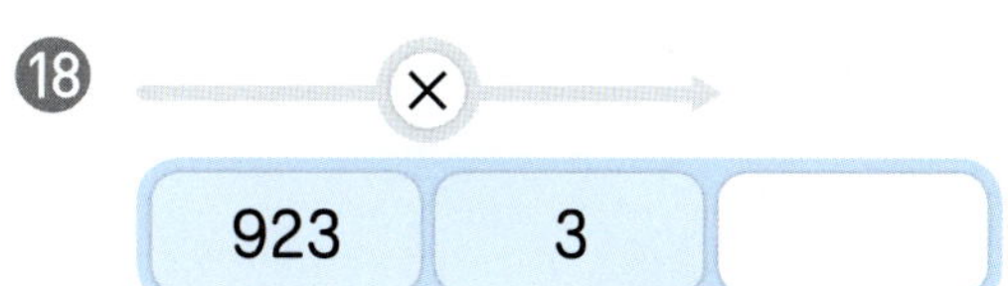

| × |
| 923 | 3 | |

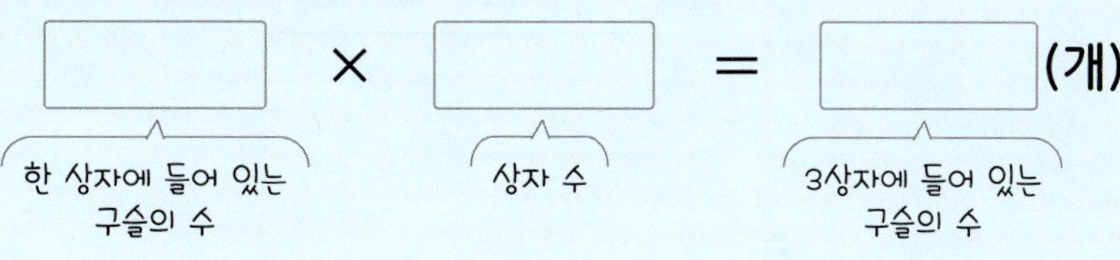

⑲ 구슬이 한 상자에 513개씩 들어 있습니다. 3상자에 들어 있는 구슬은 모두 몇 개인지 구해 보시오.

$$\boxed{} \times \boxed{} = \boxed{} \text{(개)}$$

한 상자에 들어 있는　　　상자 수　　　3상자에 들어 있는
구슬의 수　　　　　　　　　　　　　구슬의 수

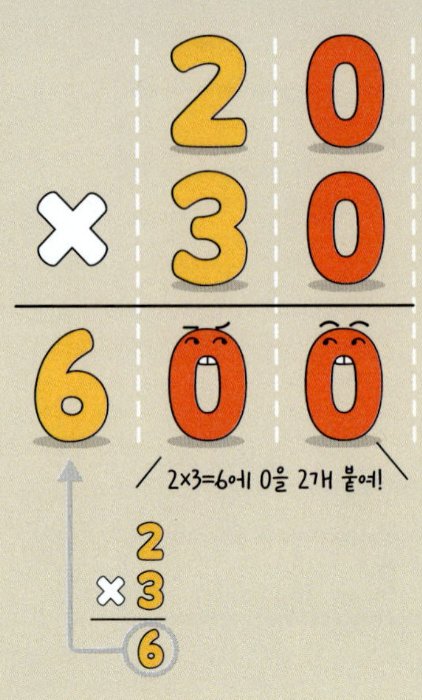

● (몇십) × (몇십)

예 20×30의 계산

2×3을 계산한 값에 0을 2개 붙입
니다.

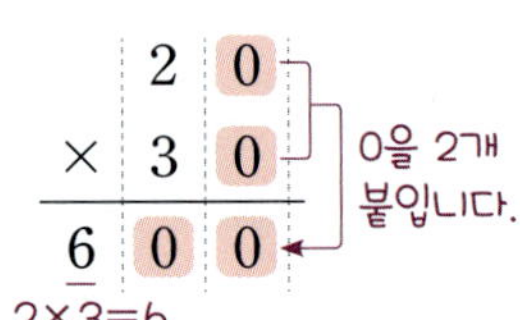

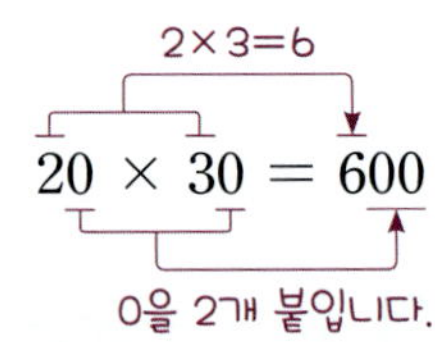

○ 계산해 보시오.

❶
		2	0
×		2	0

❷
		2	0
×		7	0

❸
		3	0
×		5	0

❹
		4	0
×		2	0

❺
		4	0
×		9	0

❻
		5	0
×		4	0

❼
		5	0
×		7	0

❽
		6	0
×		6	0

❾
		7	0
×		3	0

❿
		7	0
×		6	0

⓫
		8	0
×		4	0

⓬
		9	0
×		5	0

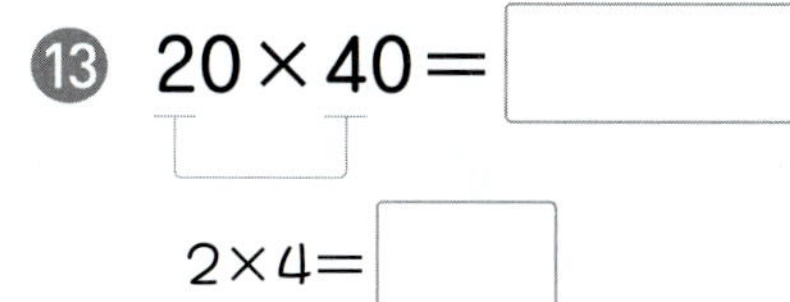

⑬ $20 \times 40 =$

$2 \times 4 =$

⑲ $40 \times 60 =$

$4 \times 6 =$

㉕ $70 \times 40 =$

$7 \times 4 =$

⑭ $20 \times 80 =$

$2 \times 8 =$

⑳ $50 \times 50 =$

$5 \times 5 =$

㉖ $70 \times 80 =$

$7 \times 8 =$

⑮ $30 \times 20 =$

$3 \times 2 =$

㉑ $50 \times 60 =$

$5 \times 6 =$

㉗ $80 \times 50 =$

$8 \times 5 =$

⑯ $30 \times 30 =$

$3 \times 3 =$

㉒ $60 \times 20 =$

$6 \times 2 =$

㉘ $80 \times 90 =$

$8 \times 9 =$

⑰ $30 \times 90 =$

$3 \times 9 =$

㉓ $60 \times 80 =$

$6 \times 8 =$

㉙ $90 \times 20 =$

$9 \times 2 =$

⑱ $40 \times 40 =$

$4 \times 4 =$

㉔ $60 \times 90 =$

$6 \times 9 =$

㉚ $90 \times 70 =$

$9 \times 7 =$

○ 계산해 보시오.

❶
$$\begin{array}{r} 2\,0 \\ \times\ 6\,0 \\ \hline \end{array}$$

❷
$$\begin{array}{r} 2\,0 \\ \times\ 9\,0 \\ \hline \end{array}$$

❸
$$\begin{array}{r} 3\,0 \\ \times\ 6\,0 \\ \hline \end{array}$$

❹
$$\begin{array}{r} 3\,0 \\ \times\ 8\,0 \\ \hline \end{array}$$

❺
$$\begin{array}{r} 4\,0 \\ \times\ 3\,0 \\ \hline \end{array}$$

❻
$$\begin{array}{r} 4\,0 \\ \times\ 8\,0 \\ \hline \end{array}$$

❼
$$\begin{array}{r} 5\,0 \\ \times\ 2\,0 \\ \hline \end{array}$$

❽
$$\begin{array}{r} 5\,0 \\ \times\ 9\,0 \\ \hline \end{array}$$

❾
$$\begin{array}{r} 6\,0 \\ \times\ 5\,0 \\ \hline \end{array}$$

❿
$$\begin{array}{r} 6\,0 \\ \times\ 8\,0 \\ \hline \end{array}$$

⓫
$$\begin{array}{r} 7\,0 \\ \times\ 3\,0 \\ \hline \end{array}$$

⓬
$$\begin{array}{r} 7\,0 \\ \times\ 5\,0 \\ \hline \end{array}$$

⓭
$$\begin{array}{r} 7\,0 \\ \times\ 9\,0 \\ \hline \end{array}$$

⓮
$$\begin{array}{r} 8\,0 \\ \times\ 2\,0 \\ \hline \end{array}$$

⓯
$$\begin{array}{r} 8\,0 \\ \times\ 7\,0 \\ \hline \end{array}$$

⓰
$$\begin{array}{r} 8\,0 \\ \times\ 8\,0 \\ \hline \end{array}$$

⓱
$$\begin{array}{r} 9\,0 \\ \times\ 6\,0 \\ \hline \end{array}$$

⓲
$$\begin{array}{r} 9\,0 \\ \times\ 9\,0 \\ \hline \end{array}$$

⑲ 20×30＝

⑳ 20×50＝

㉑ 20×80＝

㉒ 30×40＝

㉓ 30×70＝

㉔ 40×50＝

㉕ 40×70＝

㉖ 40×90＝

㉗ 50×30＝

㉘ 50×70＝

㉙ 50×80＝

㉚ 60×30＝

㉛ 60×40＝

㉜ 60×70＝

㉝ 70×20＝

㉞ 70×70＝

㉟ 80×30＝

㊱ 80×60＝

㊲ 90×30＝

㊳ 90×40＝

㊴ 90×80＝

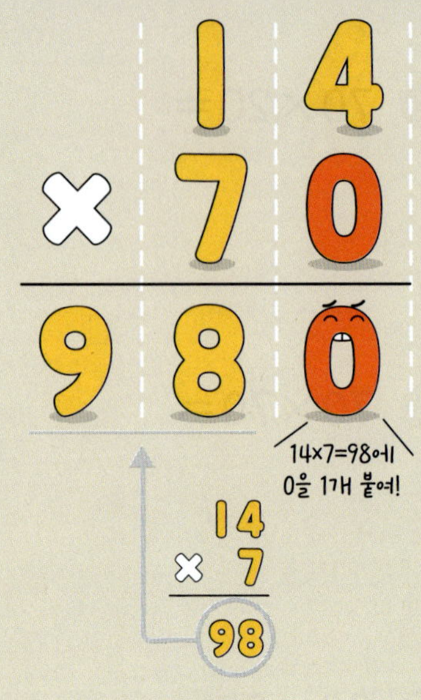

● (몇십몇) × (몇십)

예 14×70의 계산

14×7을 계산한 값에 0을 1개 붙입니다.

$$\begin{array}{r} 1\ 4 \\ \times\ 7\ 0 \\ \hline 9\ 8\ 0 \end{array}$$

0을 1개 붙입니다.

14×7=98

14×7=98

$$14 \times 70 = 980$$

0을 1개 붙입니다.

○ 계산해 보시오.

1
$$\begin{array}{r} 1\ 2 \\ \times\ 3\ 0 \\ \hline \end{array}$$

2
$$\begin{array}{r} 1\ 8 \\ \times\ 4\ 0 \\ \hline \end{array}$$

3
$$\begin{array}{r} 2\ 5 \\ \times\ 7\ 0 \\ \hline \end{array}$$

4
$$\begin{array}{r} 3\ 4 \\ \times\ 4\ 0 \\ \hline \end{array}$$

5
$$\begin{array}{r} 4\ 2 \\ \times\ 3\ 0 \\ \hline \end{array}$$

6
$$\begin{array}{r} 4\ 6 \\ \times\ 8\ 0 \\ \hline \end{array}$$

7
$$\begin{array}{r} 5\ 1 \\ \times\ 3\ 0 \\ \hline \end{array}$$

8
$$\begin{array}{r} 6\ 6 \\ \times\ 6\ 0 \\ \hline \end{array}$$

9
$$\begin{array}{r} 7\ 5 \\ \times\ 9\ 0 \\ \hline \end{array}$$

10
$$\begin{array}{r} 8\ 2 \\ \times\ 4\ 0 \\ \hline \end{array}$$

11
$$\begin{array}{r} 8\ 7 \\ \times\ 6\ 0 \\ \hline \end{array}$$

12
$$\begin{array}{r} 9\ 3 \\ \times\ 5\ 0 \\ \hline \end{array}$$

⑬ $13 \times 50 =$

⑱ $43 \times 40 =$

㉓ $74 \times 20 =$

⑭ $16 \times 90 =$

⑲ $47 \times 50 =$

㉔ $81 \times 50 =$

⑮ $21 \times 40 =$

⑳ $52 \times 20 =$

㉕ $88 \times 70 =$

⑯ $29 \times 20 =$

㉑ $56 \times 60 =$

㉖ $92 \times 40 =$

⑰ $33 \times 30 =$

㉒ $64 \times 70 =$

㉗ $95 \times 60 =$

○ 계산해 보시오.

①
$$\begin{array}{r} 1\ 6 \\ \times\ 4\ 0 \\ \hline \end{array}$$

②
$$\begin{array}{r} 1\ 9 \\ \times\ 6\ 0 \\ \hline \end{array}$$

③
$$\begin{array}{r} 2\ 2 \\ \times\ 3\ 0 \\ \hline \end{array}$$

④
$$\begin{array}{r} 2\ 8 \\ \times\ 7\ 0 \\ \hline \end{array}$$

⑤
$$\begin{array}{r} 3\ 5 \\ \times\ 2\ 0 \\ \hline \end{array}$$

⑥
$$\begin{array}{r} 3\ 8 \\ \times\ 4\ 0 \\ \hline \end{array}$$

⑦
$$\begin{array}{r} 4\ 5 \\ \times\ 3\ 0 \\ \hline \end{array}$$

⑧
$$\begin{array}{r} 4\ 9 \\ \times\ 5\ 0 \\ \hline \end{array}$$

⑨
$$\begin{array}{r} 5\ 5 \\ \times\ 3\ 0 \\ \hline \end{array}$$

⑩
$$\begin{array}{r} 5\ 7 \\ \times\ 8\ 0 \\ \hline \end{array}$$

⑪
$$\begin{array}{r} 6\ 3 \\ \times\ 3\ 0 \\ \hline \end{array}$$

⑫
$$\begin{array}{r} 6\ 8 \\ \times\ 9\ 0 \\ \hline \end{array}$$

⑬
$$\begin{array}{r} 7\ 3 \\ \times\ 3\ 0 \\ \hline \end{array}$$

⑭
$$\begin{array}{r} 7\ 8 \\ \times\ 4\ 0 \\ \hline \end{array}$$

⑮
$$\begin{array}{r} 8\ 4 \\ \times\ 6\ 0 \\ \hline \end{array}$$

⑯
$$\begin{array}{r} 8\ 6 \\ \times\ 9\ 0 \\ \hline \end{array}$$

⑰
$$\begin{array}{r} 9\ 5 \\ \times\ 2\ 0 \\ \hline \end{array}$$

⑱
$$\begin{array}{r} 9\ 7 \\ \times\ 5\ 0 \\ \hline \end{array}$$

⑲ $11 \times 60 =$

⑳ $17 \times 70 =$

㉑ $24 \times 30 =$

㉒ $26 \times 50 =$

㉓ $27 \times 90 =$

㉔ $32 \times 60 =$

㉕ $37 \times 80 =$

㉖ $41 \times 50 =$

㉗ $44 \times 80 =$

㉘ $48 \times 90 =$

㉙ $53 \times 50 =$

㉚ $59 \times 70 =$

㉛ $62 \times 40 =$

㉜ $65 \times 80 =$

㉝ $76 \times 20 =$

㉞ $77 \times 30 =$

㉟ $85 \times 70 =$

㊱ $89 \times 40 =$

㊲ $91 \times 30 =$

㊳ $94 \times 50 =$

㊴ $98 \times 90 =$

● (몇) × (몇십몇)

예 2×39의 계산

2×39는 2×9와 2×30으로 나누어
각각 계산한 후 두 곱을 더합니다.

```
        2
   ×  3  9  →  30+9
      1  8  →  2×9
      6  0  →  2×30
      7  8
```

간단하게
나타내기

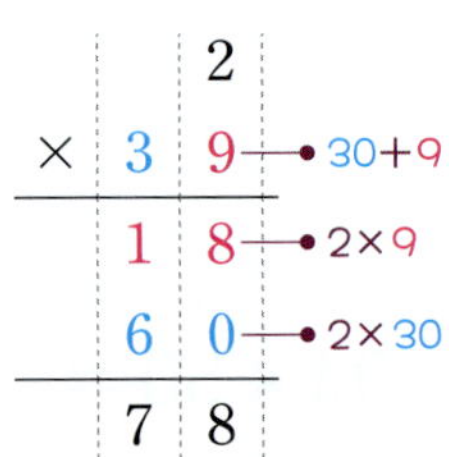

○ 계산해 보시오.

❶
```
        2
   ×  1  4
```

❷
```
        2
   ×  7  2
```

❸
```
        3
   ×  2  5
```

❹
```
        4
   ×  4  3
```

❺
```
        4
   ×  9  5
```

❻
```
        5
   ×  3  1
```

❼
```
        5
   ×  6  7
```

❽
```
        6
   ×  9  6
```

❾
```
        7
   ×  1  9
```

❿
```
        7
   ×  4  5
```

⓫
```
        8
   ×  6  8
```

⓬
```
        9
   ×  2  4
```

⑬ $2 \times 42 =$

⑭ $2 \times 69 =$

⑮ $3 \times 27 =$

⑯ $3 \times 93 =$

⑰ $4 \times 28 =$

⑱ $4 \times 61 =$

⑲ $5 \times 14 =$

⑳ $5 \times 99 =$

㉑ $6 \times 32 =$

㉒ $7 \times 26 =$

㉓ $7 \times 53 =$

㉔ $8 \times 31 =$

㉕ $8 \times 49 =$

㉖ $9 \times 72 =$

㉗ $9 \times 95 =$

○ 계산해 보시오.

①
$$\begin{array}{r} 2 \\ \times\ 2\ 5 \\ \hline \end{array}$$

②
$$\begin{array}{r} 2 \\ \times\ 4\ 9 \\ \hline \end{array}$$

③
$$\begin{array}{r} 2 \\ \times\ 8\ 7 \\ \hline \end{array}$$

④
$$\begin{array}{r} 3 \\ \times\ 2\ 3 \\ \hline \end{array}$$

⑤
$$\begin{array}{r} 3 \\ \times\ 5\ 9 \\ \hline \end{array}$$

⑥
$$\begin{array}{r} 4 \\ \times\ 3\ 1 \\ \hline \end{array}$$

⑦
$$\begin{array}{r} 4 \\ \times\ 8\ 4 \\ \hline \end{array}$$

⑧
$$\begin{array}{r} 5 \\ \times\ 4\ 3 \\ \hline \end{array}$$

⑨
$$\begin{array}{r} 5 \\ \times\ 9\ 6 \\ \hline \end{array}$$

⑩
$$\begin{array}{r} 6 \\ \times\ 1\ 8 \\ \hline \end{array}$$

⑪
$$\begin{array}{r} 6 \\ \times\ 4\ 2 \\ \hline \end{array}$$

⑫
$$\begin{array}{r} 7 \\ \times\ 3\ 5 \\ \hline \end{array}$$

⑬
$$\begin{array}{r} 7 \\ \times\ 4\ 9 \\ \hline \end{array}$$

⑭
$$\begin{array}{r} 7 \\ \times\ 7\ 1 \\ \hline \end{array}$$

⑮
$$\begin{array}{r} 8 \\ \times\ 5\ 6 \\ \hline \end{array}$$

⑯
$$\begin{array}{r} 8 \\ \times\ 9\ 3 \\ \hline \end{array}$$

⑰
$$\begin{array}{r} 9 \\ \times\ 1\ 4 \\ \hline \end{array}$$

⑱
$$\begin{array}{r} 9 \\ \times\ 6\ 9 \\ \hline \end{array}$$

정답 • 5쪽

⑲ $2 \times 63 =$

⑳ $2 \times 97 =$

㉑ $3 \times 45 =$

㉒ $3 \times 62 =$

㉓ $3 \times 98 =$

㉔ $4 \times 29 =$

㉕ $4 \times 56 =$

㉖ $4 \times 75 =$

㉗ $5 \times 27 =$

㉘ $5 \times 52 =$

㉙ $5 \times 85 =$

㉚ $6 \times 54 =$

㉛ $6 \times 76 =$

㉜ $7 \times 43 =$

㉝ $7 \times 82 =$

㉞ $8 \times 16 =$

㉟ $8 \times 62 =$

㊱ $8 \times 97 =$

㊲ $9 \times 38 =$

㊳ $9 \times 55 =$

㊴ $9 \times 93 =$

○ 빈칸에 알맞은 수를 써넣으시오.

1 ×40 / 20 / □

2 ×50 / 23 / □

3 ×34 / 3 / □

4 ×20 / 46 / □

5 ×30 / 50 / □

6 ×39 / 6 / □

7 ×60 / 70 / □

8 ×40 / 83 / □

9 ×31 / 9 / □

10 ×70 / 99 / □

정답 · 5쪽

⑪ 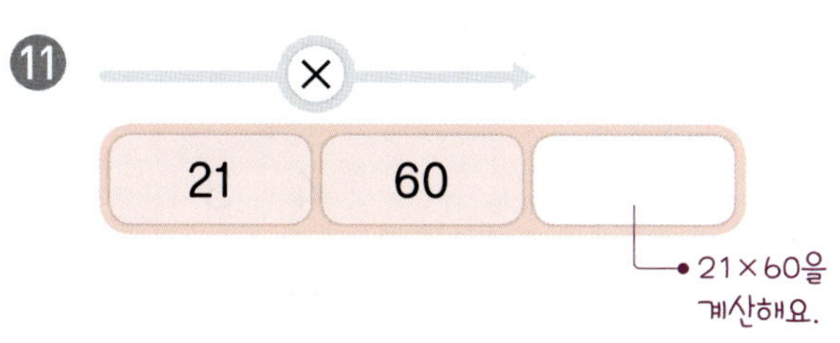

21×60을 계산해요.

⑮ 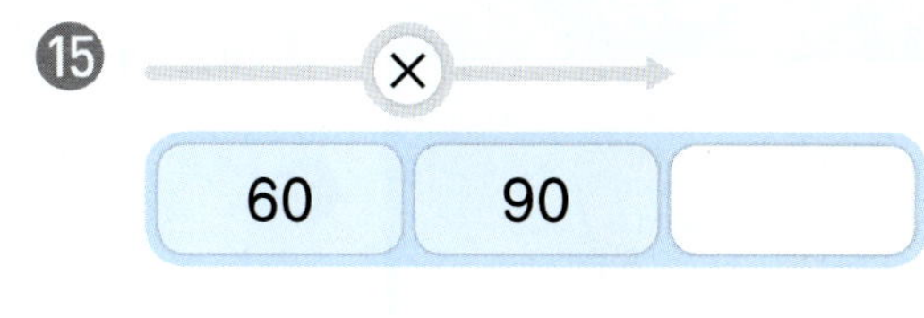

⑫ 

⑯ 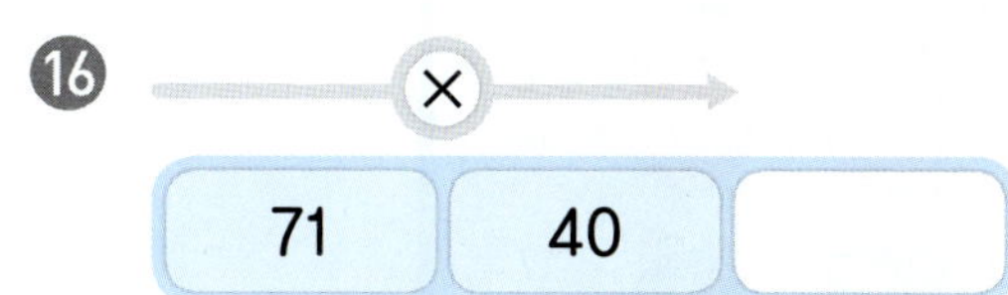

⑬ 

⑰ 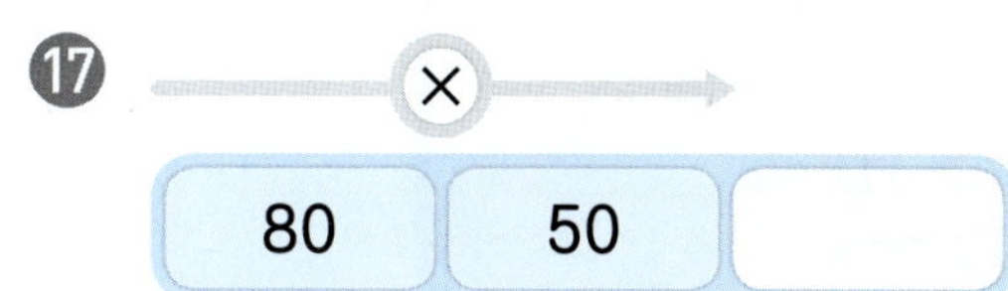

⑭ 

⑱ 

문장제 속 연산

⑲ 강당에 의자가 한 줄에 14개씩 30줄 놓여 있습니다. 강당에 놓여 있는 의자는 모두 몇 개인지 구해 보시오.

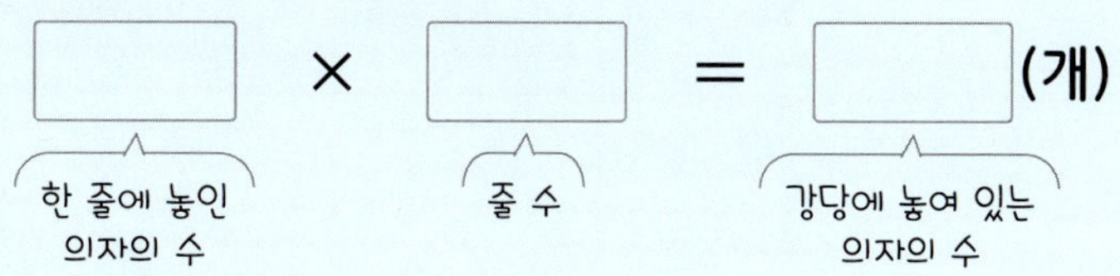

- 올림이 한 번 있는
  (몇십몇) × (몇십몇)

예 17×14의 계산

17×14는 17×4와 17×10으로
나누어 각각 계산한 후 두 곱을 더합
니다.

```
      1  7
  ×   1  4  — 10+4
      6  8  — 17×4
   1  7  0  — 17×10
   2  3  8
```

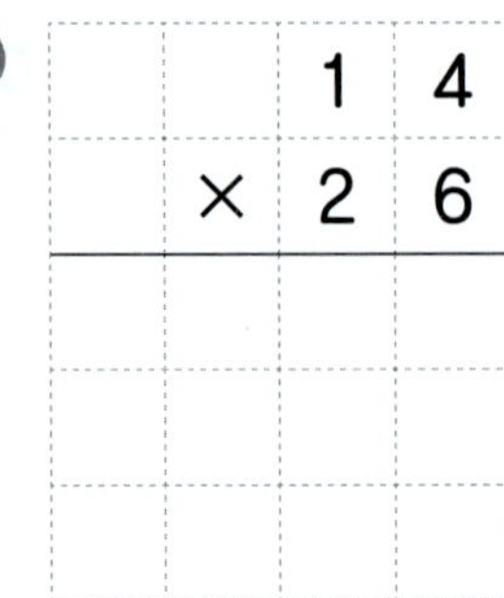

계산해 보시오.

①
```
      1  4
  ×   2  6
```

②
```
      2  5
  ×   1  3
```

③
```
      2  7
  ×   3  1
```

④
```
      3  2
  ×   2  4
```

⑤
```
      4  3
  ×   2  3
```

⑥
```
      5  4
  ×   1  2
```

⑦
```
      6  1
  ×   2  1
```

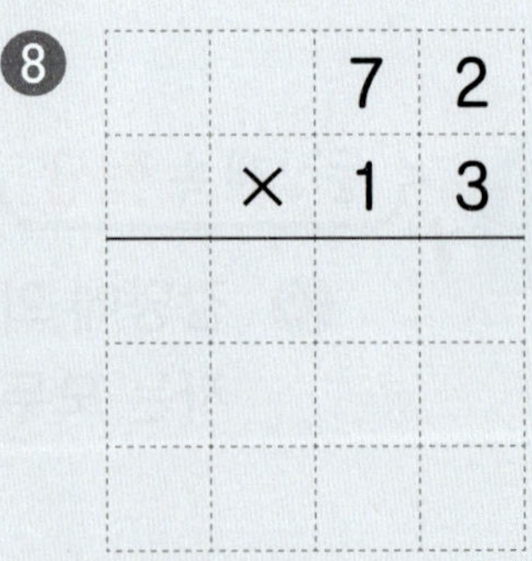

⑧
```
      7  2
  ×   1  3
```

⑨ $13 \times 37 =$

⑩ $18 \times 12 =$

⑪ $21 \times 84 =$

⑫ $24 \times 23 =$

⑬ $31 \times 53 =$

⑭ $39 \times 12 =$

⑮ $47 \times 12 =$

⑯ $51 \times 19 =$

⑰ $53 \times 13 =$

⑱ $62 \times 41 =$

⑲ $81 \times 17 =$

⑳ $92 \times 14 =$

○ 계산해 보시오.

❶
```
    1 2
×   4 8
```

❷
```
    1 4
×   1 6
```

❸
```
    1 9
×   1 4
```

❹
```
    2 1
×   3 7
```

❺
```
    2 4
×   1 4
```

❻
```
    2 8
×   2 1
```

❼
```
    3 2
×   3 4
```

❽
```
    3 8
×   2 1
```

❾
```
    4 1
×   2 4
```

❿
```
    4 3
×   1 3
```

⓫
```
    5 2
×   1 4
```

⓬
```
    6 3
×   1 3
```

⓭
```
    7 1
×   1 7
```

⓮
```
    8 2
×   1 4
```

⓯
```
    9 1
×   1 6
```

⑯ 13 × 24 =

⑰ 14 × 32 =

⑱ 17 × 12 =

⑲ 18 × 51 =

⑳ 23 × 42 =

㉑ 26 × 13 =

㉒ 29 × 12 =

㉓ 31 × 39 =

㉔ 36 × 21 =

㉕ 37 × 12 =

㉖ 42 × 14 =

㉗ 45 × 21 =

㉘ 48 × 12 =

㉙ 51 × 17 =

㉚ 52 × 31 =

㉛ 61 × 71 =

㉜ 71 × 31 =

㉝ 73 × 13 =

㉞ 84 × 12 =

㉟ 91 × 51 =

㊱ 92 × 13 =

곱하는 수 27=20+7이니까
36×20과 36×7의
곱을 더해!

- 올림이 여러 번 있는
  (몇십몇) × (몇십몇)

예 36×27의 계산
36×27은 36×7과 36×20으로
나누어 각각 계산한 후 두 곱을 더합
니다.

$$
\begin{array}{r}
3\ 6 \\
\times\ 2\ 7 \longrightarrow 20+7 \\
\hline
2\ 5\ 2 \longrightarrow 36\times7 \\
7\ 2\ 0 \longrightarrow 36\times20 \\
\hline
9\ 7\ 2
\end{array}
$$

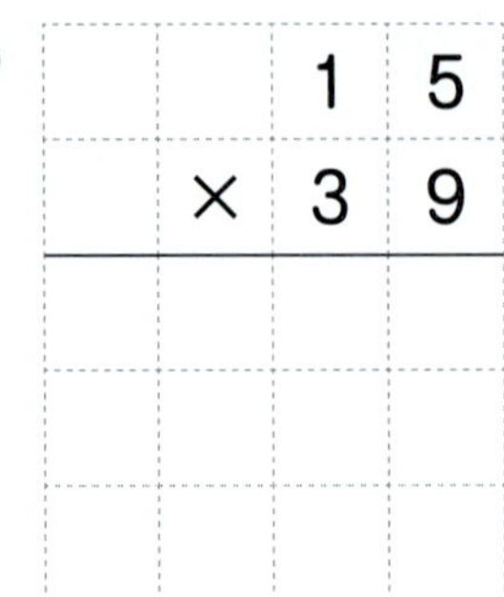

○ 계산해 보시오.

1

$$
\begin{array}{r}
1\ 5 \\
\times\ 3\ 9 \\
\hline
\end{array}
$$

2

$$
\begin{array}{r}
2\ 7 \\
\times\ 5\ 6 \\
\hline
\end{array}
$$

3

$$
\begin{array}{r}
3\ 3 \\
\times\ 4\ 9 \\
\hline
\end{array}
$$

4

$$
\begin{array}{r}
4\ 6 \\
\times\ 3\ 5 \\
\hline
\end{array}
$$

5

$$
\begin{array}{r}
5\ 2 \\
\times\ 2\ 9 \\
\hline
\end{array}
$$

6

$$
\begin{array}{r}
6\ 5 \\
\times\ 5\ 7 \\
\hline
\end{array}
$$

7

$$
\begin{array}{r}
8\ 7 \\
\times\ 6\ 5 \\
\hline
\end{array}
$$

8

$$
\begin{array}{r}
9\ 4 \\
\times\ 3\ 8 \\
\hline
\end{array}
$$

⑨ 17×84＝

⑬ 42×49＝

⑰ 72×47＝

⑩ 24×63＝

⑭ 53×26＝

⑱ 84×56＝

⑪ 29×78＝

⑮ 58×93＝

⑲ 89×81＝

⑫ 35×53＝

⑯ 66×26＝

⑳ 96×45＝

○ 계산해 보시오.

1
$$\begin{array}{r} 1\ 6 \\ \times\ 4\ 4 \\ \hline \end{array}$$

2
$$\begin{array}{r} 1\ 9 \\ \times\ 7\ 5 \\ \hline \end{array}$$

3
$$\begin{array}{r} 2\ 3 \\ \times\ 8\ 4 \\ \hline \end{array}$$

4
$$\begin{array}{r} 2\ 6 \\ \times\ 9\ 5 \\ \hline \end{array}$$

5
$$\begin{array}{r} 3\ 8 \\ \times\ 4\ 7 \\ \hline \end{array}$$

6
$$\begin{array}{r} 4\ 5 \\ \times\ 2\ 7 \\ \hline \end{array}$$

7
$$\begin{array}{r} 4\ 8 \\ \times\ 6\ 4 \\ \hline \end{array}$$

8
$$\begin{array}{r} 5\ 4 \\ \times\ 5\ 9 \\ \hline \end{array}$$

9
$$\begin{array}{r} 5\ 6 \\ \times\ 7\ 3 \\ \hline \end{array}$$

10
$$\begin{array}{r} 6\ 2 \\ \times\ 2\ 5 \\ \hline \end{array}$$

11
$$\begin{array}{r} 7\ 3 \\ \times\ 4\ 8 \\ \hline \end{array}$$

12
$$\begin{array}{r} 7\ 7 \\ \times\ 5\ 4 \\ \hline \end{array}$$

13
$$\begin{array}{r} 8\ 1 \\ \times\ 3\ 6 \\ \hline \end{array}$$

14
$$\begin{array}{r} 8\ 9 \\ \times\ 7\ 3 \\ \hline \end{array}$$

15
$$\begin{array}{r} 9\ 3 \\ \times\ 2\ 8 \\ \hline \end{array}$$

⑯ $14 \times 67 =$

⑰ $18 \times 95 =$

⑱ $25 \times 27 =$

⑲ $29 \times 65 =$

⑳ $32 \times 18 =$

㉑ $36 \times 39 =$

㉒ $38 \times 53 =$

㉓ $44 \times 56 =$

㉔ $49 \times 72 =$

㉕ $51 \times 29 =$

㉖ $57 \times 63 =$

㉗ $58 \times 94 =$

㉘ $67 \times 26 =$

㉙ $69 \times 54 =$

㉚ $71 \times 34 =$

㉛ $78 \times 38 =$

㉜ $82 \times 74 =$

㉝ $85 \times 83 =$

㉞ $92 \times 27 =$

㉟ $95 \times 52 =$

㊱ $99 \times 63 =$

○ 빈칸에 알맞은 수를 써넣으시오.

1 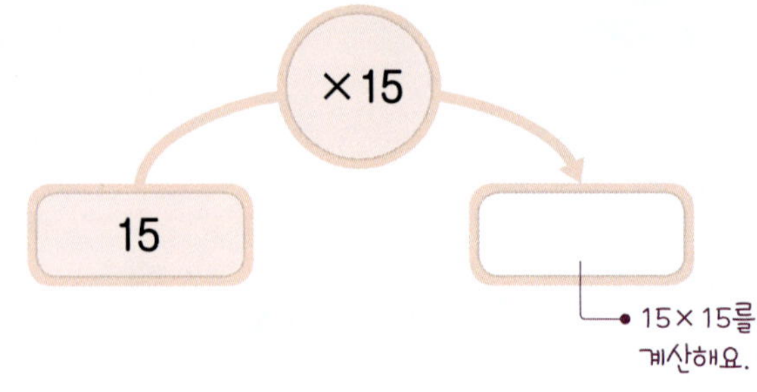

6 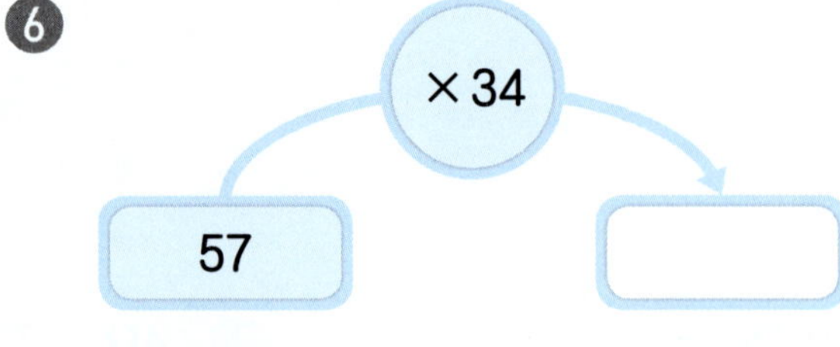

2 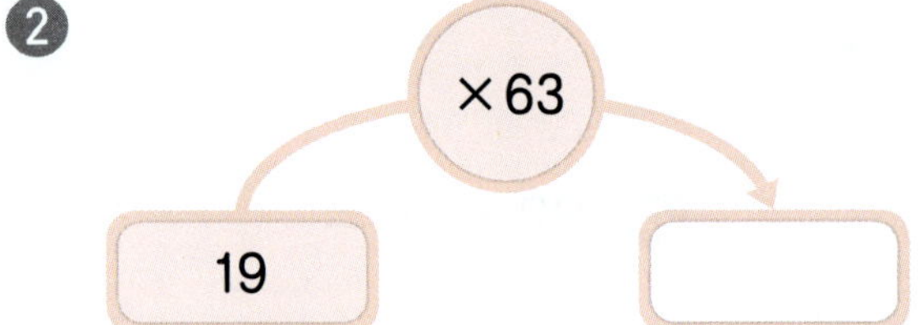

7 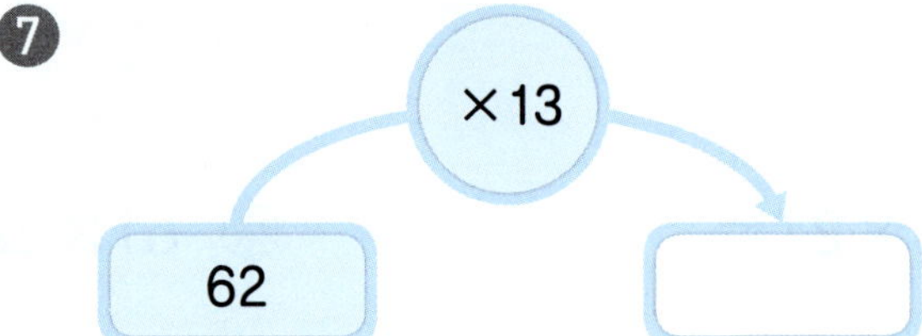

3 

8 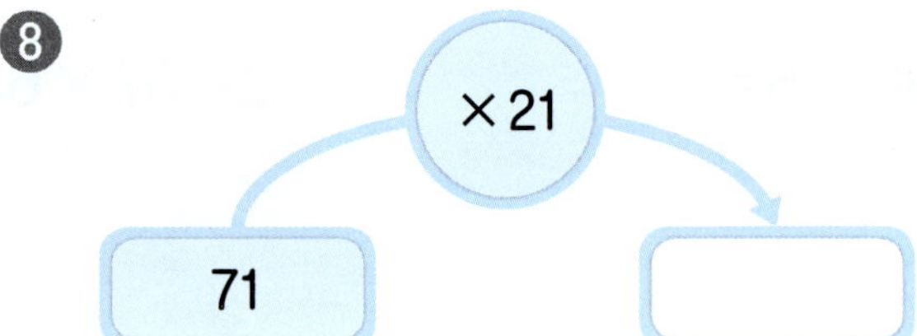

4 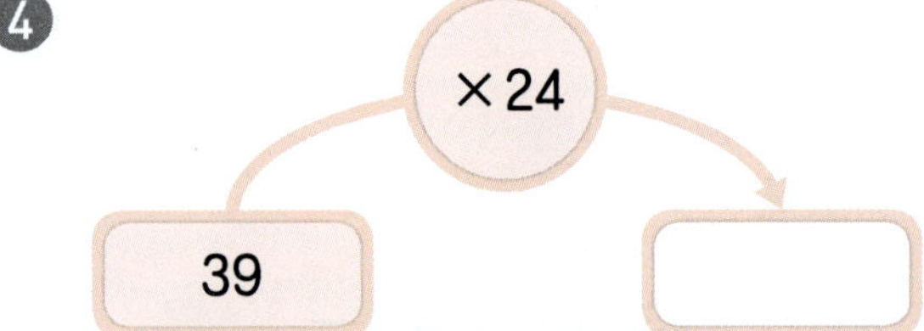

9 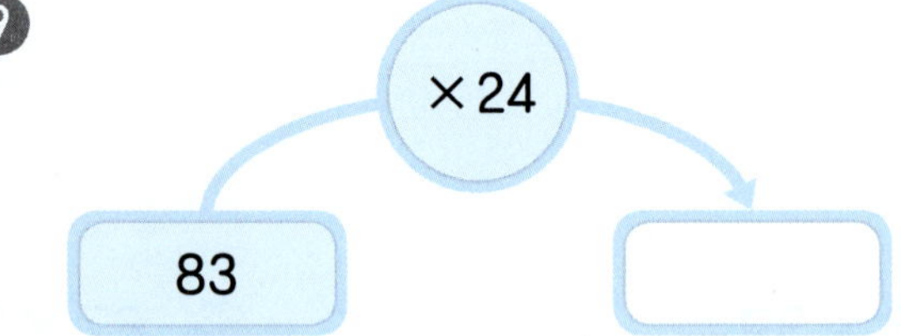

5 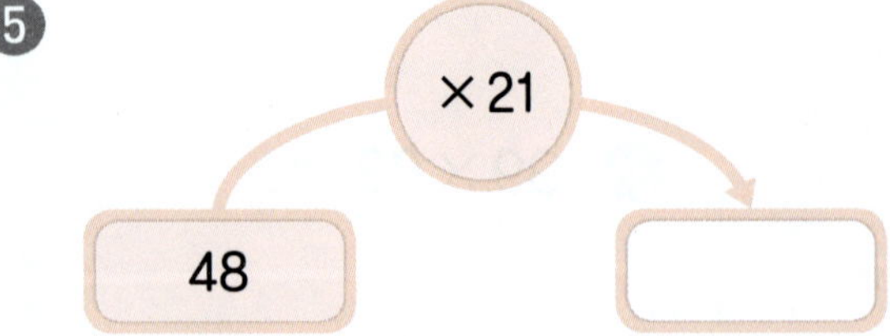

10 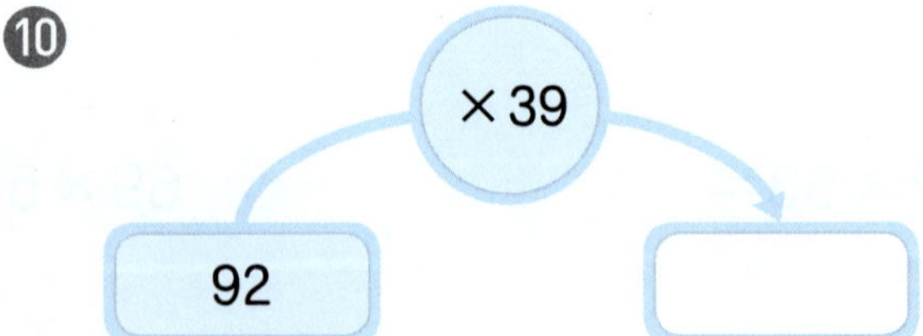

정답 • 6쪽

⑪ 

⑮ 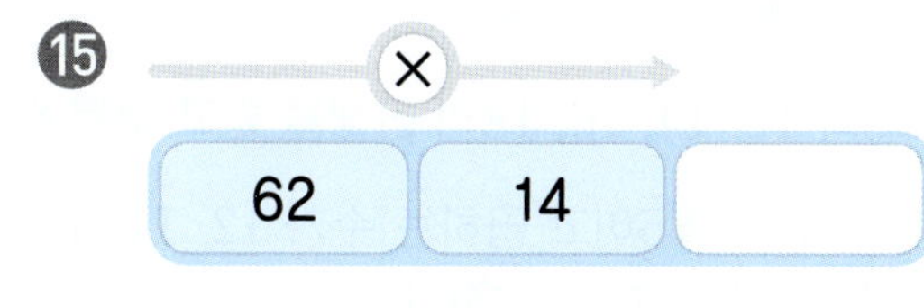

⑫ 

⑯ 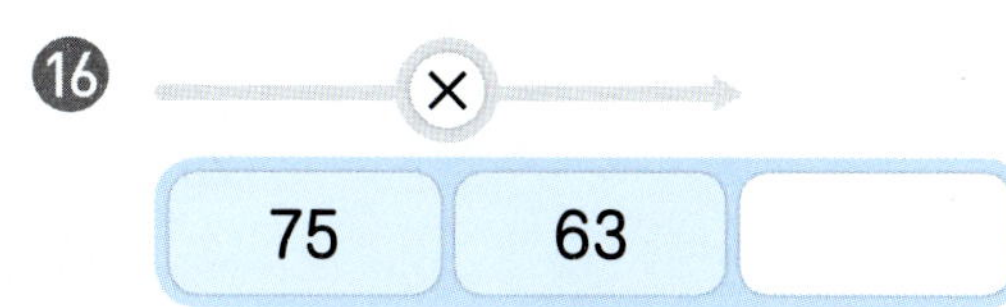

⑬ 

⑰ 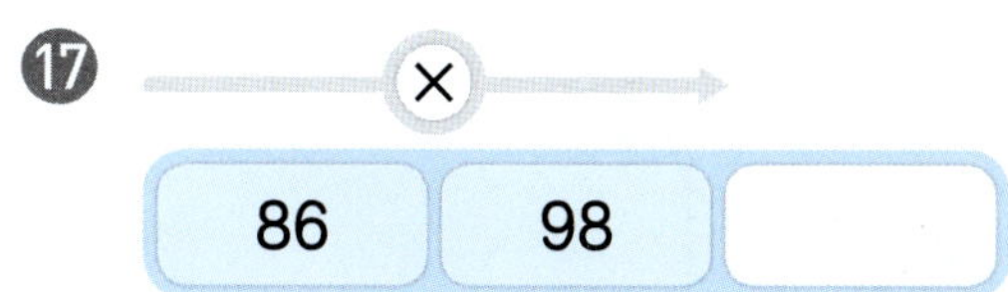

⑭ 

⑱ 

문장제 속 연산

⑲ 색종이를 한 상자에 84장씩 담았습니다. 25상자에 담은 색종이는 모두 몇 장인지 구해 보시오.

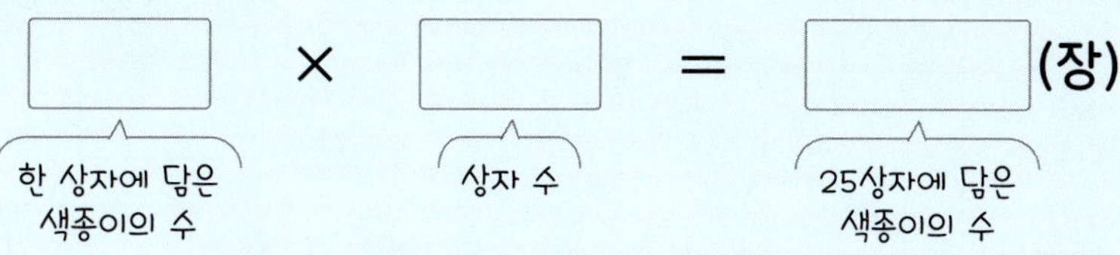

1. 곱셈 • 45

+−×÷ (몇십오)와 12, 14, 16, 18의 곱셈을 쉽고 빠르게 계산하는 비법

곱해지는 수가 ■5이고 곱하는 수가 12, 14, 16, 18일 때, $12=2×6$, $14=2×7$, $16=2×8$, $18=2×9$로 나타내어 계산할 수 있습니다.

예 $25×14$의 계산

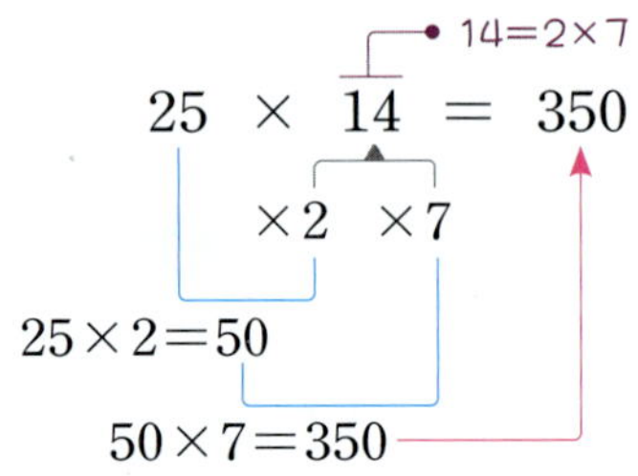

[illegible]understand 곱하는 수 12, 14, 16, 18을 $12=2×6$, $14=2×7$, $16=2×8$, $18=2×9$로 나타내어 계산하려고 합니다. ☐ 안에 알맞은 수를 써넣으시오.

❶ $15 × 12 =$ ☐
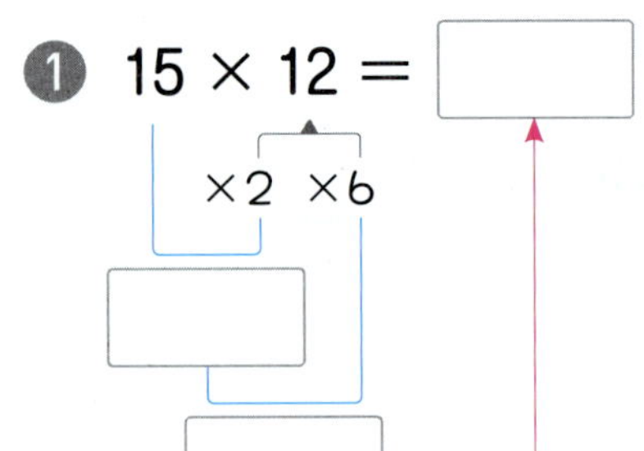

❹ $15 × 18 =$ ☐
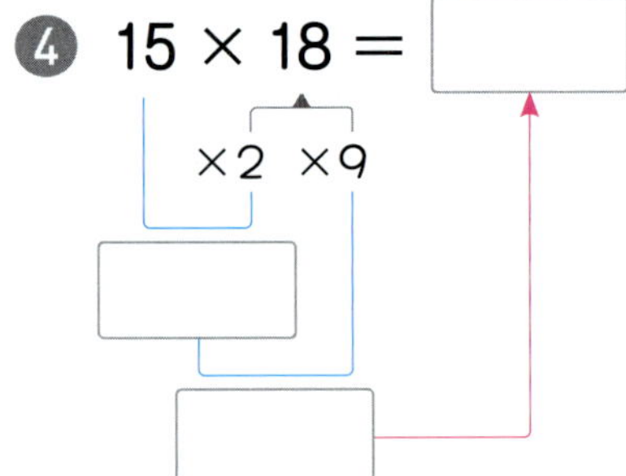

❷ $15 × 14 =$ ☐
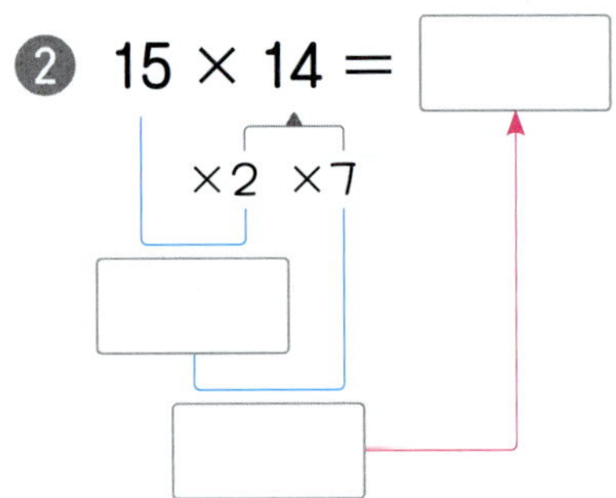

❺ $25 × 12 =$ ☐
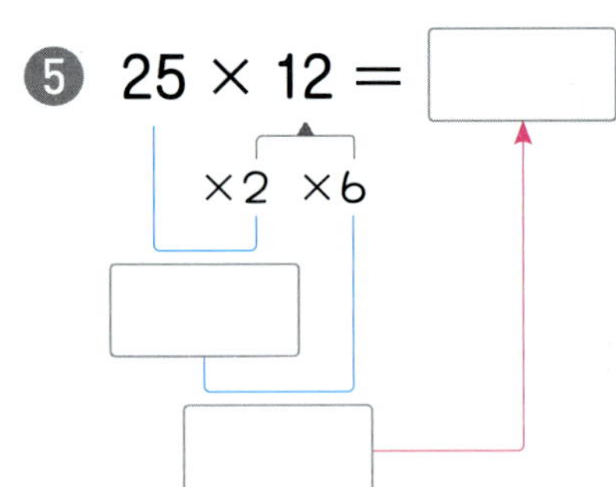

❸ $15 × 16 =$ ☐
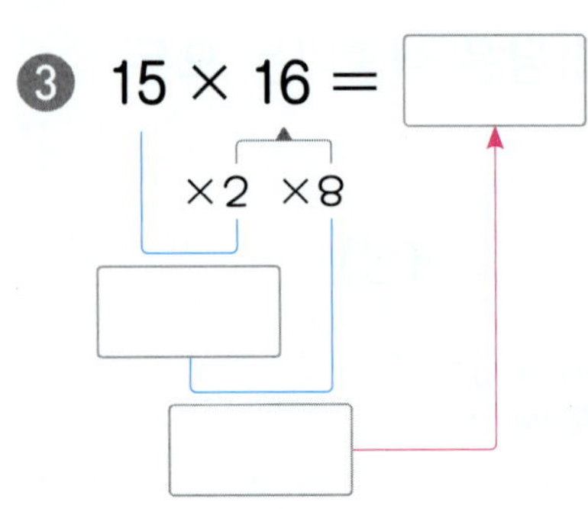

❻ $25 × 16 =$ ☐
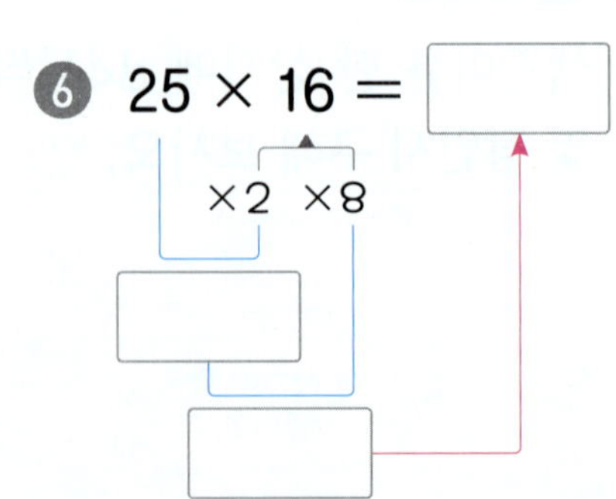

❼ 25 × 18 =

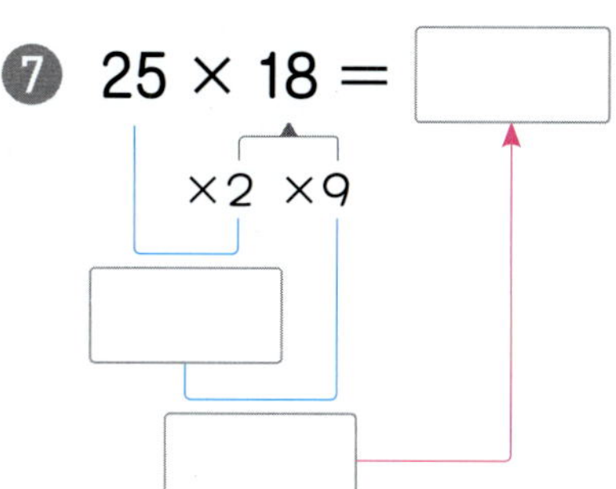

❽ 35 × 12 =

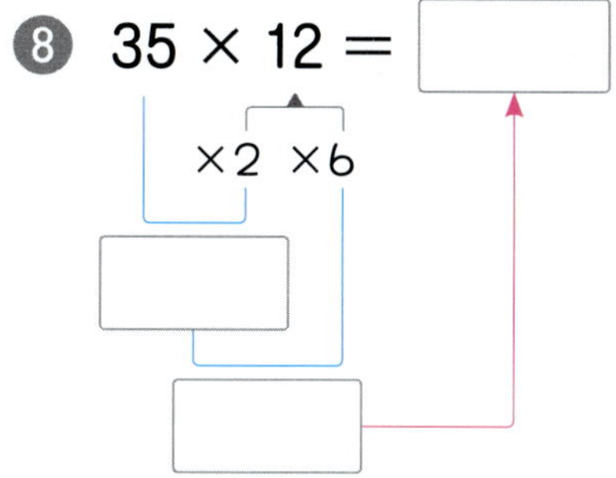

❾ 35 × 16 =

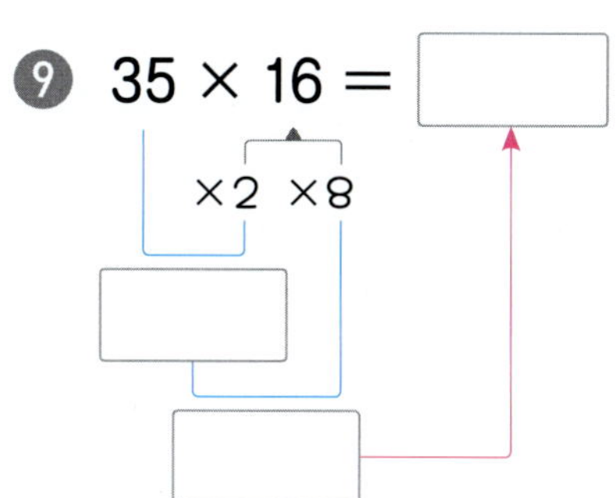

❿ 35 × 18 =

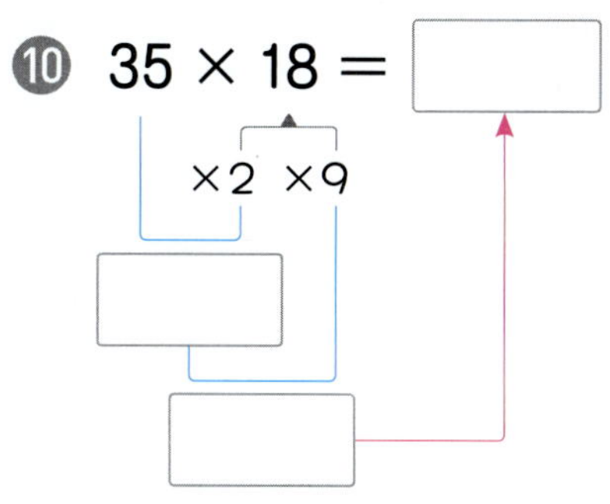

⓫ 45 × 12 =

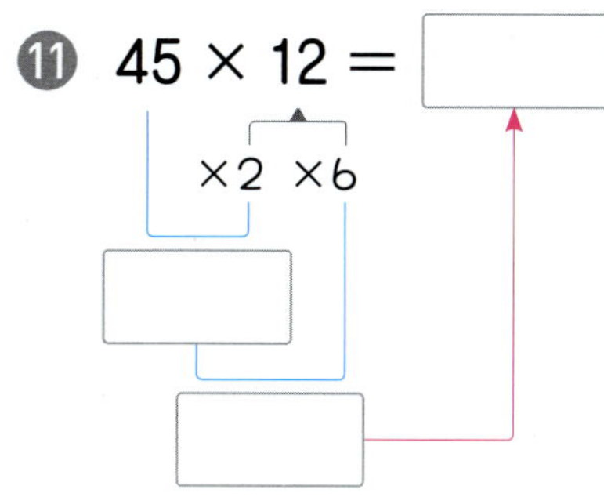

⓬ 45 × 14 =

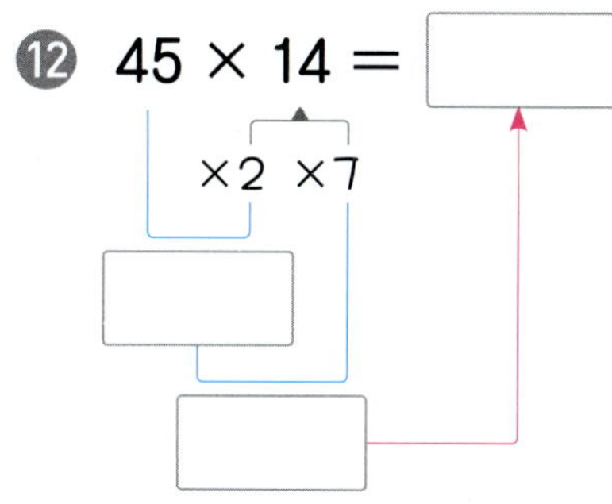

⓭ 45 × 16 =

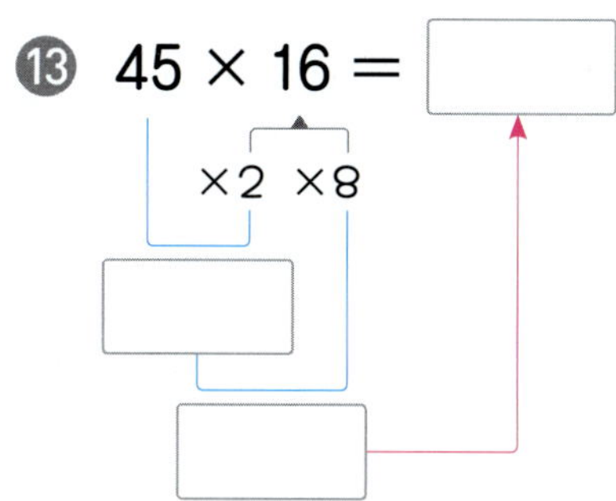

⓮ 45 × 18 =

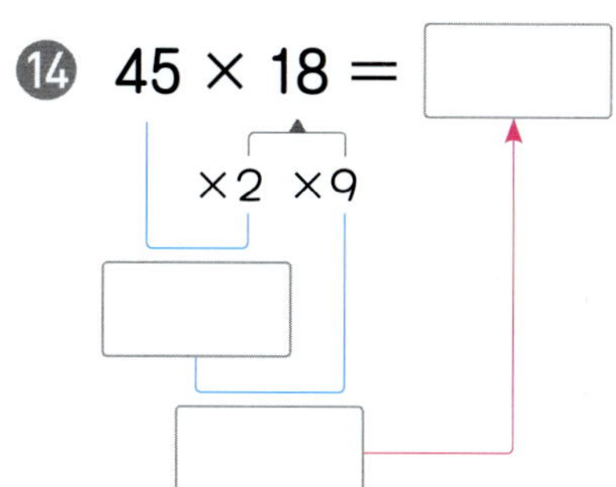

○ 계산해 보시오.

1	$\begin{array}{r} 1\ 2\ 3 \\ \times\ \ \ \ \ \ \ 3 \\ \hline \end{array}$	7	$\begin{array}{r} 3 \\ \times\ 4\ 6 \\ \hline \end{array}$
2	$\begin{array}{r} 1\ 4\ 8 \\ \times\ \ \ \ \ \ \ 2 \\ \hline \end{array}$	8	$\begin{array}{r} 6 \\ \times\ 5\ 9 \\ \hline \end{array}$
3	$\begin{array}{r} 2\ 7\ 1 \\ \times\ \ \ \ \ \ \ 3 \\ \hline \end{array}$	9	$\begin{array}{r} 2\ 4 \\ \times\ 1\ 3 \\ \hline \end{array}$
4	$\begin{array}{r} 4\ 2\ 2 \\ \times\ \ \ \ \ \ \ 4 \\ \hline \end{array}$	10	$\begin{array}{r} 3\ 8 \\ \times\ 1\ 2 \\ \hline \end{array}$
5	$\begin{array}{r} 2\ 0 \\ \times\ 5\ 0 \\ \hline \end{array}$	11	$\begin{array}{r} 5\ 7 \\ \times\ 4\ 5 \\ \hline \end{array}$
6	$\begin{array}{r} 3\ 5 \\ \times\ 6\ 0 \\ \hline \end{array}$	12	$\begin{array}{r} 6\ 8 \\ \times\ 6\ 3 \\ \hline \end{array}$

13 $313 \times 3 =$

14 $329 \times 3 =$

15 $590 \times 5 =$

16 $40 \times 70 =$

17 $73 \times 40 =$

18 $4 \times 94 =$

19 $81 \times 16 =$

20 $96 \times 52 =$

○ 빈칸에 알맞은 수를 써넣으시오.

1. 곱셈 • 49

21

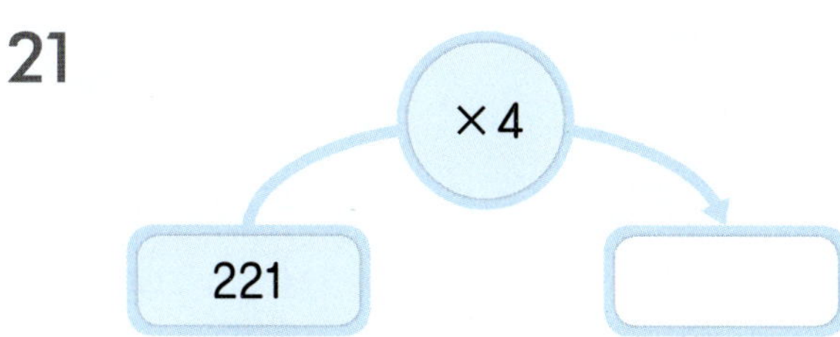

22

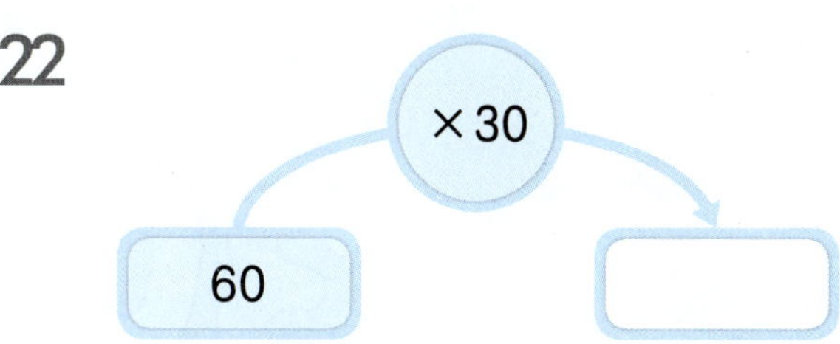

23

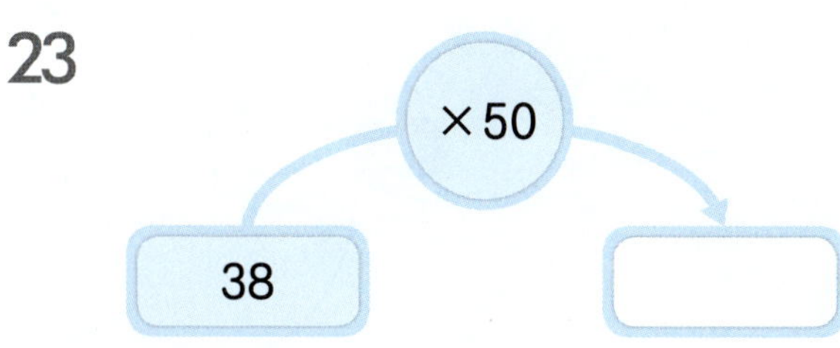

24

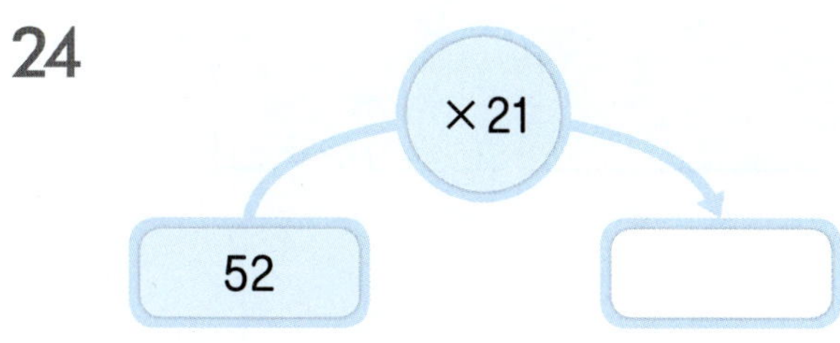

25

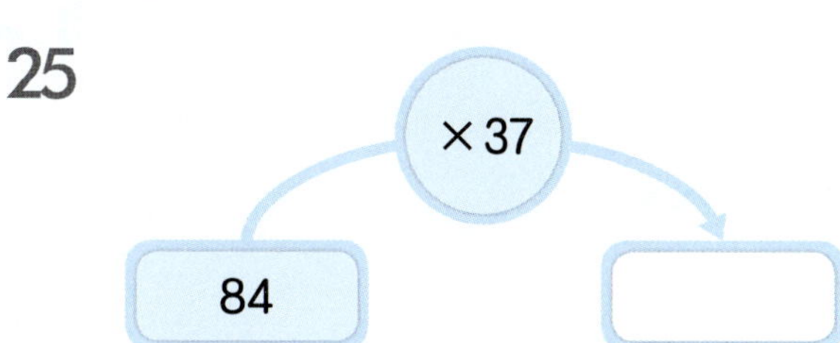

1단원의 연산 실력을 보충하고 싶다면 **클리닉 북 1~8쪽**을 풀어 보세요.

나눗셈

학습 내용	학습 회차	걸린 시간
1 (몇십)÷(몇)	1일 차	/8분
	2일 차	/14분
2 내림이 없는 (몇십몇)÷(몇)	3일 차	/5분
	4일 차	/10분
3 내림이 있는 (몇십몇)÷(몇)	5일 차	/7분
	6일 차	/14분
1 ~ 3 다르게 풀기	7일 차	/10분
4 내림이 없고 나머지가 있는 (몇십몇)÷(몇)	8일 차	/5분
	9일 차	/11분
5 내림이 있고 나머지가 있는 (몇십몇)÷(몇)	10일 차	/7분
	11일 차	/15분
4 ~ 5 다르게 풀기	12일 차	/10분
6 나머지가 없는 (세 자리 수)÷(한 자리 수)	13일 차	/7분
	14일 차	/15분
7 나머지가 있는 (세 자리 수)÷(한 자리 수)	15일 차	/8분
	16일 차	/16분
8 계산이 맞는지 확인하기	17일 차	/10분
	18일 차	/12분
6 ~ 8 다르게 풀기	19일 차	/14분
비법 강의 초등에서 푸는 방정식 계산 비법	20일 차	/8분
평가 2. 나눗셈	21일 차	/16분

● **내림이 없는 (몇십)÷(몇)**

[예] 60÷6의 계산

$60÷6=10$ → 6÷6의 몫에 0을
1개 붙입니다.

6÷6=1

⇨ 나눗셈식을 세로로 나타냅니다.

$$\begin{array}{r} 1\,0 \\ 6\overline{)6\,0} \\ 6 \\ \hline 0 \end{array}$$

나누는 수 → 6, 나누어지는 수, → 몫

● **내림이 있는 (몇십)÷(몇)**

[예] 70÷5의 계산

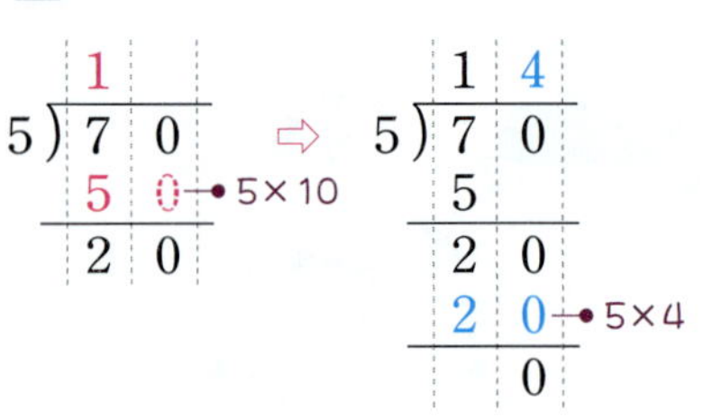

$70÷5=14$

○ 계산해 보시오.

❶

$$2\overline{)2\ \ 0}$$

❷

$$3\overline{)3\ \ 0}$$

❸

$$3\overline{)6\ \ 0}$$

❹

$$2\overline{)8\ \ 0}$$

❺

$$2\overline{)3\ \ 0}$$

❻

$$5\overline{)6\ \ 0}$$

❼

$$2\overline{)7\ \ 0}$$

❽

$$6\overline{)9\ \ 0}$$

⑨ $40 \div 2 =$ ☐

  $4 \div 2 =$ ☐

⑩ $50 \div 5 =$ ☐

  $5 \div 5 =$ ☐

⑪ $60 \div 2 =$ ☐

  $6 \div 2 =$ ☐

⑫ $80 \div 4 =$ ☐

  $8 \div 4 =$ ☐

⑬ $80 \div 8 =$ ☐

  $8 \div 8 =$ ☐

⑭ $90 \div 3 =$ ☐

  $9 \div 3 =$ ☐

⑮ $50 \div 2 =$

⑯ $60 \div 4 =$

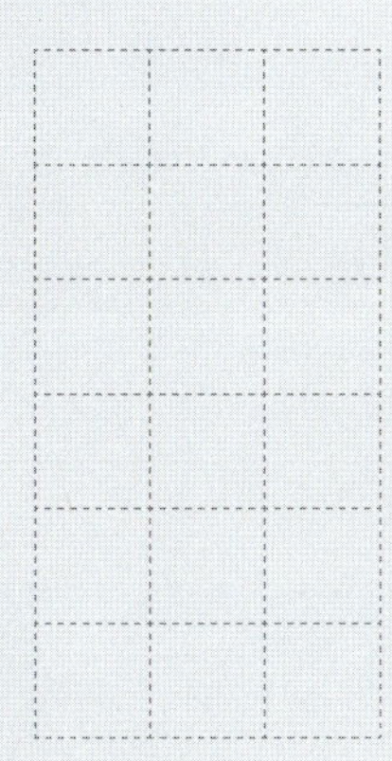

⑰ $70 \div 5 =$

⑱ $80 \div 5 =$

⑲ $90 \div 2 =$

⑳ $90 \div 5 =$

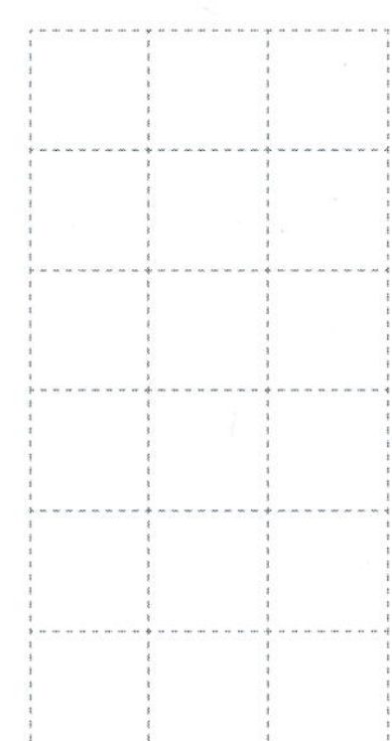

○ 계산해 보시오.

1 $3\overline{)30}$

2 $4\overline{)40}$

3 $3\overline{)60}$

4 $6\overline{)60}$

5 $7\overline{)70}$

6 $2\overline{)80}$

7 $4\overline{)80}$

8 $9\overline{)90}$

9 $2\overline{)30}$

10 $2\overline{)50}$

11 $5\overline{)60}$

12 $5\overline{)70}$

13 $5\overline{)80}$

14 $2\overline{)90}$

15 $5\overline{)90}$

⑯ 20÷2=

⑰ 40÷2=

⑱ 40÷4=

⑲ 50÷5=

⑳ 60÷2=

㉑ 60÷6=

㉒ 70÷7=

㉓ 80÷4=

㉔ 80÷8=

㉕ 90÷3=

㉖ 90÷9=

㉗ 30÷2=

㉘ 50÷2=

㉙ 60÷4=

㉚ 60÷5=

㉛ 70÷2=

㉜ 70÷5=

㉝ 80÷5=

㉞ 90÷2=

㉟ 90÷5=

㊱ 90÷6=

- 내림이 없는 (몇십몇)÷(몇)

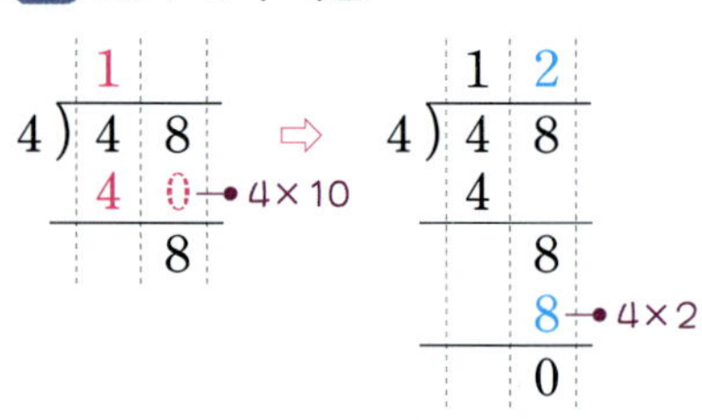

예 48÷4의 계산

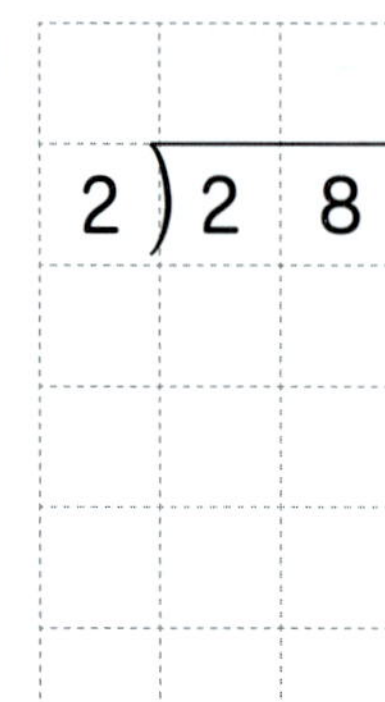

$$48 \div 4 = 12$$

○ 계산해 보시오.

1   2)2 8

2   3)3 6

3   2)4 6

4   2)6 6

5   3)6 9

6   7)7 7

7   4)8 8

8   3)9 3

⑨ 24÷2＝

⑩ 39÷3＝

⑪ 44÷2＝

⑫ 55÷5＝

⑬ 62÷2＝

⑭ 63÷3＝

⑮ 84÷4＝

⑯ 88÷2＝

⑰ 96÷3＝

○ 계산해 보시오.

1 2)24

2 2)28

3 3)39

4 2)42

5 4)44

6 2)48

7 3)63

8 2)64

9 6)66

10 3)69

11 2)82

12 4)84

13 8)88

14 3)96

15 9)99

⑯ $22 \div 2 =$

⑰ $26 \div 2 =$

⑱ $33 \div 3 =$

⑲ $36 \div 3 =$

⑳ $42 \div 2 =$

㉑ $44 \div 2 =$

㉒ $46 \div 2 =$

㉓ $48 \div 4 =$

㉔ $55 \div 5 =$

㉕ $62 \div 2 =$

㉖ $66 \div 2 =$

㉗ $66 \div 3 =$

㉘ $68 \div 2 =$

㉙ $77 \div 7 =$

㉚ $84 \div 2 =$

㉛ $86 \div 2 =$

㉜ $88 \div 2 =$

㉝ $88 \div 4 =$

㉞ $93 \div 3 =$

㉟ $99 \div 3 =$

㊱ $99 \div 9 =$

● 내림이 있는 (몇십몇)÷(몇)

[예] 76÷2의 계산

$$76 \div 2 = 38$$

● 계산해 보시오.

❶ 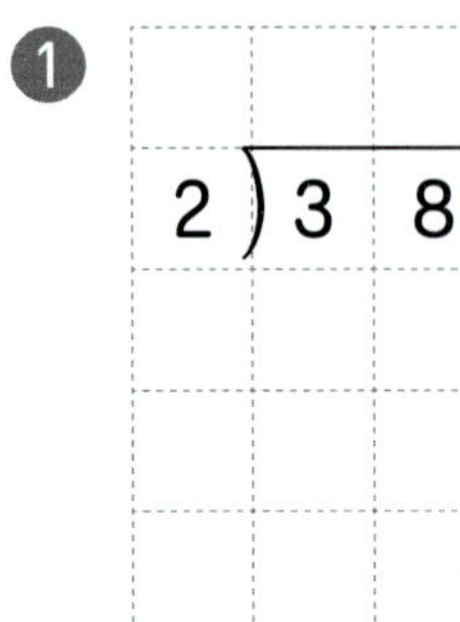
2) 3 8

❷
3) 4 5

❸ 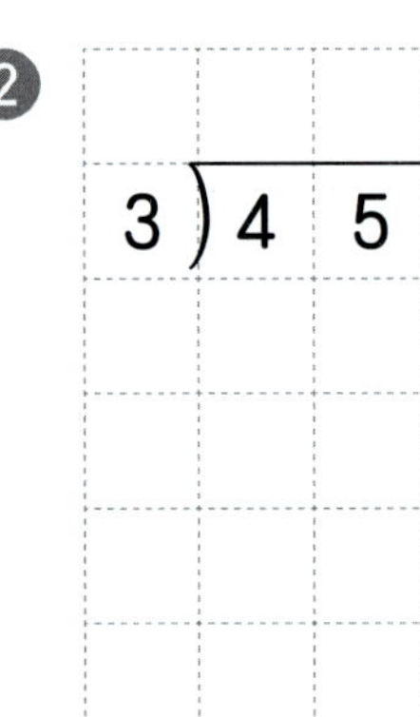
2) 5 2

❹ 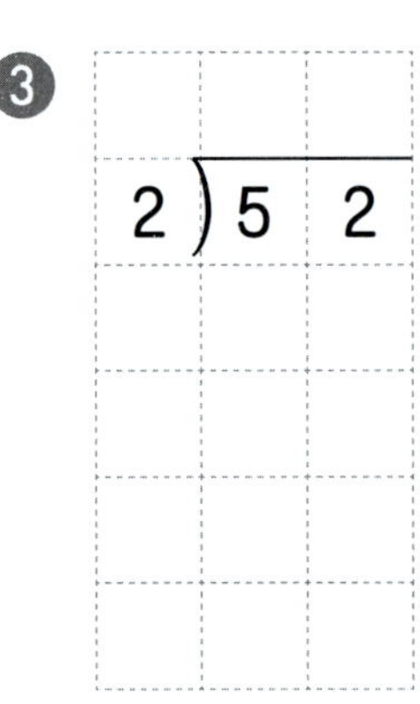
3) 5 7

❺
2) 7 2

❻
2) 7 8

❼
7) 8 4

❽ 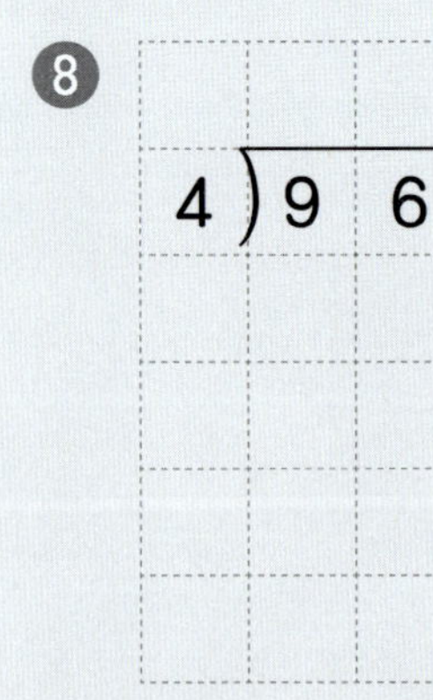
4) 9 6

⑨ 32÷2=

⑩ 42÷3=

⑪ 51÷3=

⑫ 56÷4=

⑬ 65÷5=

⑭ 72÷4=

⑮ 81÷3=

⑯ 92÷4=

⑰ 96÷6=

○ 계산해 보시오.

① $2 \overline{)3\ 6}$

② $3 \overline{)4\ 8}$

③ $4 \overline{)5\ 2}$

④ $3 \overline{)5\ 4}$

⑤ $2 \overline{)5\ 6}$

⑥ $4 \overline{)6\ 4}$

⑦ $3 \overline{)7\ 2}$

⑧ $3 \overline{)7\ 5}$

⑨ $4 \overline{)7\ 6}$

⑩ $3 \overline{)7\ 8}$

⑪ $6 \overline{)8\ 4}$

⑫ $3 \overline{)8\ 7}$

⑬ $7 \overline{)9\ 1}$

⑭ $2 \overline{)9\ 2}$

⑮ $2 \overline{)9\ 8}$

⑯ $34 \div 2 =$

⑰ $38 \div 2 =$

⑱ $42 \div 3 =$

⑲ $54 \div 2 =$

⑳ $56 \div 4 =$

㉑ $58 \div 2 =$

㉒ $65 \div 5 =$

㉓ $68 \div 4 =$

㉔ $72 \div 6 =$

㉕ $74 \div 2 =$

㉖ $75 \div 5 =$

㉗ $76 \div 2 =$

㉘ $78 \div 6 =$

㉙ $84 \div 3 =$

㉚ $84 \div 7 =$

㉛ $85 \div 5 =$

㉜ $92 \div 4 =$

㉝ $94 \div 2 =$

㉞ $95 \div 5 =$

㉟ $96 \div 2 =$

㊱ $98 \div 7 =$

○ 빈칸에 알맞은 수를 써넣으시오.

1 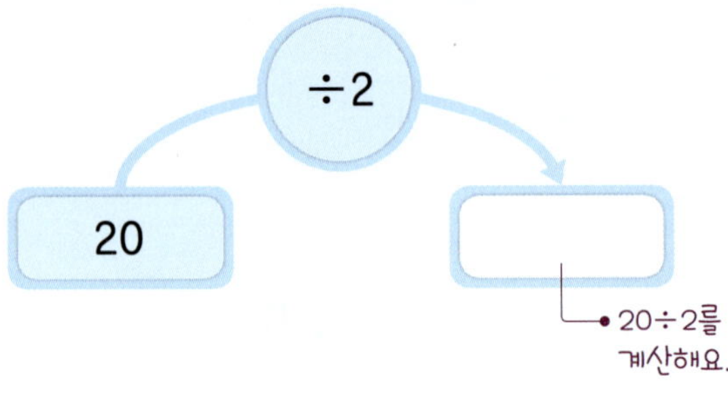

● 20÷2를
계산해요.

6 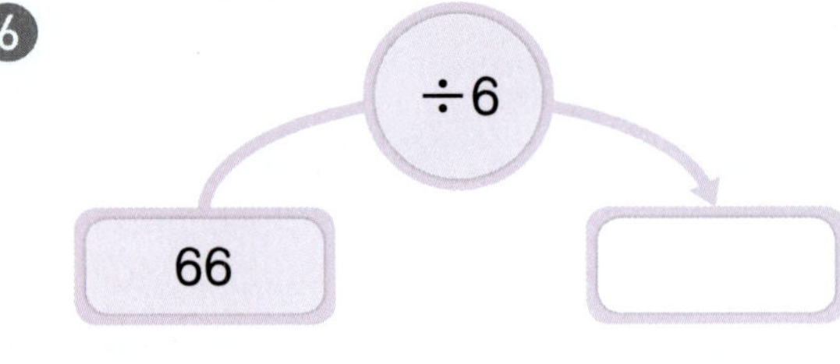

2 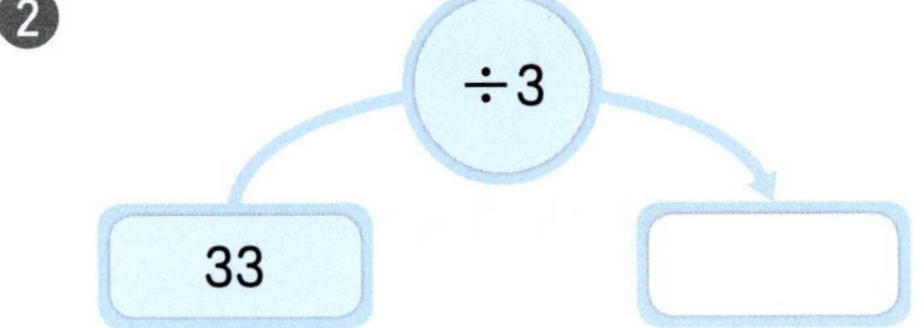

7 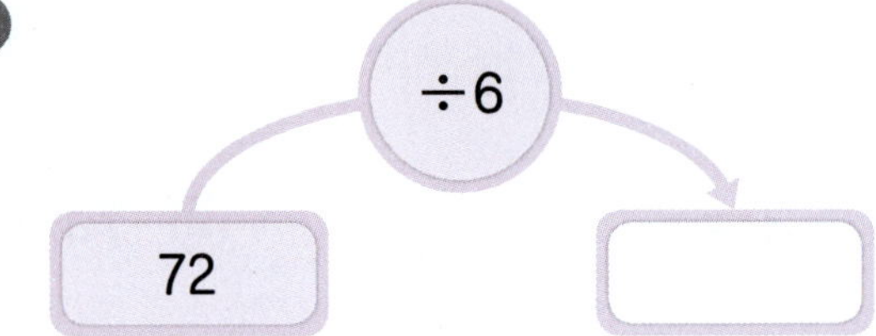

3 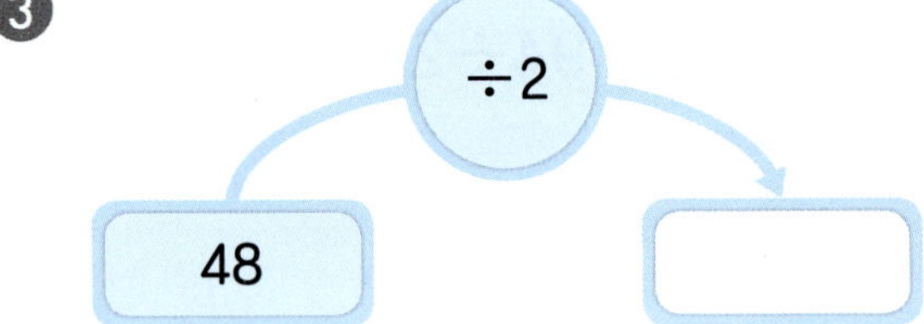

8 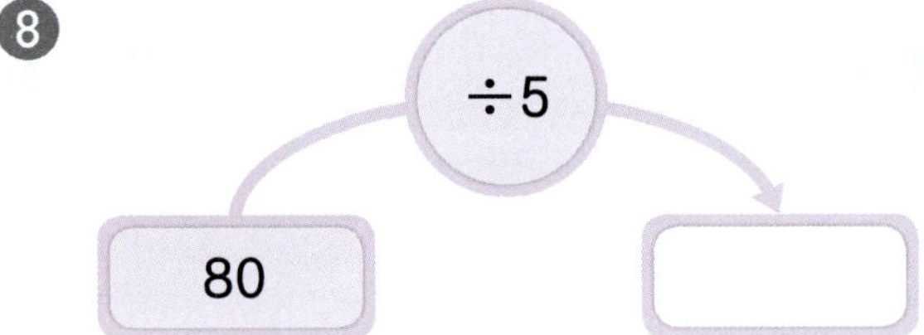

4 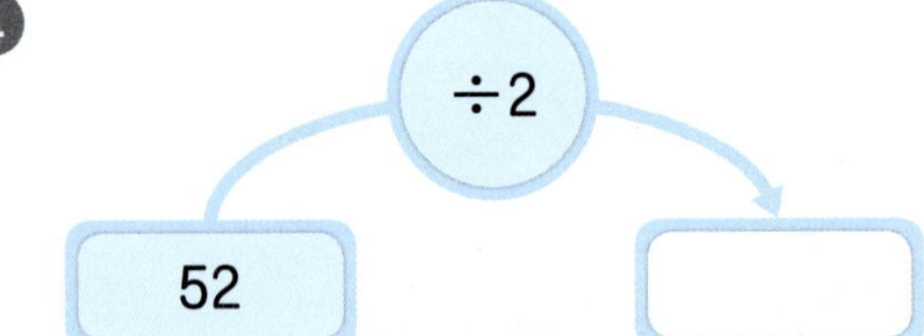

9 

5 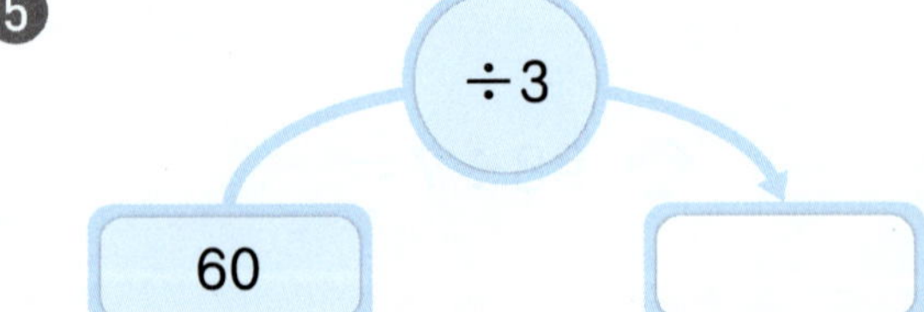

10 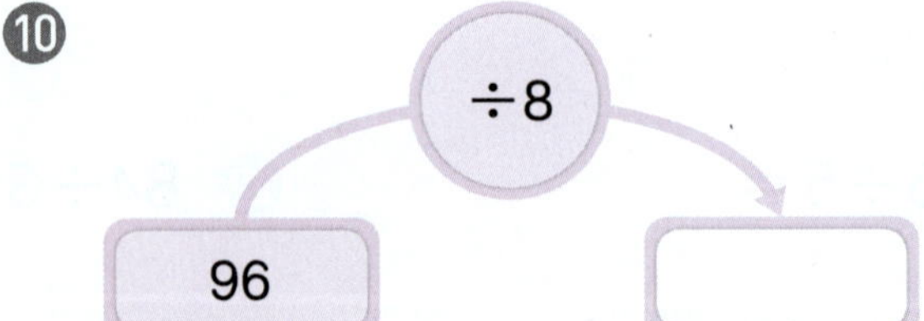

⑪ 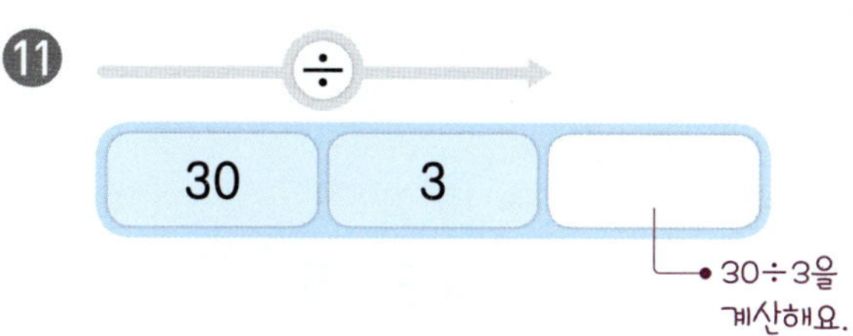

30 ÷ 3 =

• 30÷3을 계산해요.

⑮ 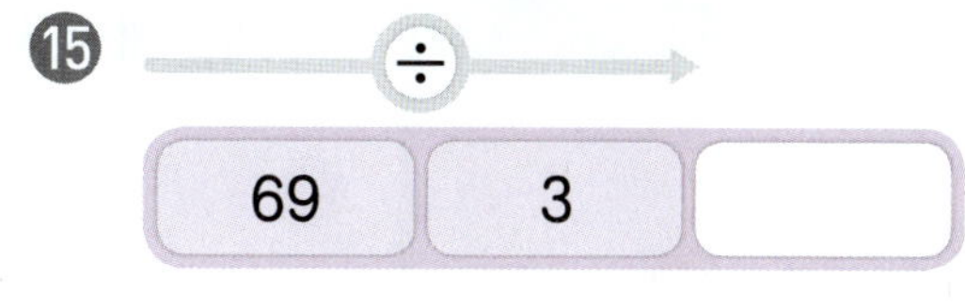

69 ÷ 3 =

⑫ 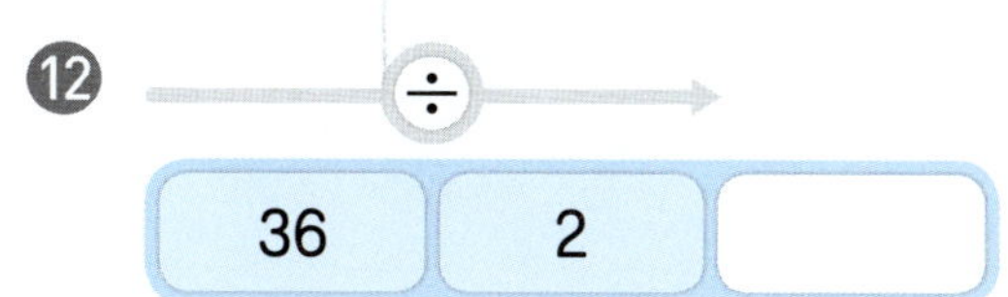

36 ÷ 2 =

⑯ 

75 ÷ 5 =

⑬ 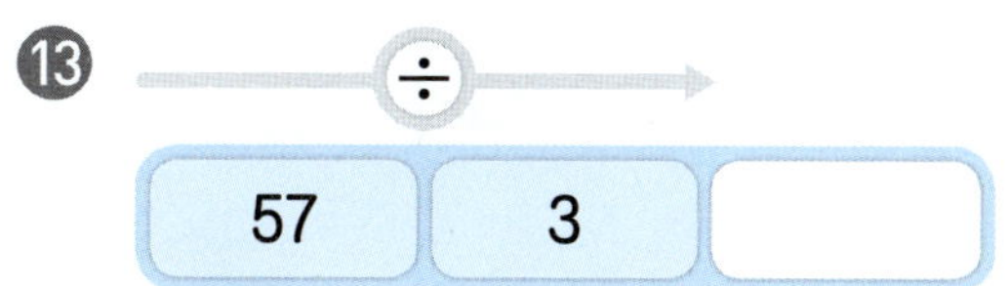

57 ÷ 3 =

⑰ 

84 ÷ 2 =

⑭ 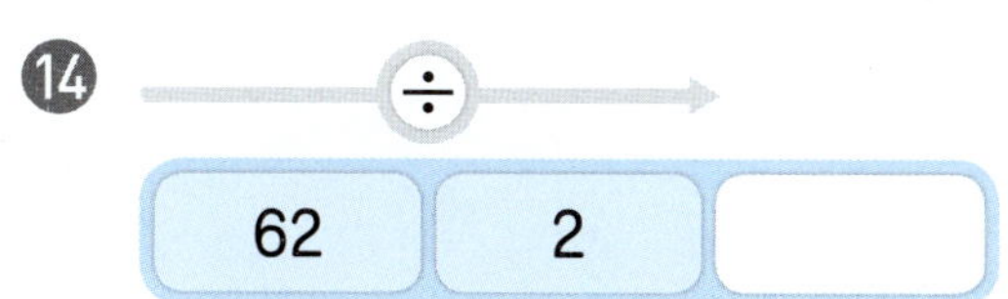

62 ÷ 2 =

⑱ 

90 ÷ 6 =

문장제 속 연산

⑲ 초콜릿이 45개 있습니다. 한 상자에 초콜릿을 3개씩 나누어 담으려면 상자는 몇 개가 필요한지 구해 보시오.

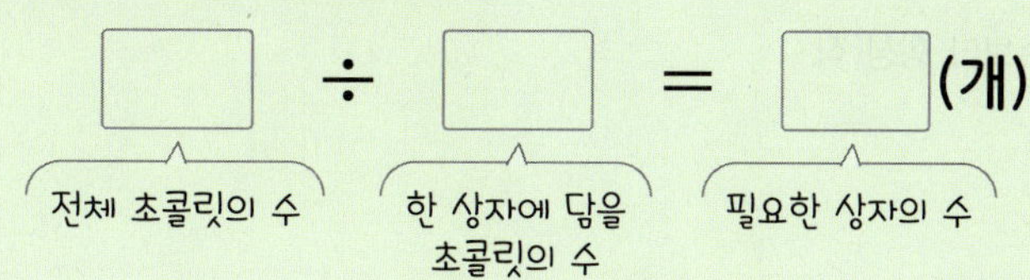

$$\boxed{} \div \boxed{} = \boxed{} (개)$$

전체 초콜릿의 수   한 상자에 담을 초콜릿의 수   필요한 상자의 수

내림이 없고 나머지가 있는 (몇십몇) ÷ (몇)

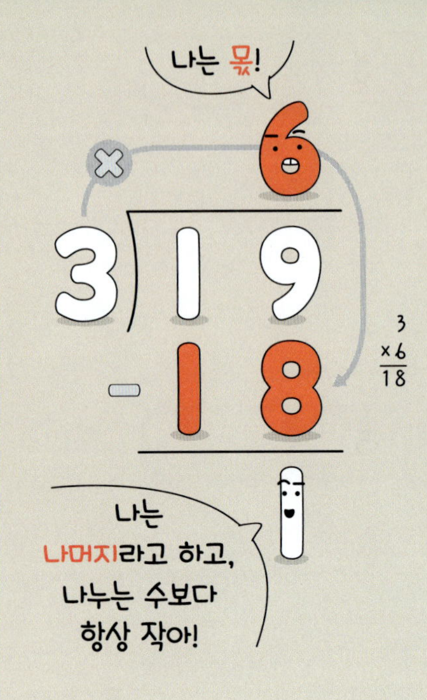

- 내림이 없고 나머지가 있는 (몇십몇) ÷ (몇)

[예] $19 \div 3$의 계산

- 19를 3으로 나누면 몫은 6이고 1이 남습니다. 이때 1을 $19 \div 3$의 나머지라고 합니다.

$$\begin{array}{r} 6 \rightarrow 몫 \\ 3\overline{)19} \\ 18 \\ \hline 1 \rightarrow 나머지 \end{array}$$

$$19 \div 3 = 6 \cdots 1$$
몫　　나머지

- 나머지가 없으면 나머지가 0이라고 말할 수 있습니다. 나머지가 0일 때, 나누어떨어진다고 합니다.

[참고] 나머지는 나누는 수보다 항상 작습니다.

○ 계산해 보시오.

❶

$5\overline{)14}$

❷ 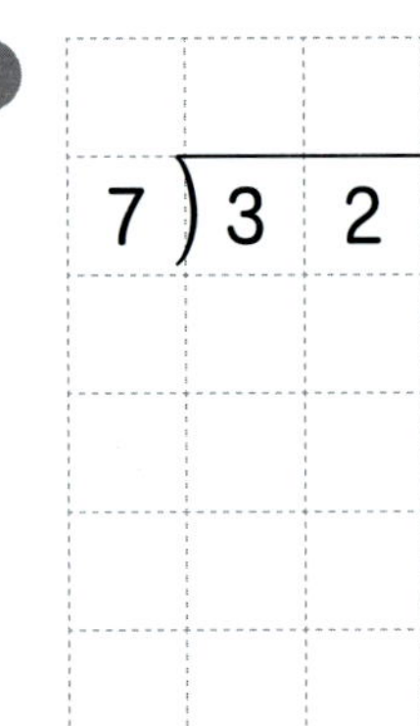

$7\overline{)32}$

❸ 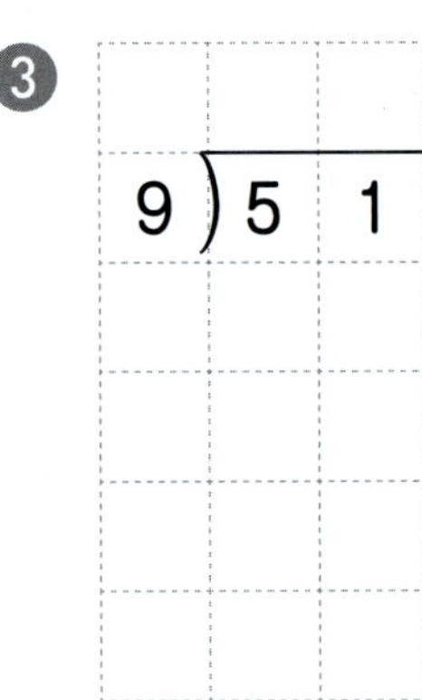

$9\overline{)51}$

❹ 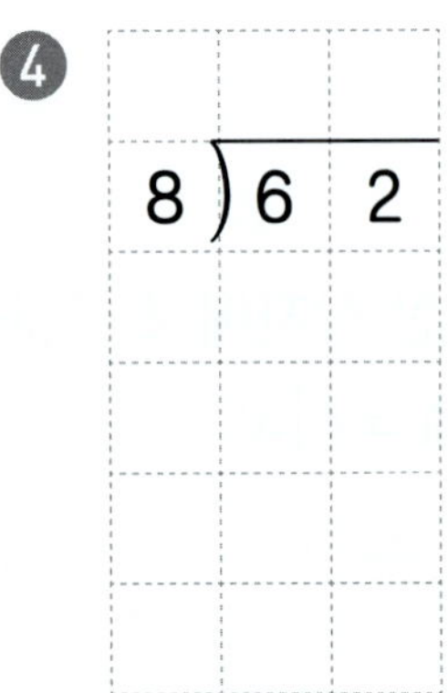

$8\overline{)62}$

❺ 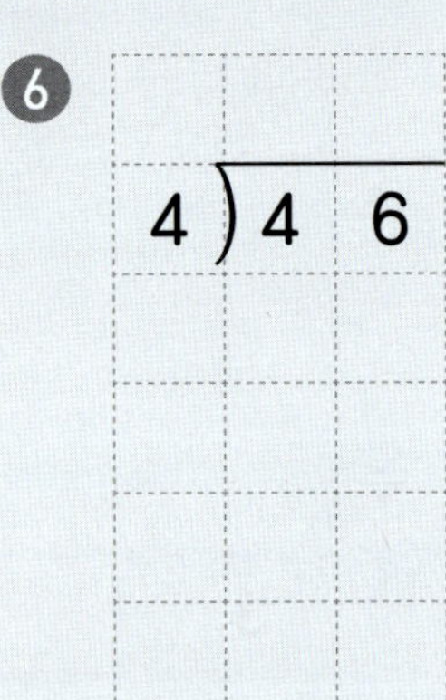

$3\overline{)35}$

❻ 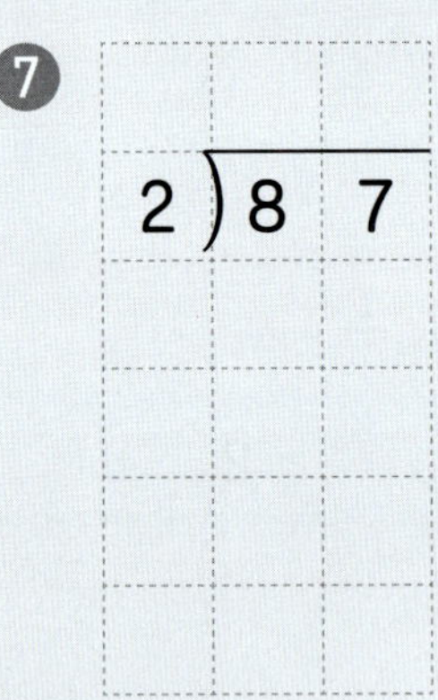

$4\overline{)46}$

❼ 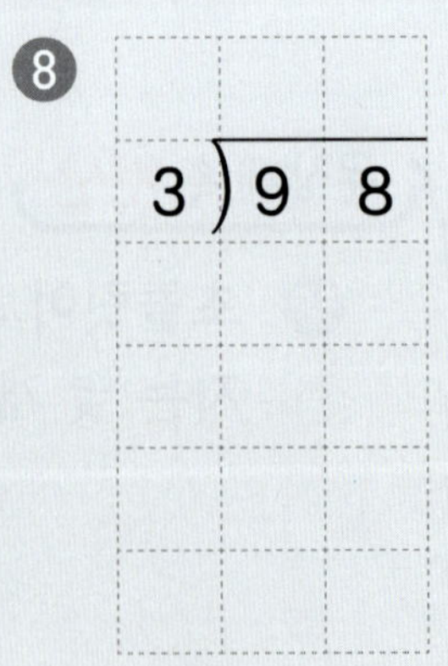

$2\overline{)87}$

❽

$3\overline{)98}$

⑨ $25 \div 8 =$

⑫ $56 \div 6 =$

⑮ $47 \div 2 =$

⑩ $33 \div 6 =$

⑬ $67 \div 8 =$

⑯ $65 \div 3 =$

⑪ $41 \div 5 =$

⑭ $75 \div 9 =$

⑰ $86 \div 4 =$

4 내림이 없고 나머지가 있는 (몇십몇) ÷ (몇)

○ 계산해 보시오.

① 3) 1 9

② 8) 2 1

③ 5) 2 6

④ 6) 3 2

⑤ 4) 3 8

⑥ 6) 4 0

⑦ 5) 4 7

⑧ 7) 5 2

⑨ 8) 6 5

⑩ 9) 7 1

⑪ 3) 3 8

⑫ 2) 4 1

⑬ 6) 6 8

⑭ 8) 8 9

⑮ 3) 9 5

⑯ $14 \div 6 =$

⑰ $17 \div 4 =$

⑱ $24 \div 7 =$

⑲ $28 \div 3 =$

⑳ $31 \div 8 =$

㉑ $36 \div 5 =$

㉒ $44 \div 6 =$

㉓ $48 \div 7 =$

㉔ $50 \div 6 =$

㉕ $57 \div 8 =$

㉖ $64 \div 7 =$

㉗ $68 \div 9 =$

㉘ $73 \div 8 =$

㉙ $79 \div 9 =$

㉚ $27 \div 2 =$

㉛ $49 \div 4 =$

㉜ $56 \div 5 =$

㉝ $63 \div 2 =$

㉞ $75 \div 7 =$

㉟ $85 \div 4 =$

㊱ $91 \div 3 =$

내림이 있고 나머지가 있는 (몇십몇)÷(몇)

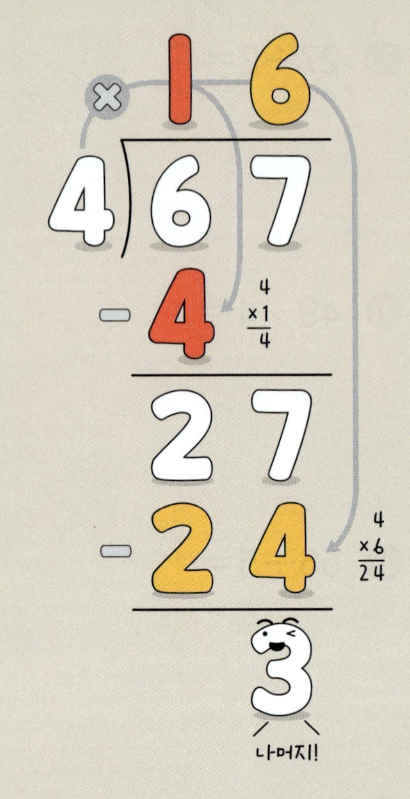

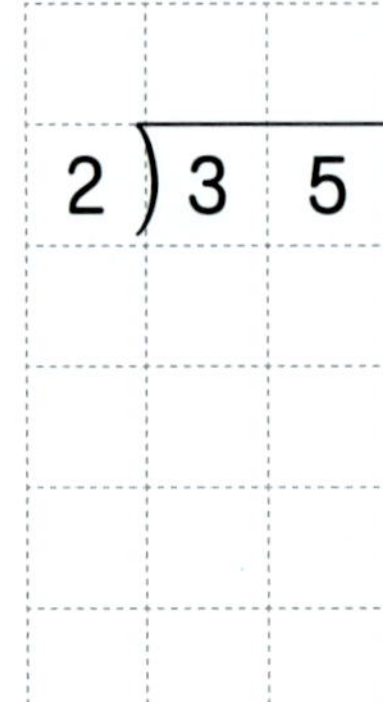

- 내림이 있고 나머지가 있는
  (몇십몇)÷(몇)

예 67÷4의 계산

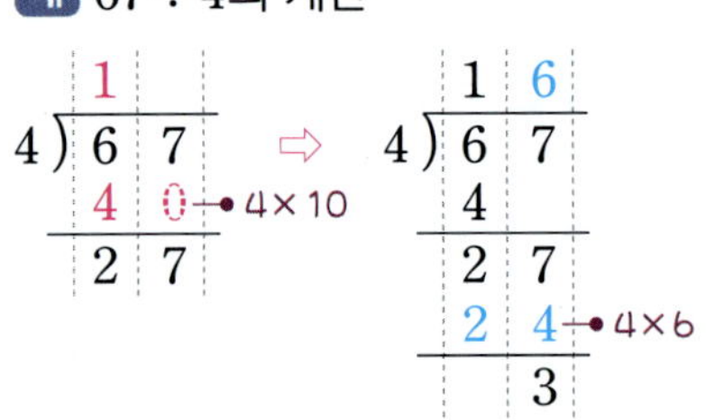

$$67 \div 4 = 16 \cdots 3$$

○ 계산해 보시오.

❶ 2$)$3 5

❷ 3$)$4 6

❸ 2$)$5 3

❹ 3$)$5 9

❺ 4$)$6 7

❻ 3$)$7 7

❼ 5$)$8 9

❽ 7$)$9 5

⑨ $39 \div 2 =$

⑫ $55 \div 2 =$

⑮ $88 \div 7 =$

⑩ $44 \div 3 =$

⑬ $66 \div 5 =$

⑯ $94 \div 4 =$

⑪ $52 \div 3 =$

⑭ $75 \div 2 =$

⑰ $99 \div 6 =$

● 계산해 보시오.

❶

$$2 \overline{)33}$$

❷

$$3 \overline{)43}$$

❸

$$2 \overline{)51}$$

❹

$$3 \overline{)53}$$

❺

$$3 \overline{)58}$$

❻

$$5 \overline{)64}$$

❼

$$4 \overline{)65}$$

❽

$$3 \overline{)71}$$

❾

$$5 \overline{)77}$$

❿

$$6 \overline{)79}$$

⓫

$$3 \overline{)83}$$

⓬

$$5 \overline{)84}$$

⓭

$$7 \overline{)89}$$

⓮

$$2 \overline{)93}$$

⓯

$$7 \overline{)96}$$

⑯ 31÷2＝

⑰ 37÷2＝

⑱ 47÷3＝

⑲ 49÷3＝

⑳ 55÷4＝

㉑ 56÷3＝

㉒ 59÷2＝

㉓ 63÷4＝

㉔ 66÷4＝

㉕ 69÷5＝

㉖ 73÷2＝

㉗ 74÷5＝

㉘ 75÷6＝

㉙ 76÷3＝

㉚ 82÷3＝

㉛ 85÷7＝

㉜ 88÷5＝

㉝ 91÷4＝

㉞ 95÷2＝

㉟ 97÷5＝

㊱ 99÷8＝

○ 몫은 ☐ 안에, 나머지는 ◯ 안에 써넣으시오.

1

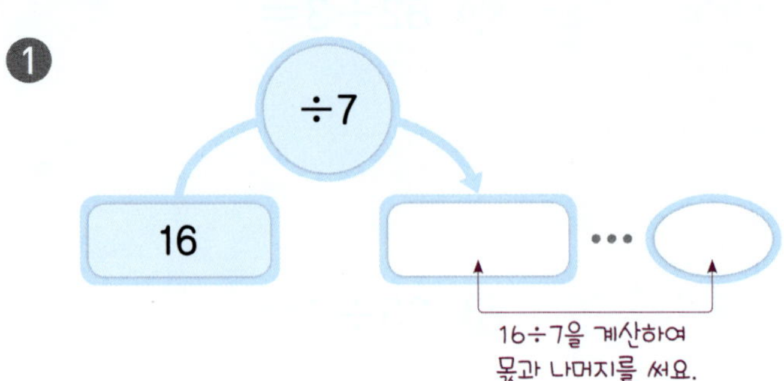

2

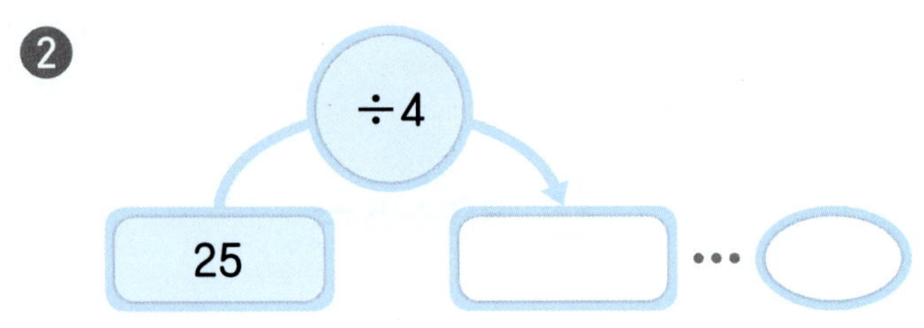

3

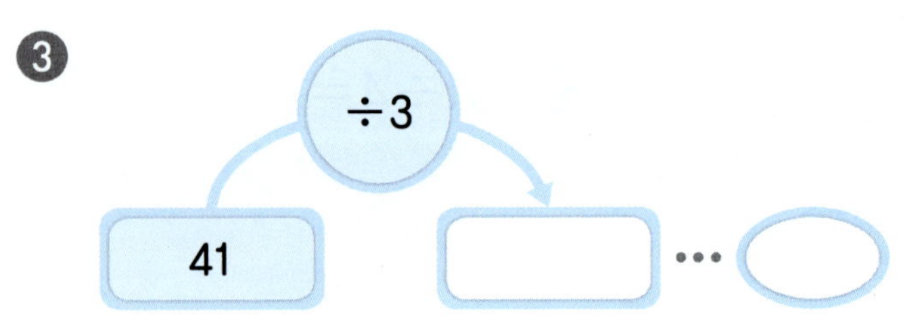

4

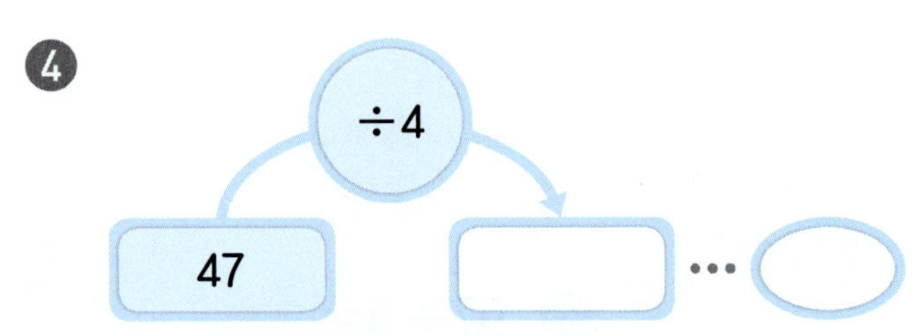

5

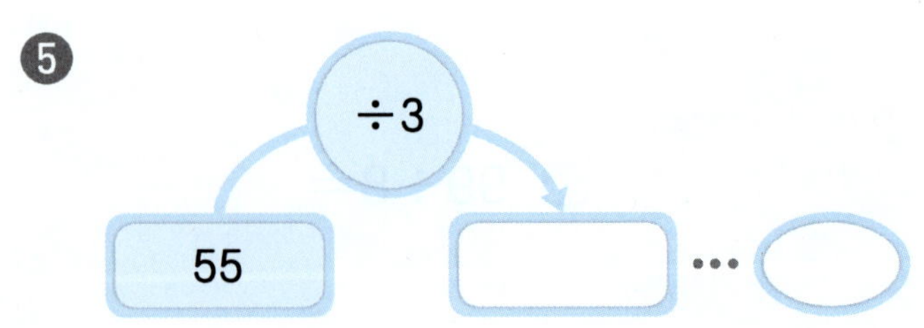

6

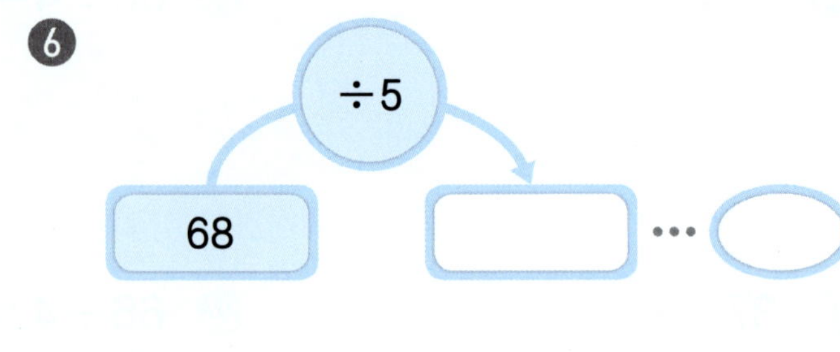

7

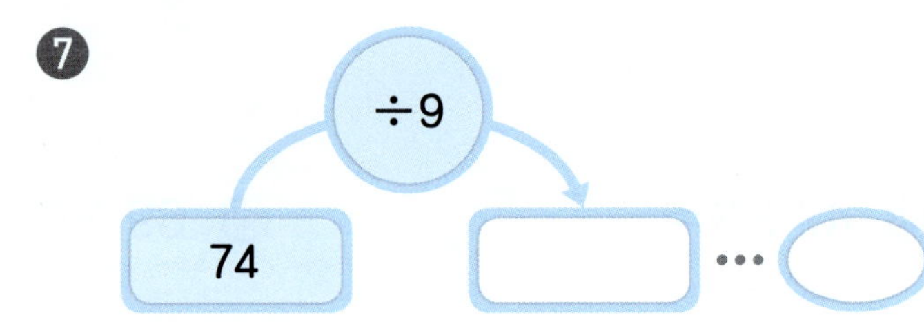

8

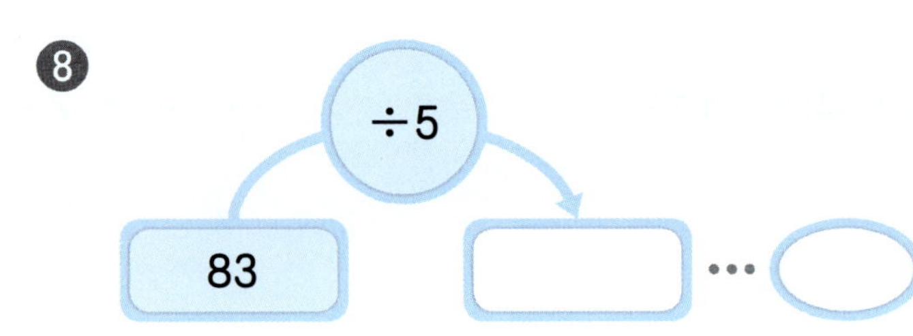

9

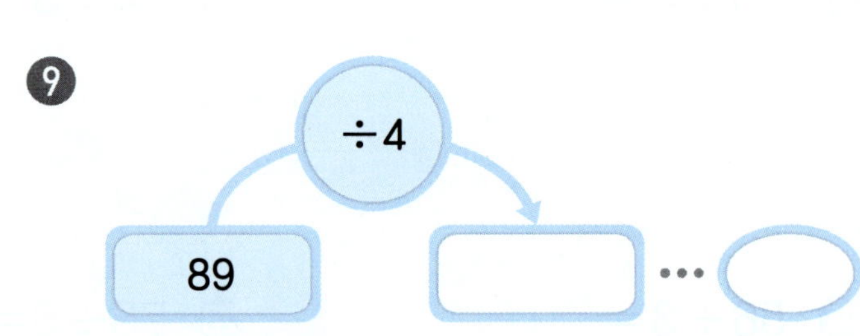

10

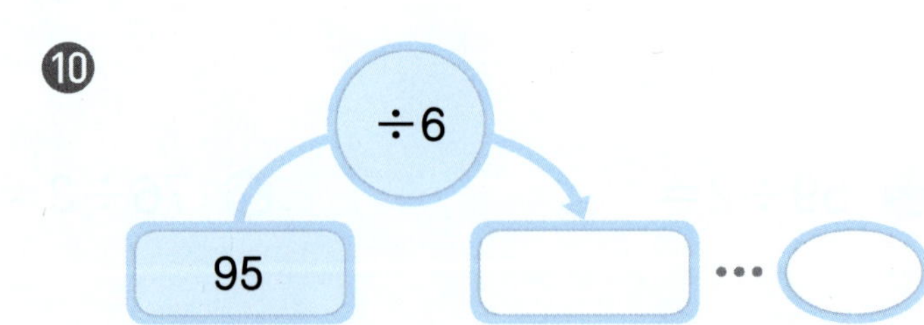

○ 몫은 [ ] 안에, 나머지는 ( ) 안에 써넣으시오.

⑪ 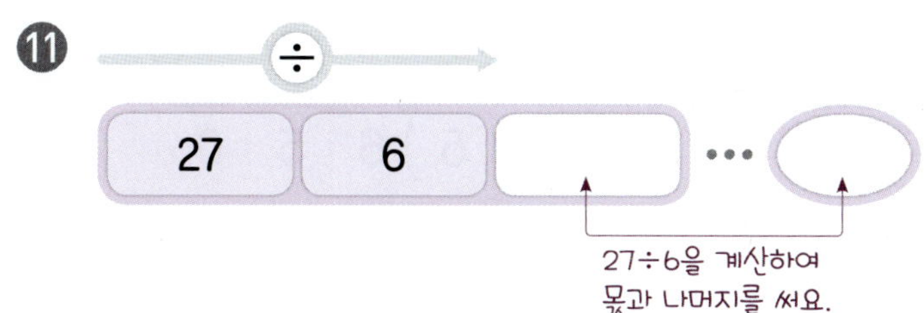

⑮ 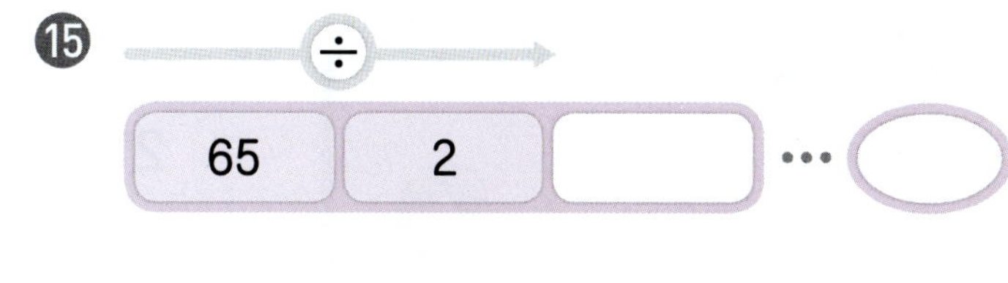

⑫ 

⑯ 

⑬ 

⑰ 

⑭ 

⑱ 

문장제 속 연산

⑲ 귤 37개를 한 사람에게 3개씩 나누어 주려고 합니다. 귤을 몇 명까지 나누어 줄 수 있고 몇 개가 남는지 구해 보시오.

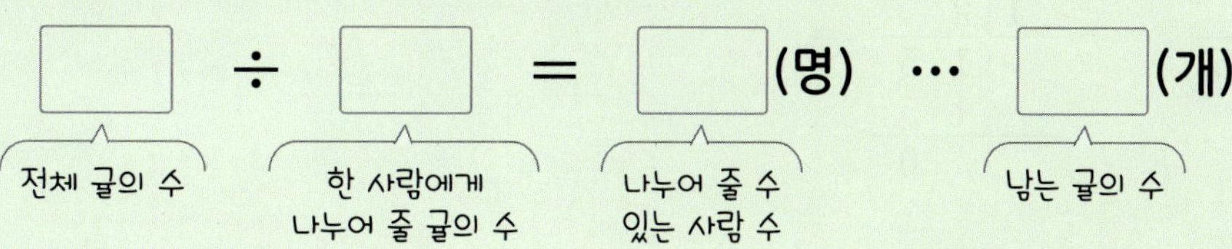

6 나머지가 없는 (세 자리 수)÷(한 자리 수)

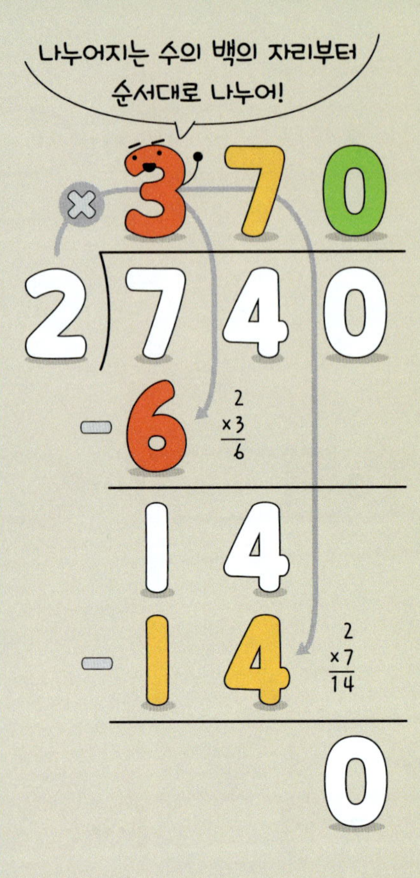

- 나머지가 없는 (세 자리 수)÷(한 자리 수)

예 740÷2의 계산

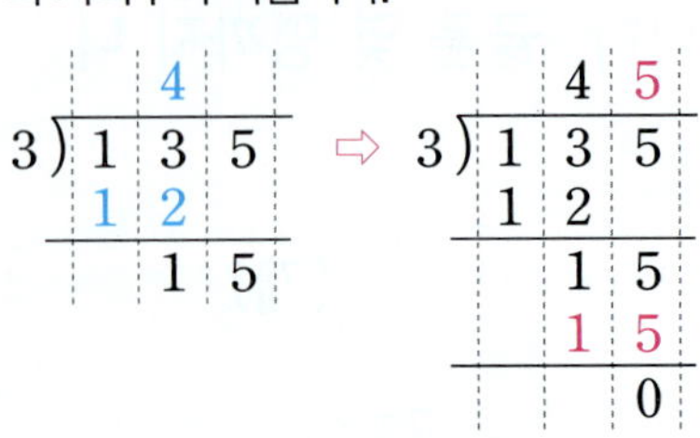

```
     3                3 7 0
2 ) 7 4 0   ⇨   2 ) 7 4 0
    6                6
    1 4              1 4
                     1 4
                         0
```

$740 \div 2 = 370$

참고 백의 자리에서 나눌 수 없으면 십의 자리부터 나눕니다.

```
       4                4 5
3 ) 1 3 5   ⇨   3 ) 1 3 5
    1 2              1 2
      1 5              1 5
                       1 5
                         0
```

○ 계산해 보시오.

❶ 2)240

❷ 3)390

❸ 2)480

❹ 4)520

❺ 5)650

❻ 7)756

❼ 8)760

❽ 9)819

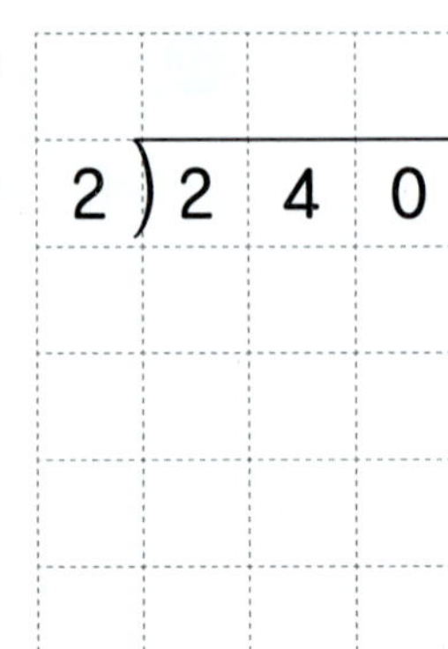

⑨ 220÷2=

⑩ 360÷2=

⑪ 480÷4=

⑫ 450÷3=

⑬ 550÷5=

⑭ 600÷5=

⑮ 624÷3=

⑯ 765÷9=

⑰ 855÷9=

○ 계산해 보시오.

① $2\,\overline{)\,2\,2\,8}$

② $3\,\overline{)\,3\,0\,0}$

③ $2\,\overline{)\,3\,5\,8}$

④ $3\,\overline{)\,4\,2\,0}$

⑤ $4\,\overline{)\,4\,5\,6}$

⑥ $4\,\overline{)\,5\,0\,4}$

⑦ $9\,\overline{)\,5\,3\,1}$

⑧ $4\,\overline{)\,6\,0\,0}$

⑨ $7\,\overline{)\,6\,3\,7}$

⑩ $8\,\overline{)\,7\,7\,6}$

⑪ $5\,\overline{)\,7\,9\,5}$

⑫ $4\,\overline{)\,8\,0\,0}$

⑬ $5\,\overline{)\,8\,6\,0}$

⑭ $6\,\overline{)\,9\,2\,4}$

⑮ $9\,\overline{)\,9\,5\,4}$

⑯ 238÷2＝

⑰ 280÷2＝

⑱ 352÷2＝

⑲ 378÷3＝

⑳ 435÷3＝

㉑ 448÷4＝

㉒ 476÷2＝

㉓ 501÷3＝

㉔ 536÷4＝

㉕ 552÷8＝

㉖ 665÷7＝

㉗ 688÷8＝

㉘ 692÷2＝

㉙ 725÷5＝

㉚ 747÷9＝

㉛ 774÷6＝

㉜ 816÷4＝

㉝ 856÷8＝

㉞ 867÷3＝

㉟ 900÷6＝

㊱ 972÷4＝

7 나머지가 있는 (세 자리 수)÷(한 자리 수)

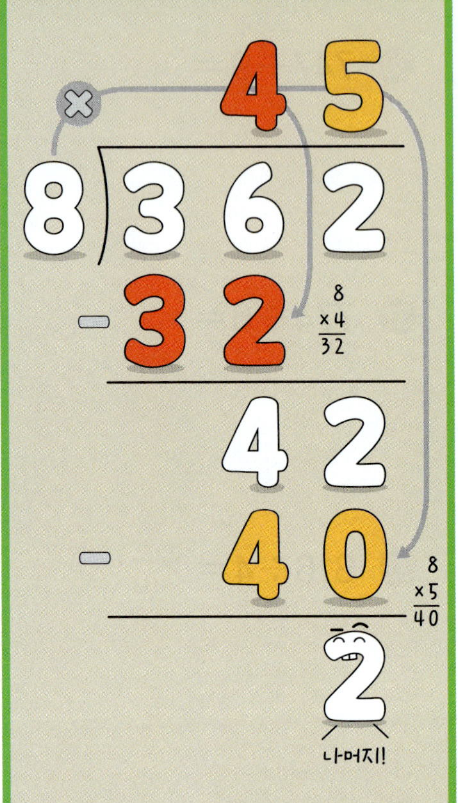

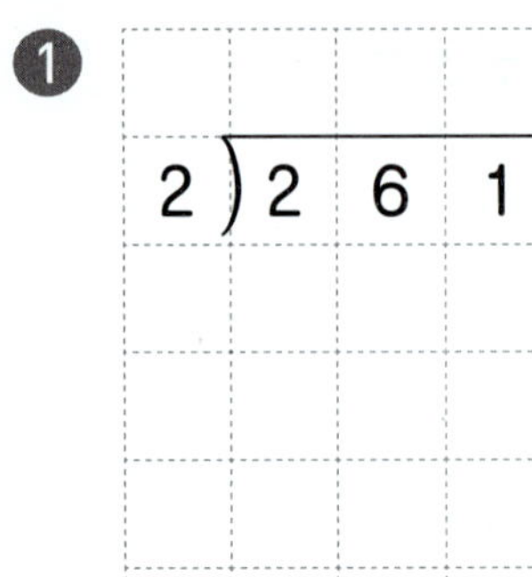

- 나머지가 있는 (세 자리 수)÷(한 자리 수)

예 362÷8의 계산

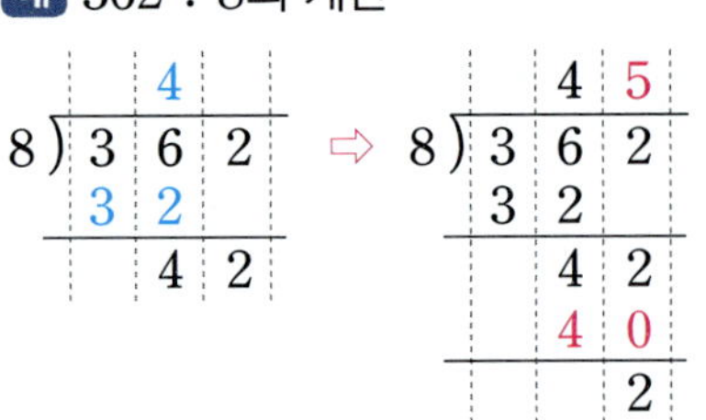

```
      4            4 5
  8)3 6 2  ⇨   8)3 6 2
    3 2          3 2
      4 2          4 2
                   4 0
                     2
```

362÷8=45⋯2

○ 계산해 보시오.

❶ 2)261

❷ 3)391

❸ 3)422

❹ 5)554

❺ 5)653

❻ 6)656

❼ 8)759

❽ 9)803

⑨ 281÷2=

⑩ 362÷3=

⑪ 452÷3=

⑫ 599÷7=

⑬ 631÷3=

⑭ 643÷4=

⑮ 738÷7=

⑯ 713÷8=

⑰ 835÷9=

○ 계산해 보시오.

1 $2\overline{)253}$

2 $2\overline{)293}$

3 $2\overline{)315}$

4 $3\overline{)368}$

5 $2\overline{)451}$

6 $4\overline{)479}$

7 $9\overline{)587}$

8 $7\overline{)600}$

9 $5\overline{)628}$

10 $5\overline{)757}$

11 $8\overline{)791}$

12 $9\overline{)808}$

13 $4\overline{)818}$

14 $7\overline{)930}$

15 $2\overline{)995}$

⑯ $241 \div 2 =$

⑰ $285 \div 2 =$

⑱ $305 \div 2 =$

⑲ $335 \div 3 =$

⑳ $386 \div 3 =$

㉑ $449 \div 4 =$

㉒ $466 \div 3 =$

㉓ $489 \div 6 =$

㉔ $510 \div 4 =$

㉕ $556 \div 8 =$

㉖ $592 \div 3 =$

㉗ $624 \div 5 =$

㉘ $657 \div 7 =$

㉙ $700 \div 3 =$

㉚ $749 \div 8 =$

㉛ $757 \div 7 =$

㉜ $824 \div 9 =$

㉝ $833 \div 3 =$

㉞ $872 \div 9 =$

㉟ $906 \div 4 =$

㊱ $975 \div 6 =$

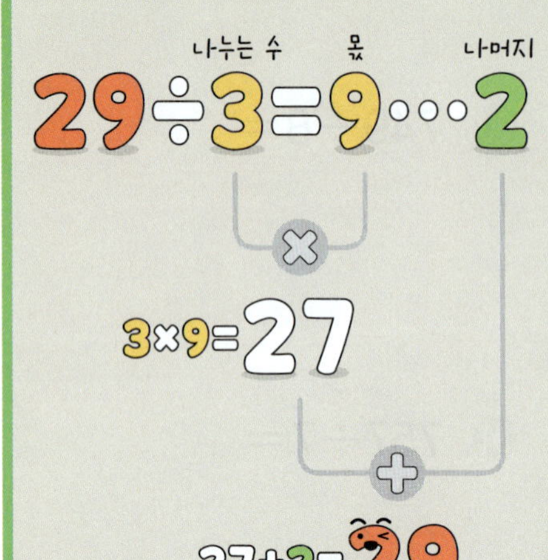

● 계산이 맞는지 확인하기

나누는 수와 몫의 곱에 나머지를 더하면 나누어지는 수가 되어야 합니다.

$$29 \div 3 = 9 \cdots 2$$

확인 $3 \times 9 = 27,\ 27 + 2 = 29$

○ 계산해 보고 계산 결과가 맞는지 확인해 보시오.

①

$4 \overline{)3\ 8}$

확인 $4 \times \boxed{} = \boxed{},$

$\boxed{} + \boxed{} = 38$

②

$2 \overline{)5\ 7}$

확인 $2 \times \boxed{} = \boxed{},$

$\boxed{} + \boxed{} = 57$

③

$5 \overline{)6\ 3}$

확인 $5 \times \boxed{} = \boxed{},$

$\boxed{} + \boxed{} = 63$

④

$9 \overline{)9\ 8}$

확인 $9 \times \boxed{} = \boxed{},$

$\boxed{} + \boxed{} = 98$

⑤

$7 \overline{)3\ 2\ 0}$

확인 $7 \times \boxed{} = \boxed{},$

$\boxed{} + \boxed{} = 320$

❻ 29÷7=

확인 ☐ × ☐ = ☐ ,
　　 ☐ + ☐ = ☐

❼ 35÷2=

확인 ☐ × ☐ = ☐ ,
　　 ☐ + ☐ = ☐

❽ 47÷3=

확인 ☐ × ☐ = ☐ ,
　　 ☐ + ☐ = ☐

❾ 55÷3=

확인 ☐ × ☐ = ☐ ,
　　 ☐ + ☐ = ☐

❿ 70÷3=

확인 ☐ × ☐ = ☐ ,
　　 ☐ + ☐ = ☐

⓫ 87÷4=

확인 ☐ × ☐ = ☐ ,
　　 ☐ + ☐ = ☐

⓬ 92÷3=

확인 ☐ × ☐ = ☐ ,
　　 ☐ + ☐ = ☐

⓭ 148÷5=

확인 ☐ × ☐ = ☐ ,
　　 ☐ + ☐ = ☐

⓮ 517÷2=

확인 ☐ × ☐ = ☐ ,
　　 ☐ + ☐ = ☐

⓯ 815÷4=

확인 ☐ × ☐ = ☐ ,
　　 ☐ + ☐ = ☐

○ 계산해 보고 계산 결과가 맞는지 확인해 보시오.

1

$$2 \overline{)\, 2\ 5}$$

확인 _______________________

2

$$6 \overline{)\, 4\ 4}$$

확인 _______________________

3

$$9 \overline{)\, 5\ 8}$$

확인 _______________________

4

$$6 \overline{)\, 7\ 7}$$

확인 _______________________

5

$$4 \overline{)\, 8\ 2}$$

확인 _______________________

6

$$7 \overline{)\, 9\ 4}$$

확인 _______________________

7

$$9 \overline{)\, 4\ 1\ 5}$$

확인 _______________________

8

$$3 \overline{)\, 8\ 2\ 7}$$

확인 _______________________

정답 · 12쪽

⑨ $38 \div 8 =$

확인 ______________________

⑩ $42 \div 4 =$

확인 ______________________

⑪ $58 \div 4 =$

확인 ______________________

⑫ $73 \div 5 =$

확인 ______________________

⑬ $86 \div 7 =$

확인 ______________________

⑭ $95 \div 3 =$

확인 ______________________

⑮ $97 \div 6 =$

확인 ______________________

⑯ $374 \div 4 =$

확인 ______________________

⑰ $595 \div 2 =$

확인 ______________________

⑱ $716 \div 9 =$

확인 ______________________

○ 빈칸에 알맞은 수를 써넣으시오.

1

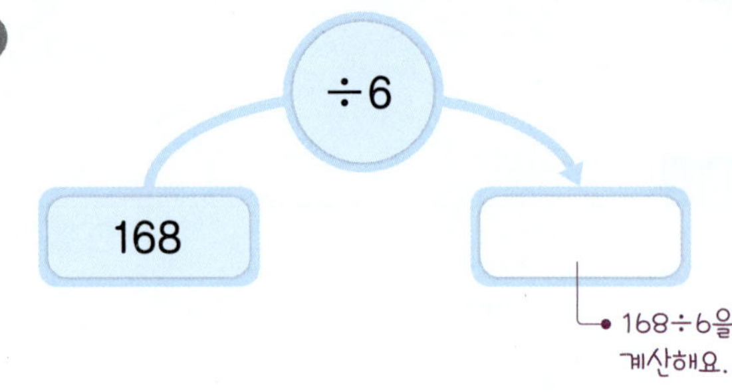

• 168÷6을
계산해요.

6

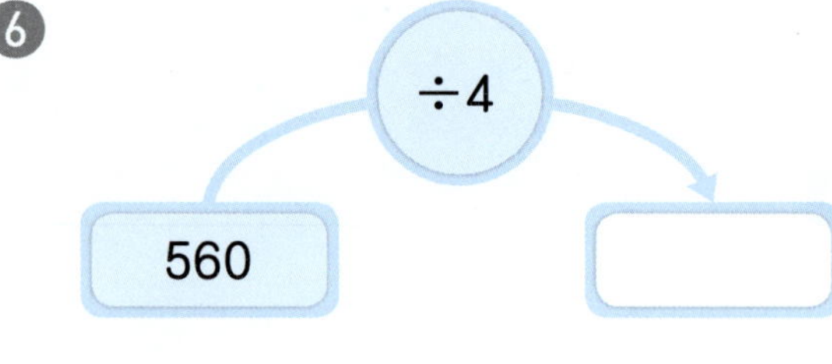

2

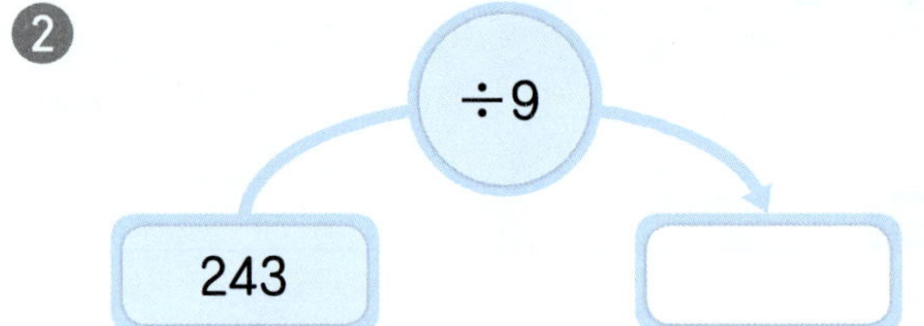

7

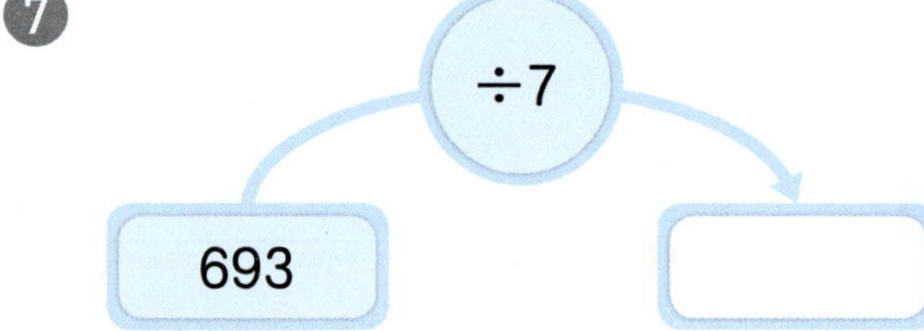

3

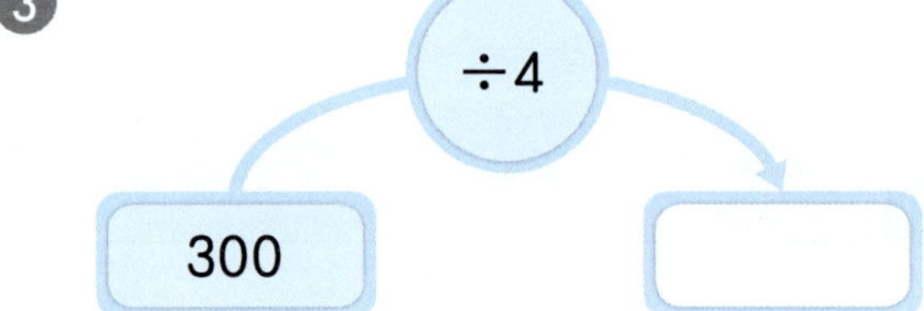

8

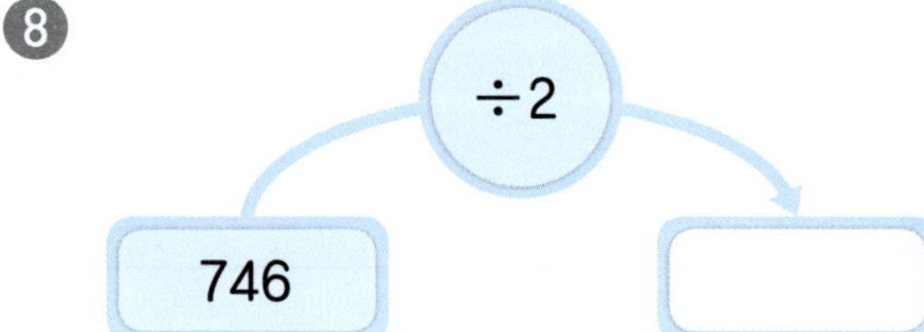

4

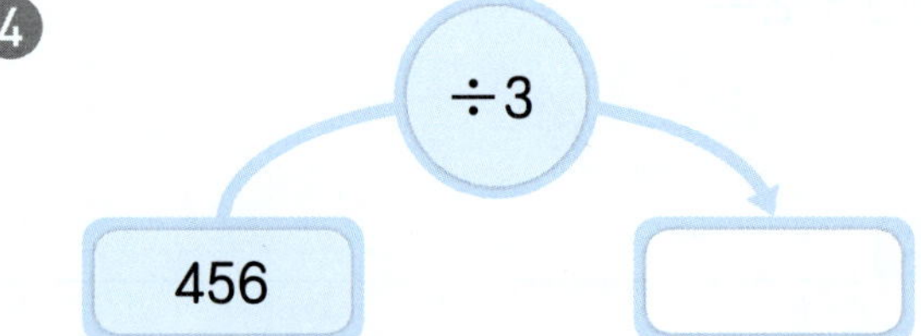

9

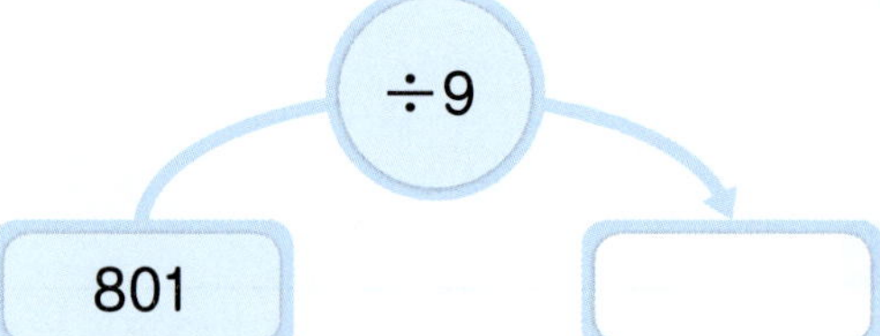

5

10

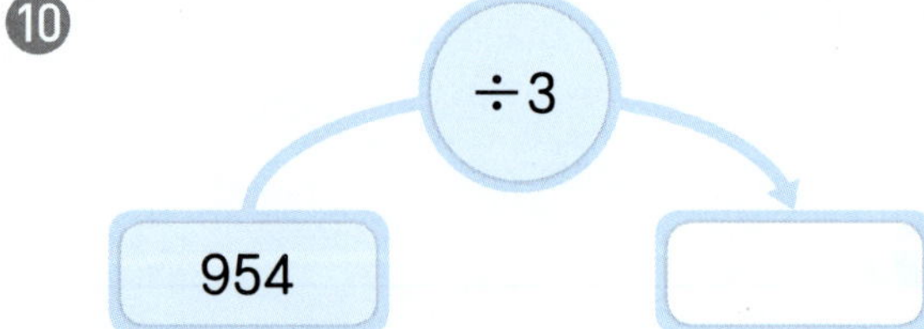

○ 몫은 ⬜ 안에, 나머지는 ⬭ 안에 써넣고, 계산 결과가 맞는지 확인해 보시오.

⑪ 

확인 _______________________

⑭ 

확인 _______________________

⑫ 

확인 _______________________

⑮ 

확인 _______________________

⑬ 

확인 _______________________

⑯ 

확인 _______________________

문장제 속 연산

⑰ 구슬 114개를 6명에게 똑같이 나누어 주려고 합니다. 한 명에게 구슬을
몇 개씩 줄 수 있는지 구해 보시오.

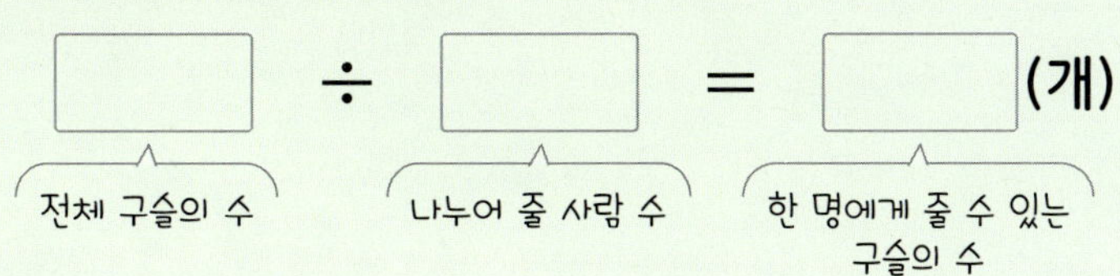

원리 곱셈과 나눗셈의 관계

$$2 \times 3 = 6 \Rightarrow \begin{cases} 6 \div 3 = 2 \\ 6 \div 2 = 3 \end{cases}$$

적용 곱셈식의 어떤 수($\square$) 구하기

- $\square \times 3 = 48 \longrightarrow \square = 48 \div 3 = 16$
- $3 \times \square = 48 \longrightarrow \square = 48 \div 3 = 16$

○ 어떤 수($\square$)를 구하려고 합니다. $\square$ 안에 알맞은 수를 써넣으시오.

① $\boxed{} \times 4 = 80$

$80 \div 4 = \boxed{}$

⑤ $3 \times \boxed{} = 90$

$90 \div 3 = \boxed{}$

② $\boxed{} \times 3 = 33$

$33 \div 3 = \boxed{}$

⑥ $2 \times \boxed{} = 50$

$50 \div 2 = \boxed{}$

③ $\boxed{} \times 4 = 60$

$60 \div 4 = \boxed{}$

⑦ $4 \times \boxed{} = 52$

$52 \div 4 = \boxed{}$

④ $\boxed{} \times 6 = 72$

$72 \div 6 = \boxed{}$

⑧ $3 \times \boxed{} = 63$

$63 \div 3 = \boxed{}$

9 ⬚ $\times 7 = 91$

$91 \div 7 = $ ⬚

10 ⬚ $\times 3 = 96$

$96 \div 3 = $ ⬚

11 ⬚ $\times 6 = 186$

$186 \div 6 = $ ⬚

12 ⬚ $\times 5 = 235$

$235 \div 5 = $ ⬚

13 ⬚ $\times 9 = 864$

$864 \div 9 = $ ⬚

14 $5 \times$ ⬚ $= 75$

$75 \div 5 = $ ⬚

15 $2 \times$ ⬚ $= 82$

$82 \div 2 = $ ⬚

16 $8 \times$ ⬚ $= 384$

$384 \div 8 = $ ⬚

17 $7 \times$ ⬚ $= 714$

$714 \div 7 = $ ⬚

18 $8 \times$ ⬚ $= 904$

$904 \div 8 = $ ⬚

○ 계산해 보시오.

1　$2 \overline{)30}$

2　$4 \overline{)48}$

3　$3 \overline{)57}$

4　$2 \overline{)67}$

5　$6 \overline{)74}$

6　$5 \overline{)270}$

7　$3 \overline{)715}$

8　$20 \div 2 =$

9　$39 \div 3 =$

10　$68 \div 4 =$

11　$79 \div 9 =$

12　$97 \div 8 =$

13　$212 \div 4 =$

14　$462 \div 9 =$

15　$654 \div 5 =$

○ 계산해 보고 계산 결과가 맞는지 확인해 보시오.

16 $27 \div 2 =$

확인 ________________________

17 $59 \div 4 =$

확인 ________________________

18 $65 \div 3 =$

확인 ________________________

19 $217 \div 5 =$

확인 ________________________

20 $581 \div 9 =$

확인 ________________________

○ 빈칸에 알맞은 수를 써넣으시오.

21 $40 \xrightarrow{\div 2} \boxed{}$

22 $68 \xrightarrow{\div 2} \boxed{}$

23 $84 \xrightarrow{\div 3} \boxed{}$

24 $174 \xrightarrow{\div 6} \boxed{}$

25 $540 \xrightarrow{\div 4} \boxed{}$

2단원의 연산 실력을 보충하고 싶다면 **클리닉 북 9~16쪽**을 풀어 보세요.

3
원

학습 내용	학습 회차	걸린 시간
1 원의 중심, 반지름, 지름	1일 차	/6분
2 원의 지름의 성질	2일 차	/8분
3 원의 지름과 반지름 사이의 관계	3일 차	/10분
평가 3. 원	4일 차	/13분

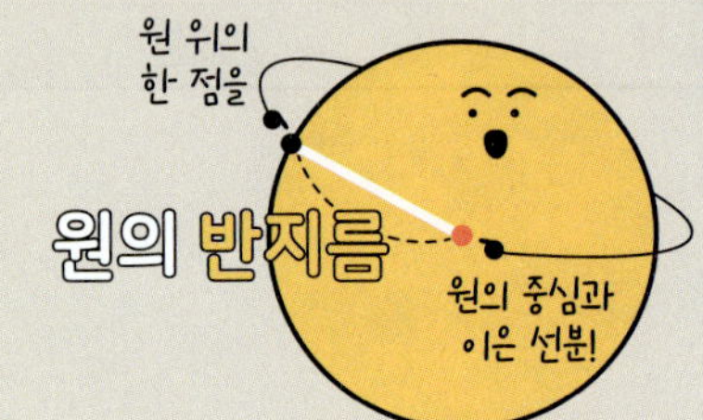

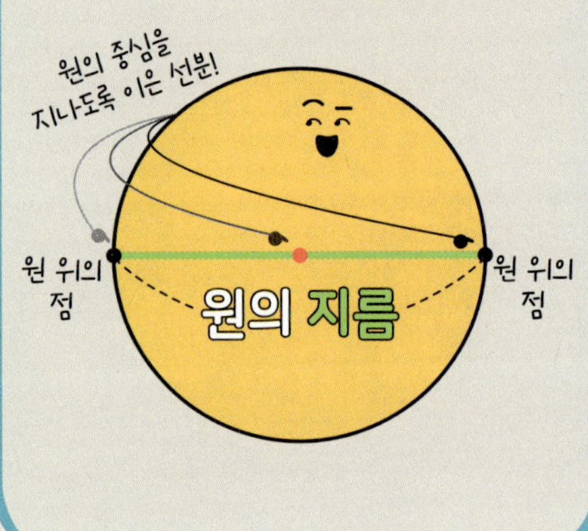

- **원의 중심, 반지름, 지름**

- **원의 중심**: 원의 가장 안쪽에 있는 점 ㅇ

- **원의 반지름**: 원의 중심 ㅇ과 원 위의 한 점을 이은 선분

- **원의 지름**: 원 위의 두 점을 원의 중심 ㅇ을 지나도록 이은 선분

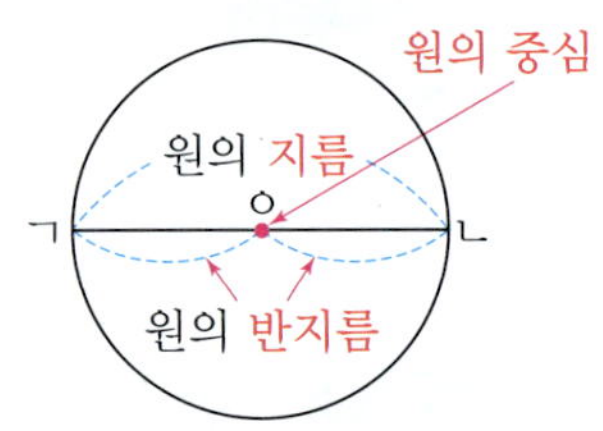

○ **원의 중심을 찾아 써 보시오.**

1

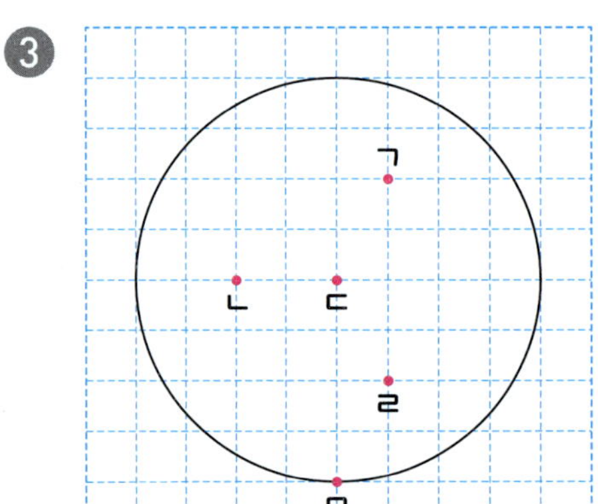

(　　　　　)

2

(　　　　　)

3

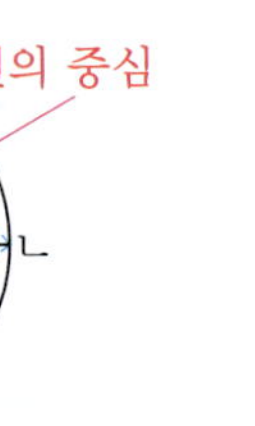

(　　　　　)

4

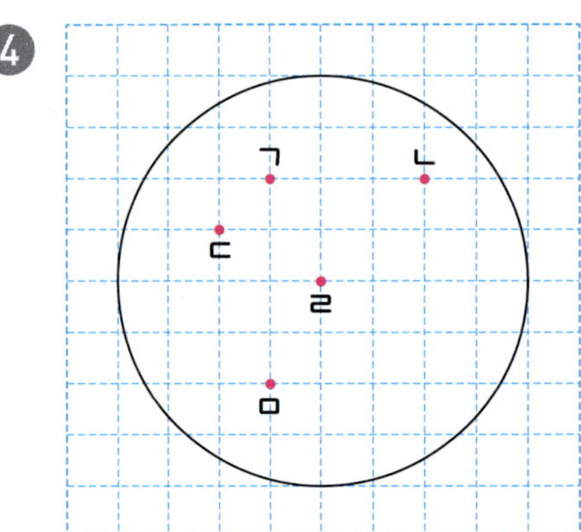

(　　　　　)

○ 원의 반지름을 나타내는 선분을 모두 찾아 써 보시오.

5

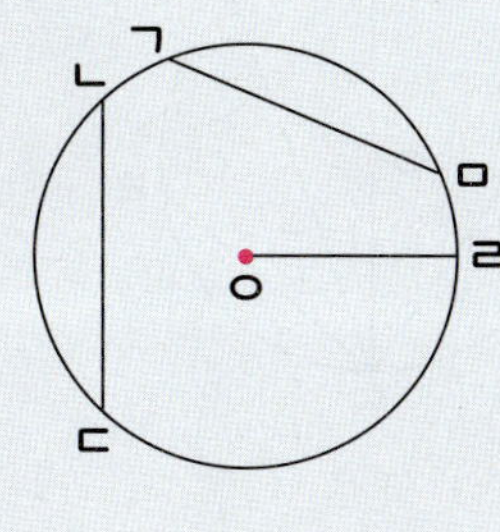

(　　　　　　　　)

6

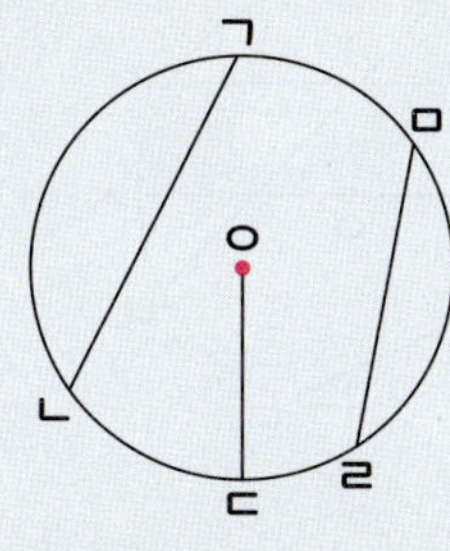

(　　　　　　　　)

7

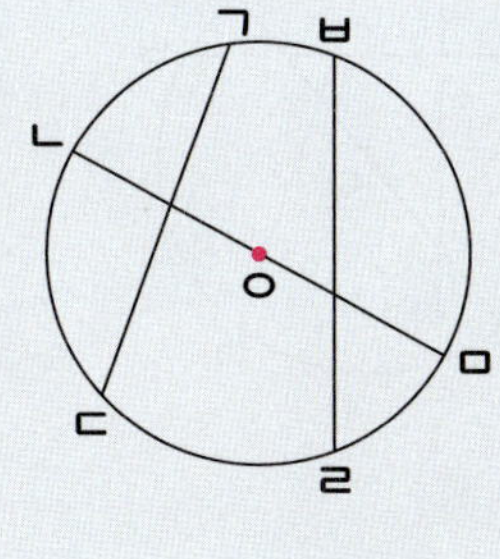

(　　　　　　　　)

8

(　　　　　　　　)

○ 원의 지름을 나타내는 선분을 찾아 써 보시오.

9

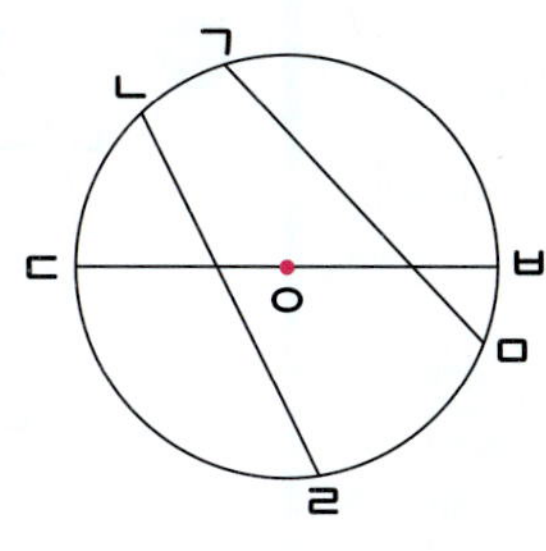

(　　　　　　　　)

10

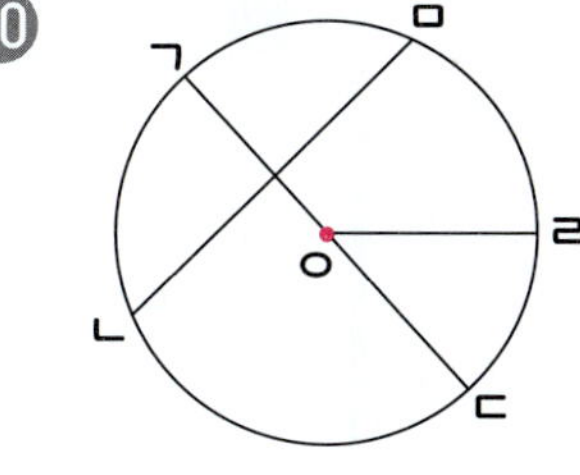

(　　　　　　　　)

11

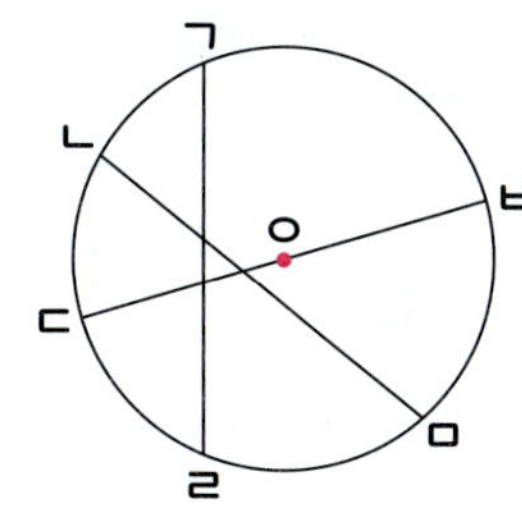

(　　　　　　　　)

12

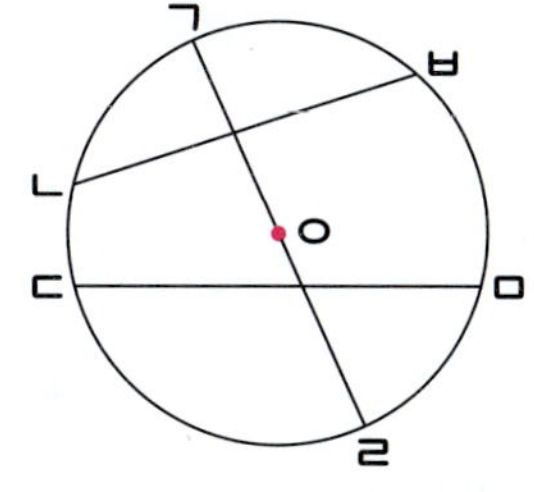

(　　　　　　　　)

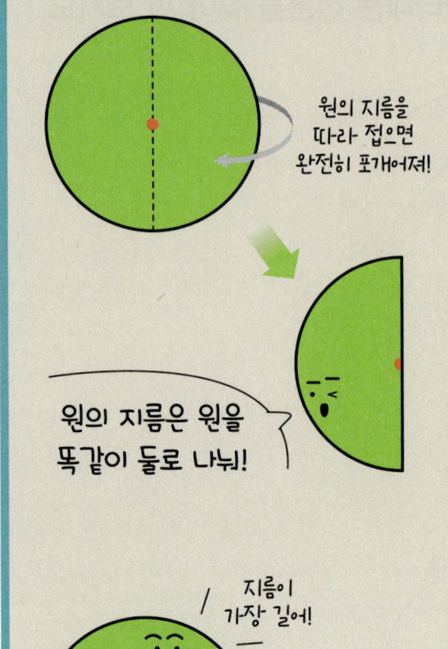

● **원의 지름의 성질**

• 원의 지름은 원을 둘로 똑같이 나눕니다.

• 원의 지름은 원 안에 그을 수 있는 가장 긴 선분입니다.

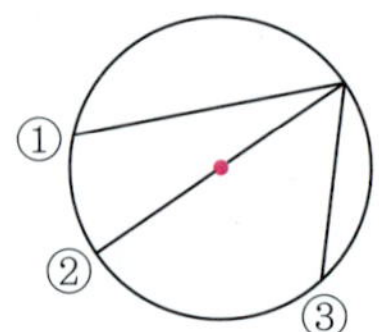

➡ 원 위의 두 점을 이은 선분 중 가장 긴 선분인 ②가 원의 지름입니다.

○ 원을 둘로 똑같이 나눌 수 있는 선분을 찾아 써 보시오.

1 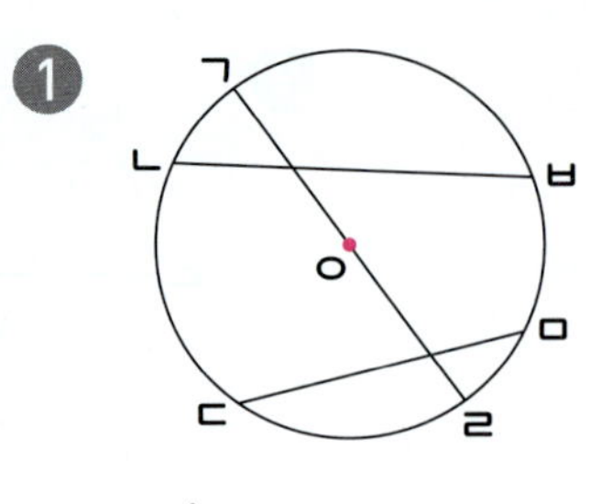

(   )

2 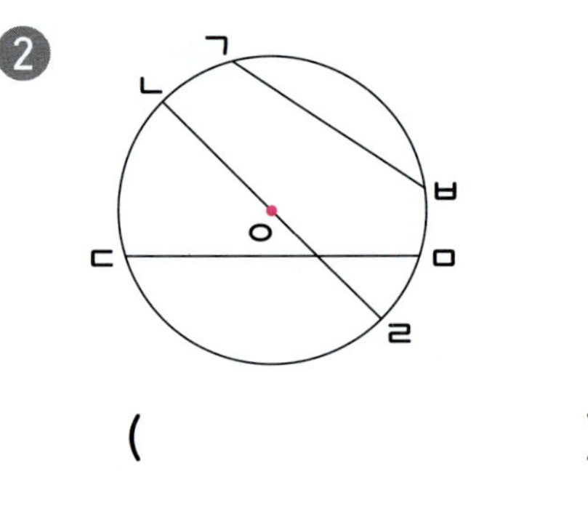

(   )

3 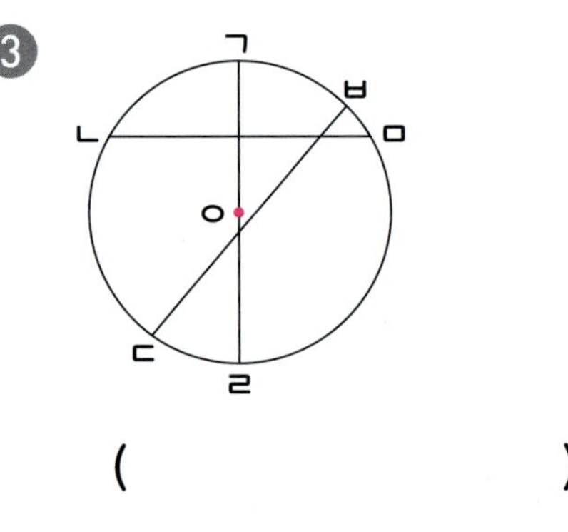

(   )

4 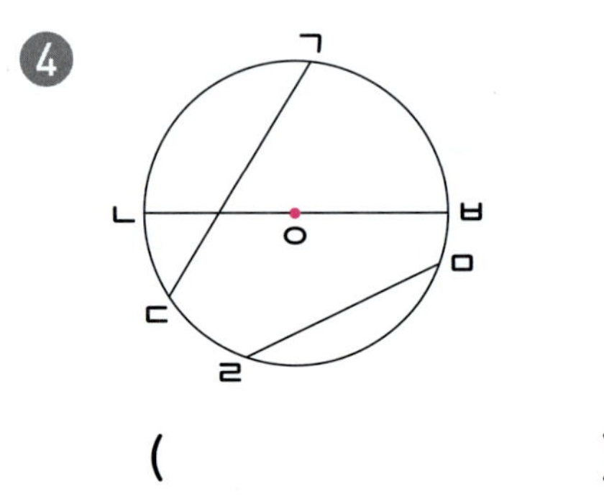

(   )

5 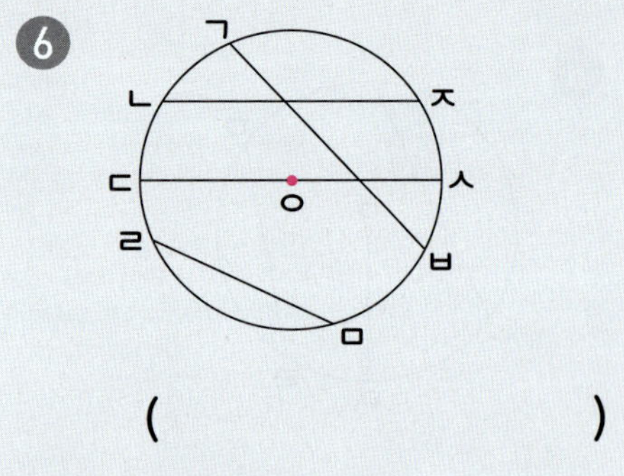

(   )

6 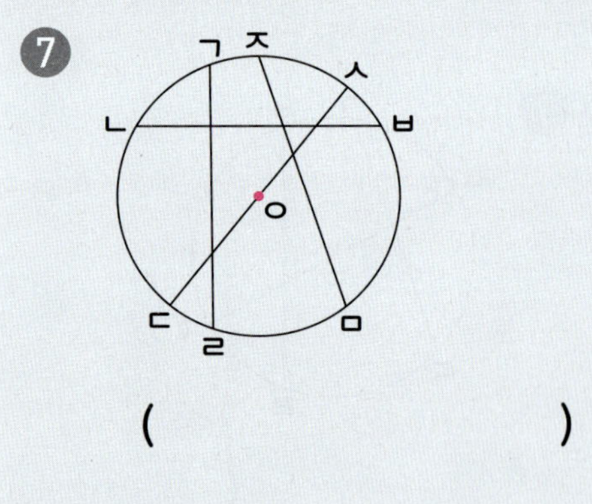

(   )

7

(   )

8 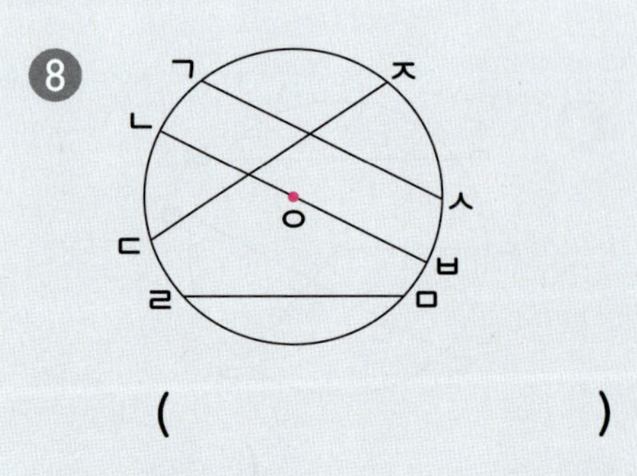

(   )

○ 길이가 가장 긴 선분과 원의 지름을 나타내는 선분을 각각 찾아 써 보시오.

⑨ 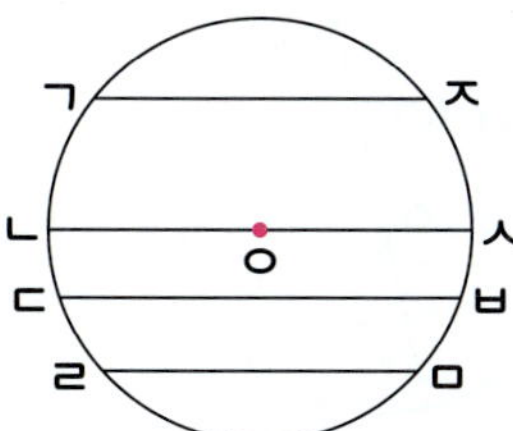

가장 긴 선분 (   )

원의 지름 (   )

⑬ 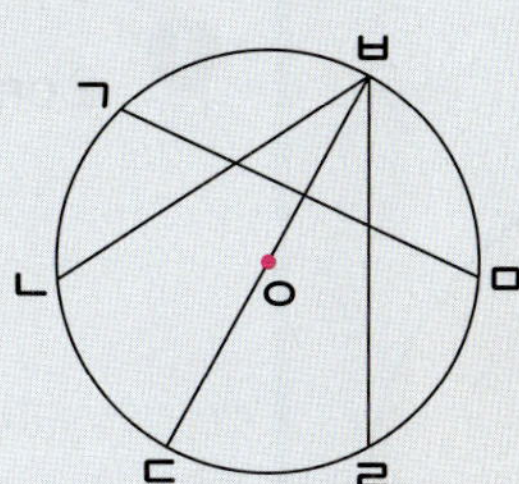

가장 긴 선분 (   )

원의 지름 (   )

⑩ 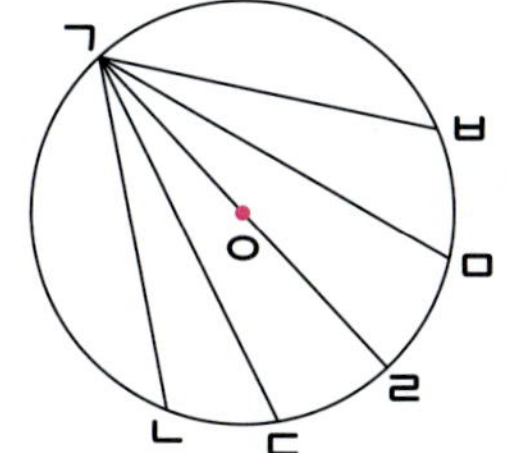

가장 긴 선분 (   )

원의 지름 (   )

⑭ 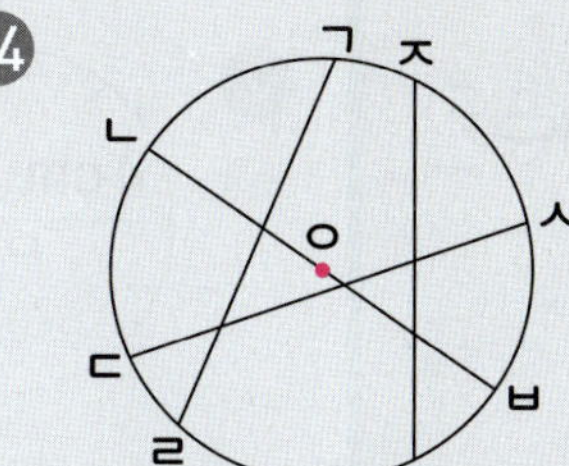

가장 긴 선분 (   )

원의 지름 (   )

⑪ 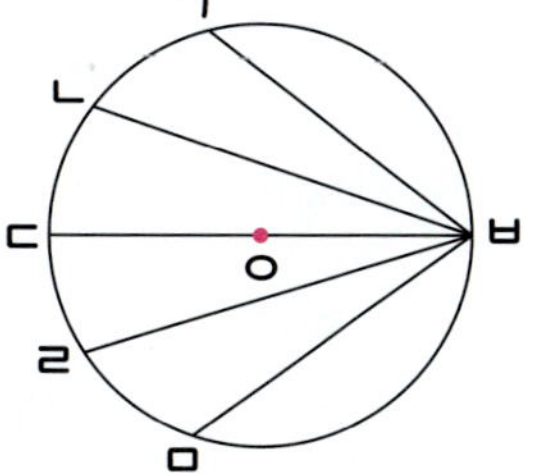

가장 긴 선분 (   )

원의 지름 (   )

⑮ 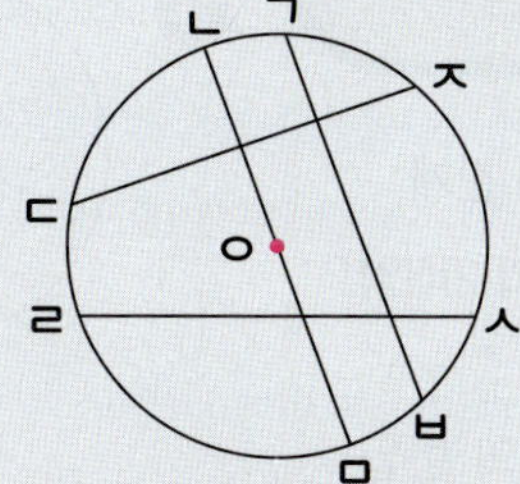

가장 긴 선분 (   )

원의 지름 (   )

⑫

가장 긴 선분 (   )

원의 지름 (   )

⑯ 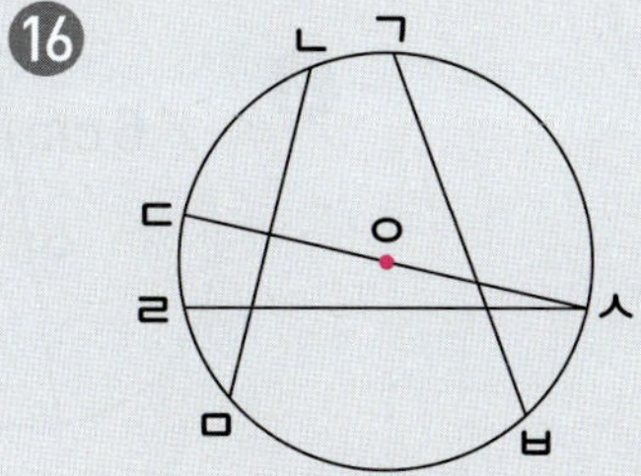

가장 긴 선분 (   )

원의 지름 (   )

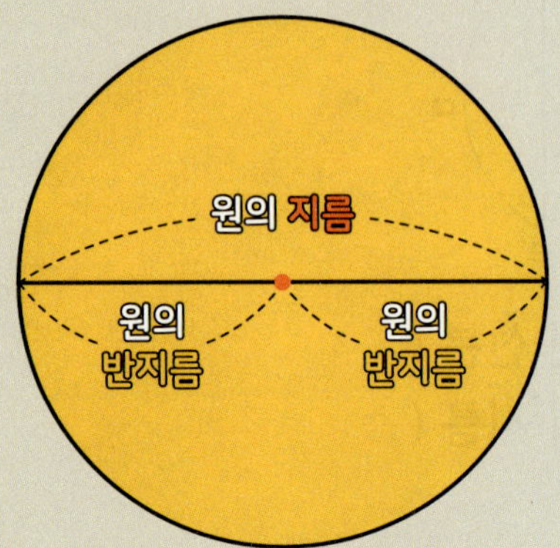

$$(지름)=(반지름)\times2$$

$$(반지름)=(지름)\div2$$

● **원의 지름과 반지름 사이의 관계**

• 한 원에서 지름은 반지름의 2배입니다.

• 한 원에서 반지름은 지름의 반입니다.

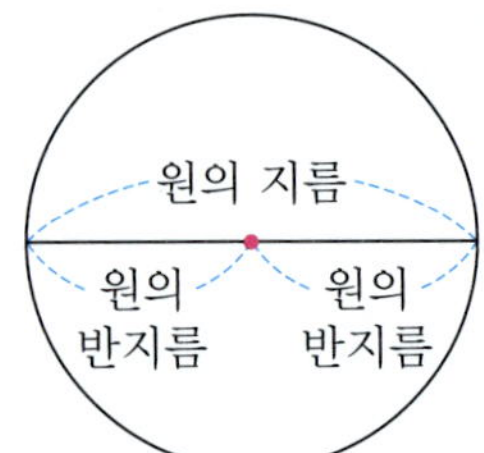

$$(지름)=(반지름)\times2$$
$$(반지름)=(지름)\div2$$

○ 원의 지름을 구하려고 합니다. ☐ 안에 알맞은 수를 써넣으시오.

❶ 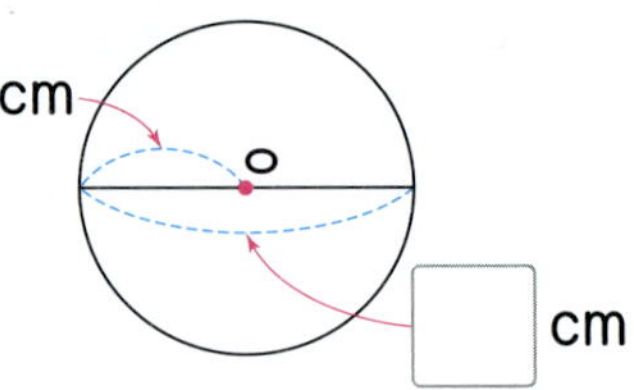
2 cm
☐ cm

❷
4 cm
☐ cm

❸
5 cm
☐ cm

❹
6 cm
☐ cm

❺ 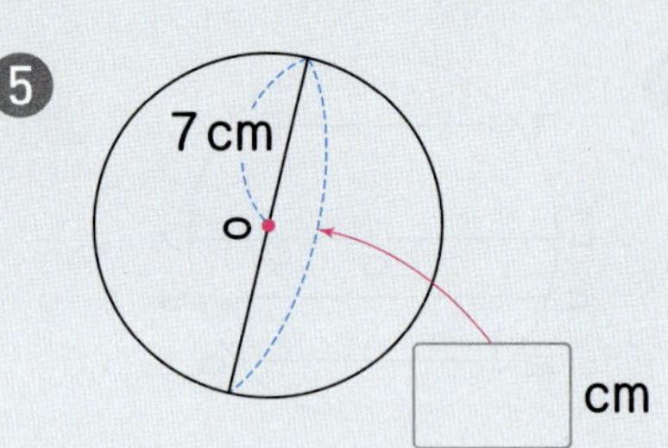
7 cm
☐ cm

❻ 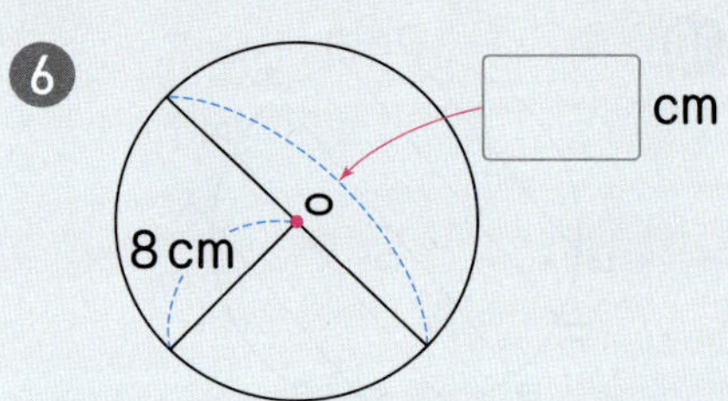
☐ cm
8 cm

❼ 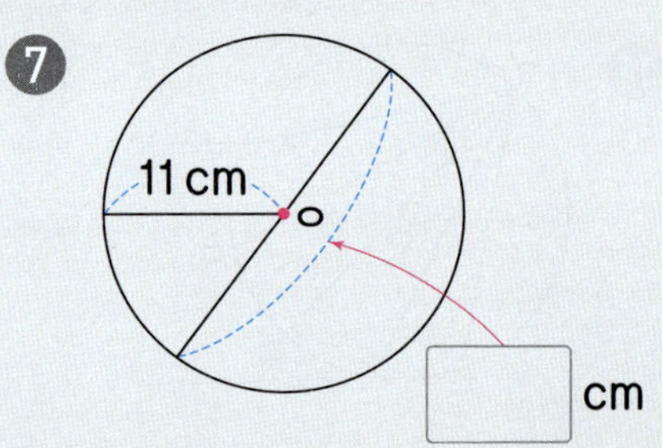
11 cm
☐ cm

❽ 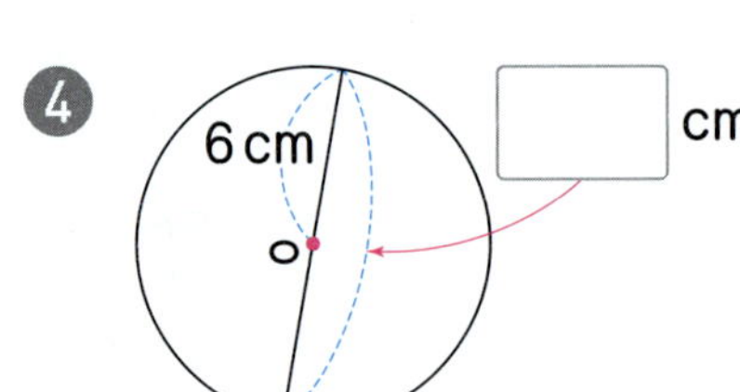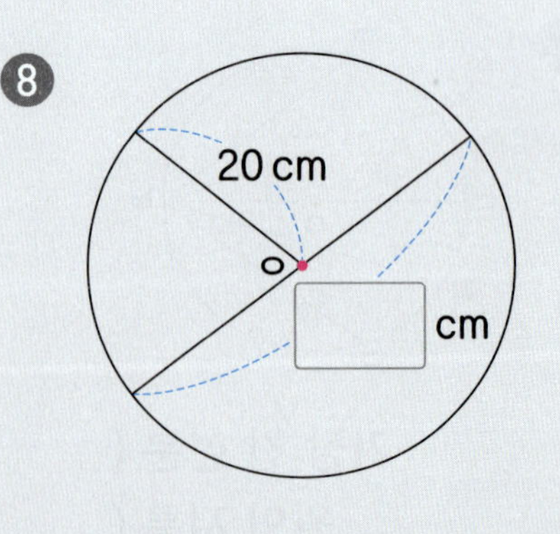
20 cm
☐ cm

○ 원의 반지름을 구하려고 합니다. ☐ 안에 알맞은 수를 써넣으시오.

9 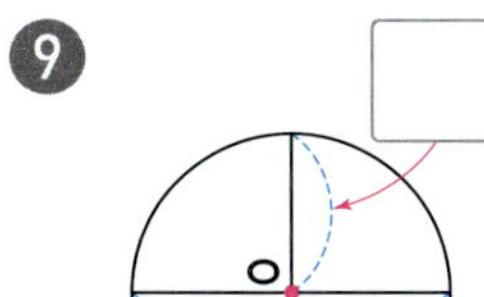
☐ cm
6 cm

10 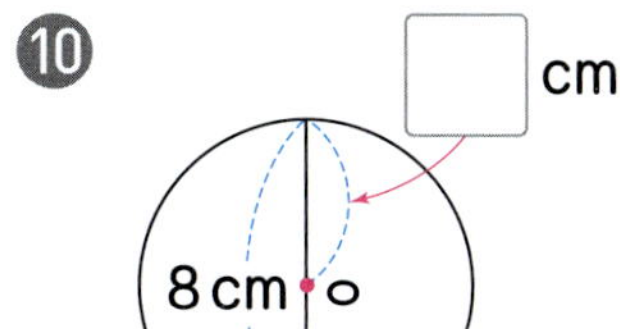
☐ cm
8 cm

11 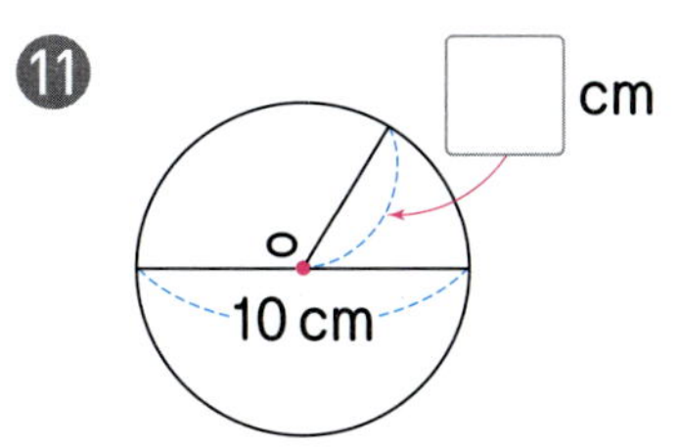
☐ cm
10 cm

12 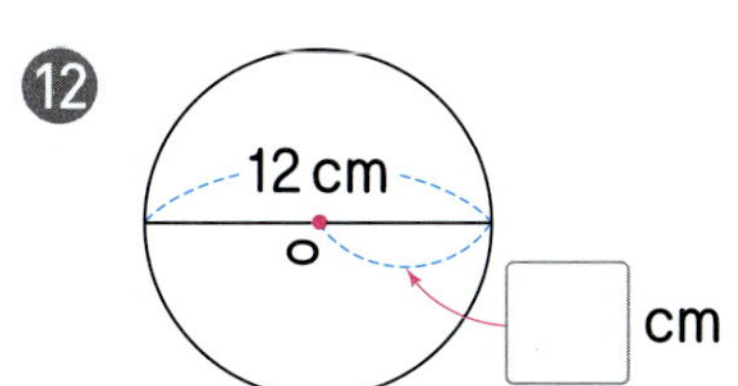
12 cm
☐ cm

13 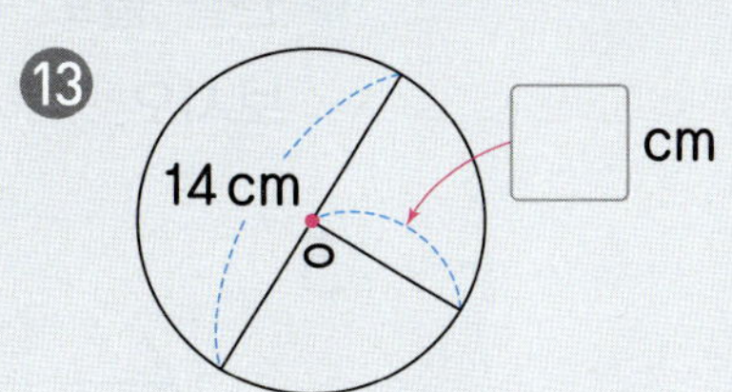
14 cm
☐ cm

14 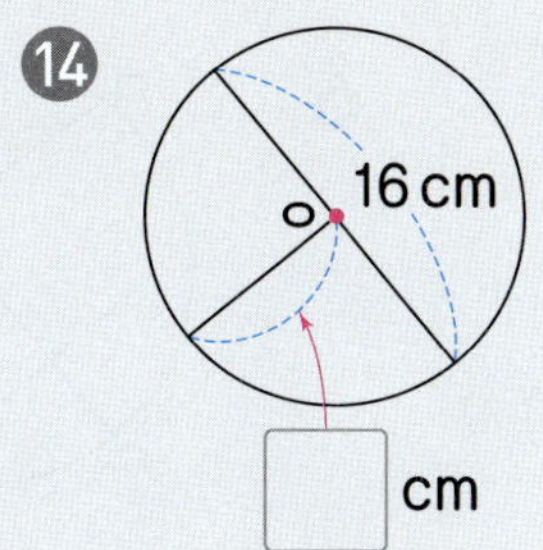
16 cm
☐ cm

15 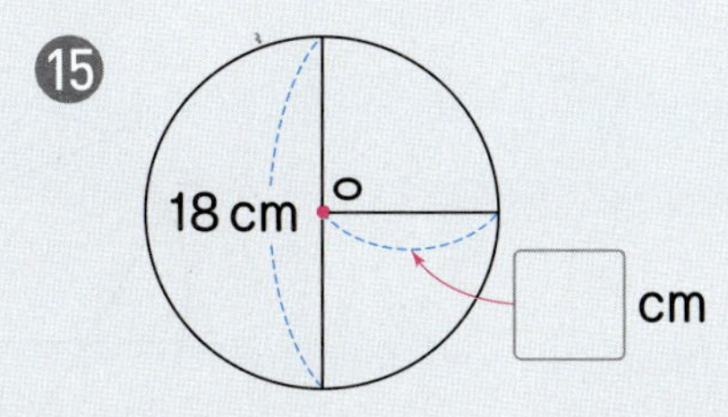
18 cm
☐ cm

16 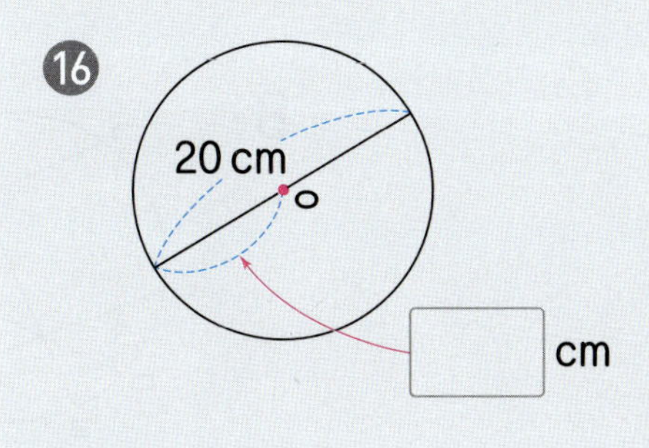
20 cm
☐ cm

17 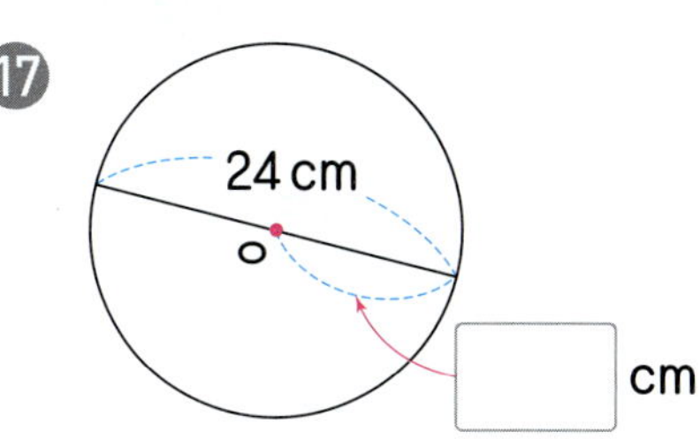
24 cm
☐ cm

18 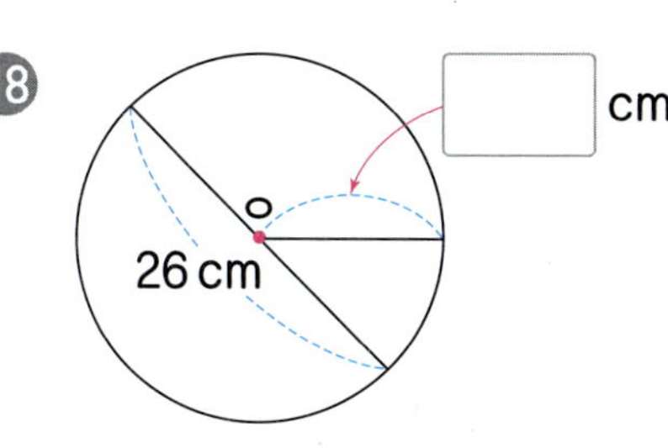
☐ cm
26 cm

19 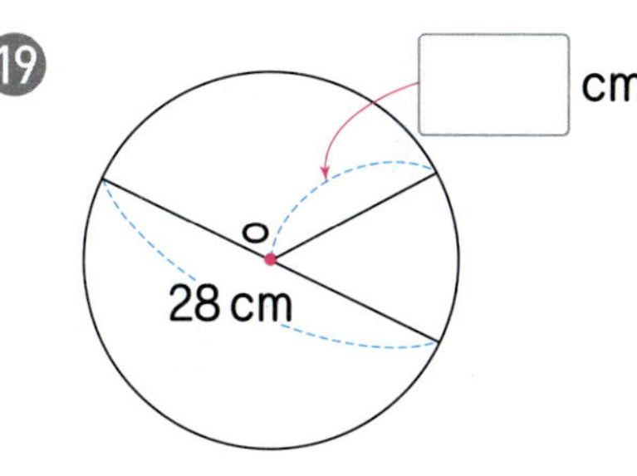
☐ cm
28 cm

20 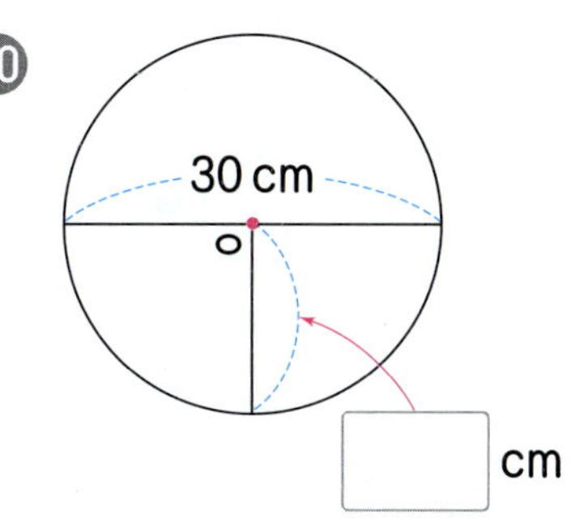
30 cm
☐ cm

○ 원의 중심을 찾아 써 보시오.

1

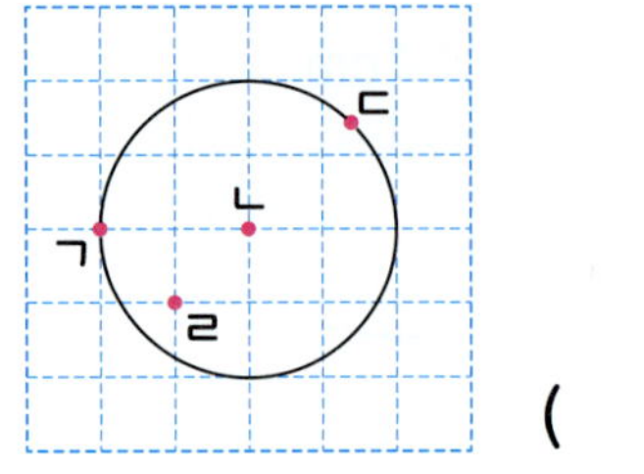

(　　　　　)

2

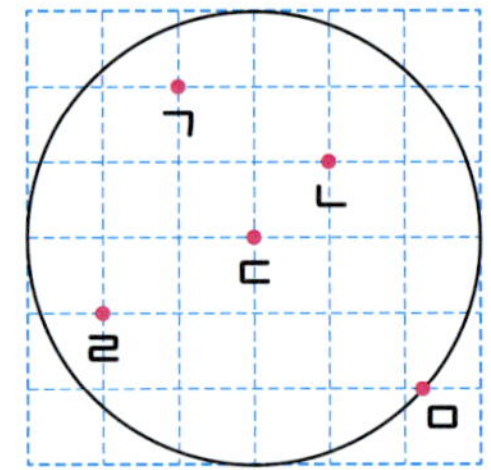

(　　　　　)

○ 원의 반지름과 지름을 나타내는 선분을 모두 찾아 써 보시오.

3

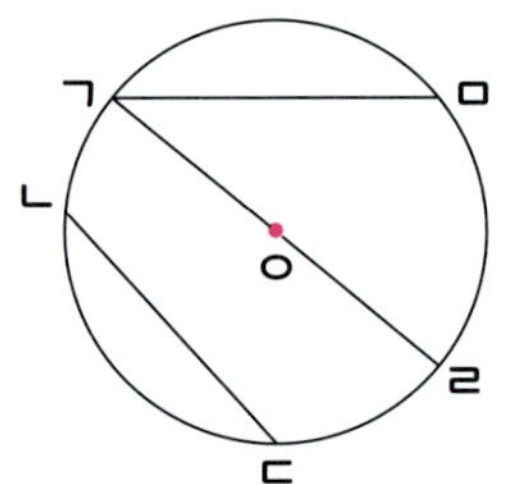

원의 반지름 (　　　　　)

원의 지름 (　　　　　)

4

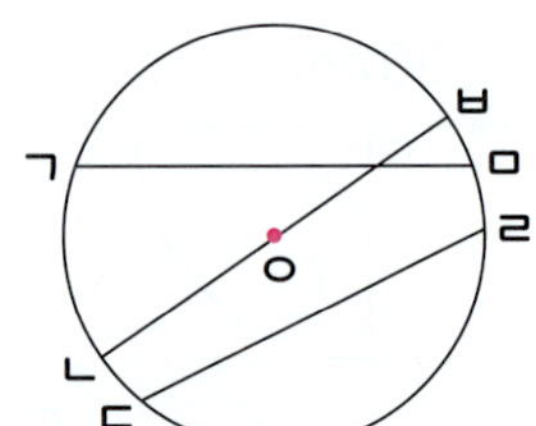

원의 반지름 (　　　　　)

원의 지름 (　　　　　)

○ 원을 둘로 똑같이 나눌 수 있는 선분을 찾아 써 보시오.

5

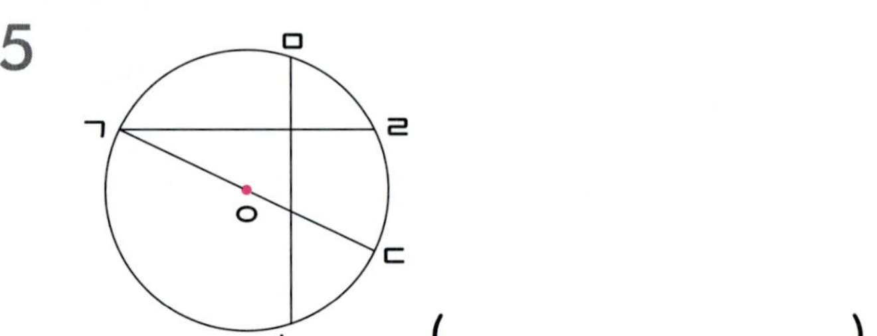

(　　　　　)

6

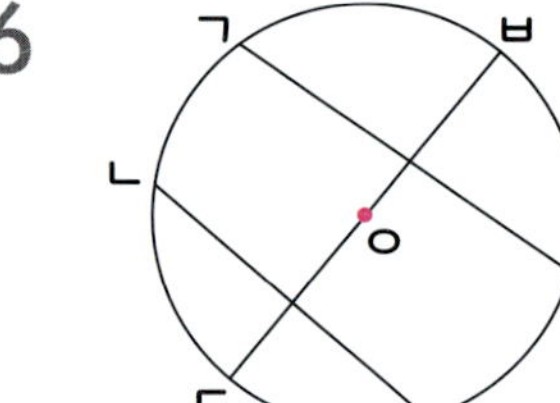

(　　　　　)

○ 길이가 가장 긴 선분과 원의 지름을 나타내는 선분을 각각 찾아 써 보시오.

7

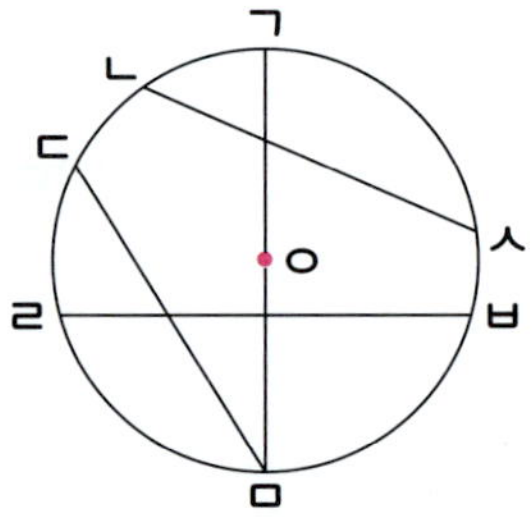

가장 긴 선분 (　　　　　)

원의 지름 (　　　　　)

8

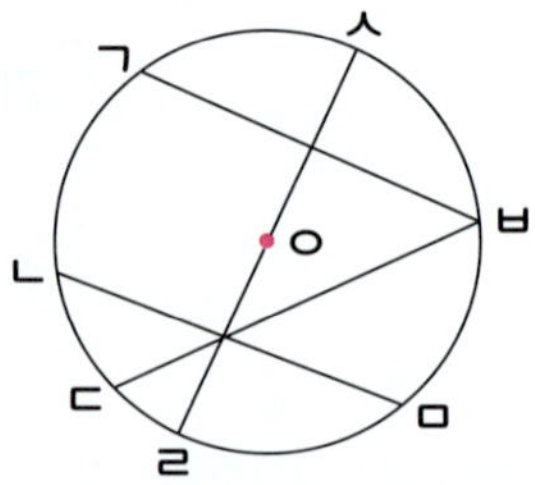

가장 긴 선분 (　　　　　)

원의 지름 (　　　　　)

○ 원의 지름을 구하려고 합니다. ☐ 안에 알맞은 수를 써넣으시오.

9
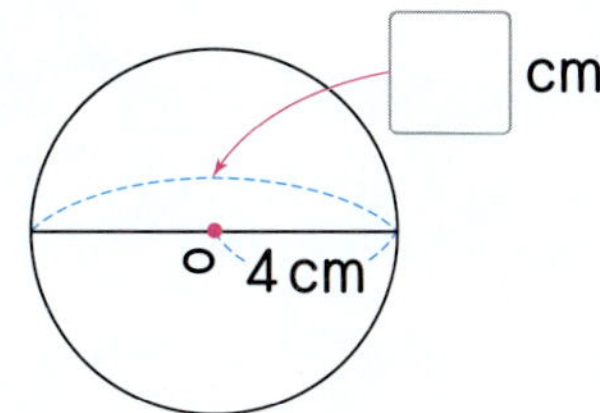

10
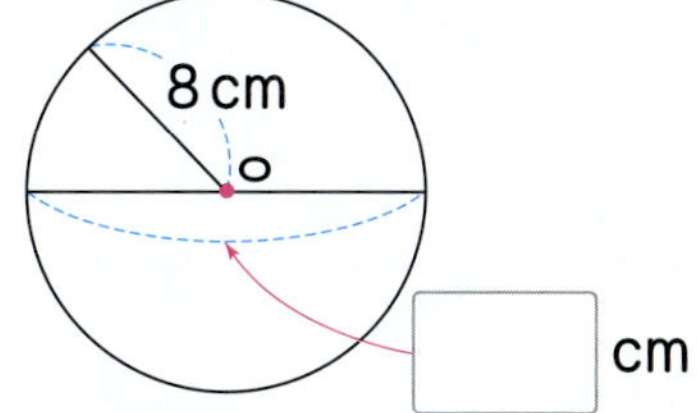

11
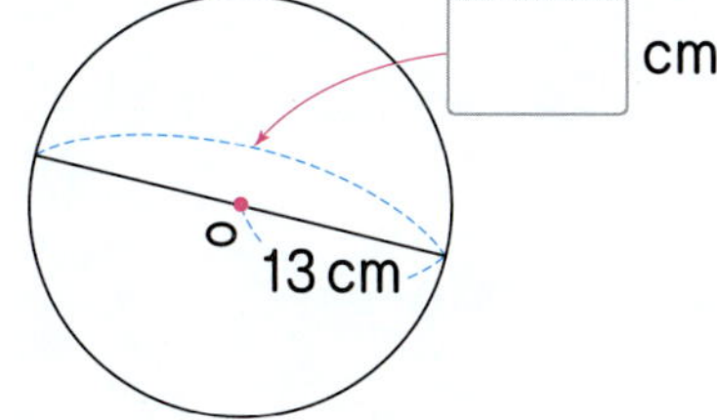

12
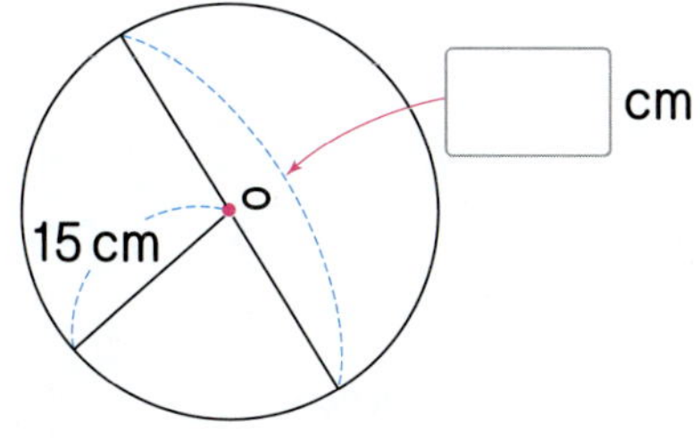

○ 원의 반지름을 구하려고 합니다. ☐ 안에 알맞은 수를 써넣으시오.

13
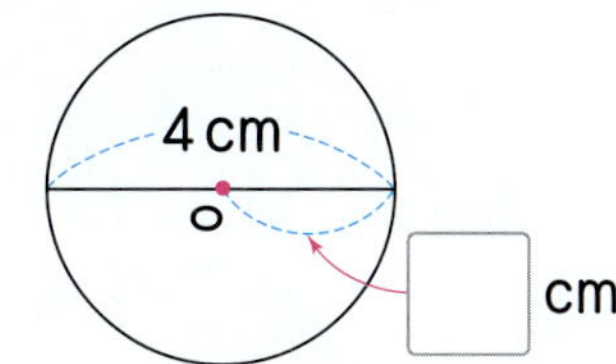

14
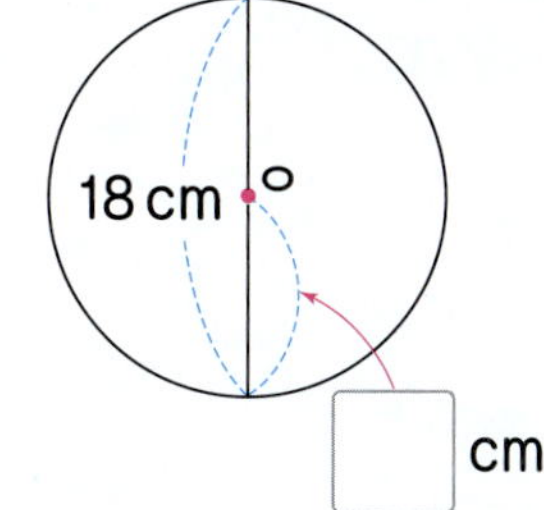

15
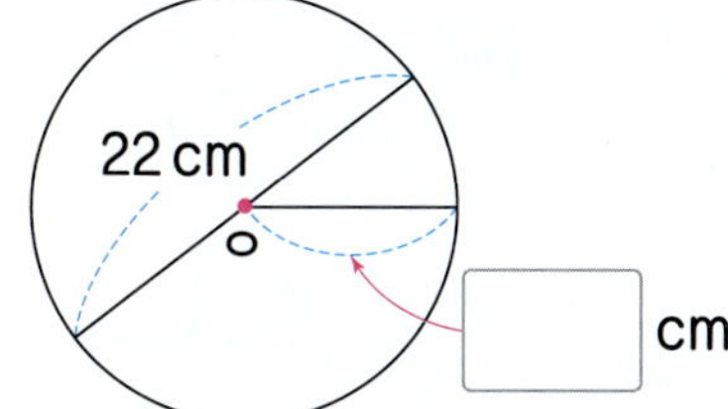

16
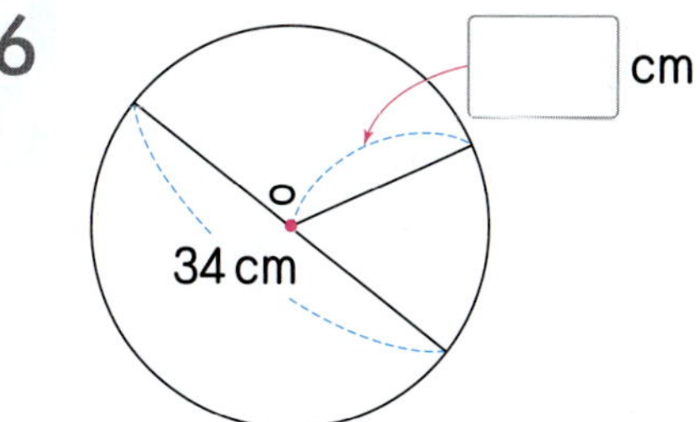

3단원의 연산 실력을 보충하고 싶다면 **클리닉 북 17~19쪽**을 풀어 보세요.

분수

학습 내용	학습 회차	걸린 시간
① 분수로 나타내기	1일 차	/4분
	2일 차	/4분
② 분수만큼 알아보기	3일 차	/4분
	4일 차	/4분
③ 진분수, 가분수, 대분수	5일 차	/9분
	6일 차	/13분
④ 대분수를 가분수로, 가분수를 대분수로 나타내기	7일 차	/4분
	8일 차	/21분
⑤ 가분수의 크기 비교, 대분수의 크기 비교	9일 차	/9분
	10일 차	/12분
⑥ 가분수와 대분수의 크기 비교	11일 차	/18분
	12일 차	/21분
평가 4. 분수	13일 차	/15분

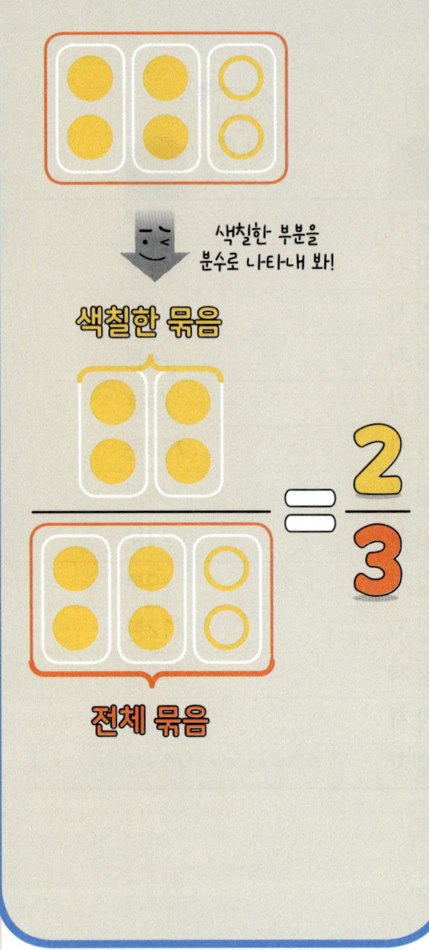

- 부분은 전체의 얼마인지 분수로 나타내기

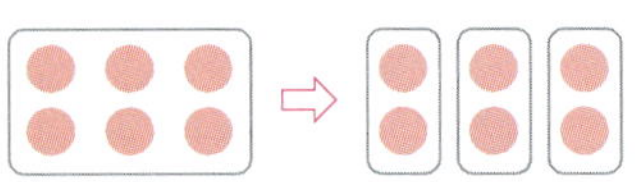

- 부분 은 전체 를 똑같이 3부분으로 나눈 것 중의 1 입니다.

⇨ 2는 6의 $\frac{1}{3}$ 입니다.

- 부분 은 전체 를 똑같이 3부분으로 나눈 것 중의 2입니다.

⇨ 4는 6의 $\frac{2}{3}$ 입니다.

○ 그림을 보고 ☐ 안에 알맞은 수를 써넣으시오.

1

10을 5씩 묶으면 ☐ 묶음이 됩니다.

5는 10의 $\frac{☐}{☐}$ 입니다.

2

12를 4씩 묶으면 ☐ 묶음이 됩니다.

4는 12의 $\frac{☐}{☐}$ 입니다.

3

14를 2씩 묶으면 ☐ 묶음이 됩니다.

6은 14의 $\frac{☐}{☐}$ 입니다.

4 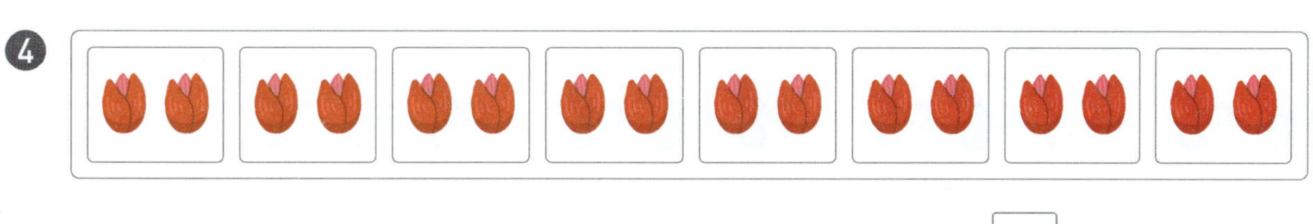

16을 2씩 묶으면 ☐ 묶음이 됩니다.   14는 16의 $\dfrac{\square}{\square}$ 입니다.

5 

18을 3씩 묶으면 ☐ 묶음이 됩니다.   15는 18의 $\dfrac{\square}{\square}$ 입니다.

6 

24를 3씩 묶으면 ☐ 묶음이 됩니다.   15는 24의 $\dfrac{\square}{\square}$ 입니다.

7 

28을 4씩 묶으면 ☐ 묶음이 됩니다.   8은 28의 $\dfrac{\square}{\square}$ 입니다.

○ 그림을 보고 ☐ 안에 알맞은 수를 써넣으시오.

❶

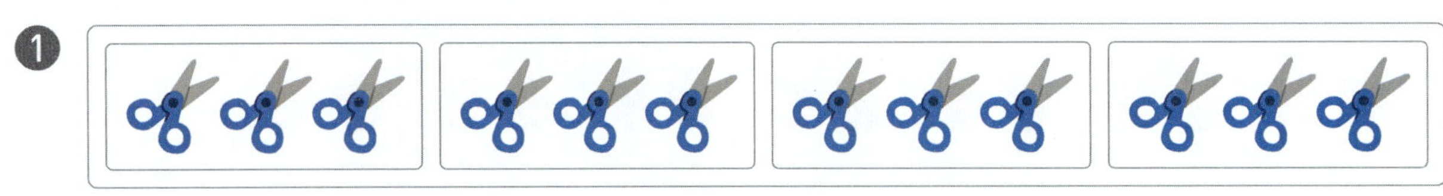

12를 3씩 묶으면 ☐ 묶음이 됩니다.　3은 12의 $\dfrac{\square}{\square}$ 입니다.

❷

15를 5씩 묶으면 ☐ 묶음이 됩니다.　10은 15의 $\dfrac{\square}{\square}$ 입니다.

❸

16을 4씩 묶으면 ☐ 묶음이 됩니다.　12는 16의 $\dfrac{\square}{\square}$ 입니다.

❹

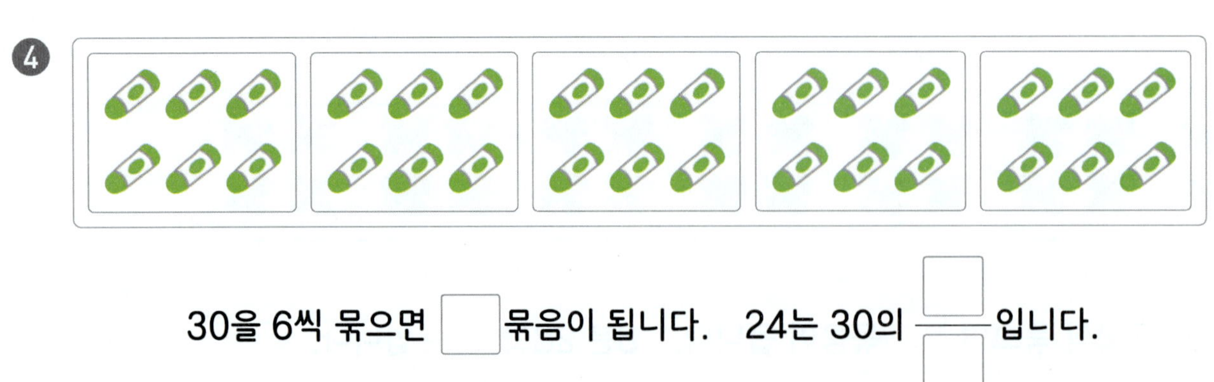

30을 6씩 묶으면 ☐ 묶음이 됩니다.　24는 30의 $\dfrac{\square}{\square}$ 입니다.

5 

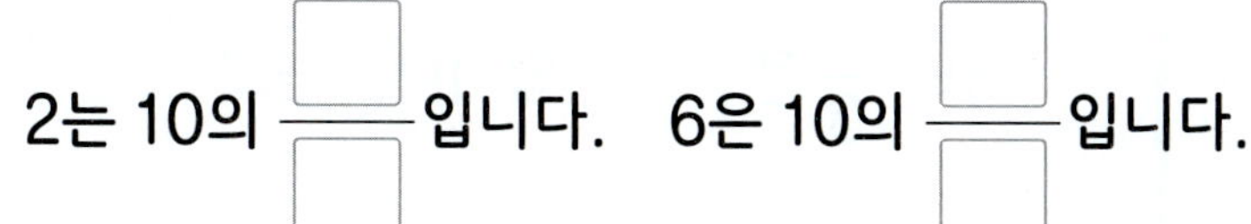

2는 10의 $\dfrac{\ \ }{\ \ }$ 입니다.   6은 10의 $\dfrac{\ \ }{\ \ }$ 입니다.

6 

6은 18의 $\dfrac{\ \ }{\ \ }$ 입니다.   12는 18의 $\dfrac{\ \ }{\ \ }$ 입니다.

7 

3은 21의 $\dfrac{\ \ }{\ \ }$ 입니다.   12는 21의 $\dfrac{\ \ }{\ \ }$ 입니다.

8 

4는 24의 $\dfrac{\ \ }{\ \ }$ 입니다.   20은 24의 $\dfrac{\ \ }{\ \ }$ 입니다.

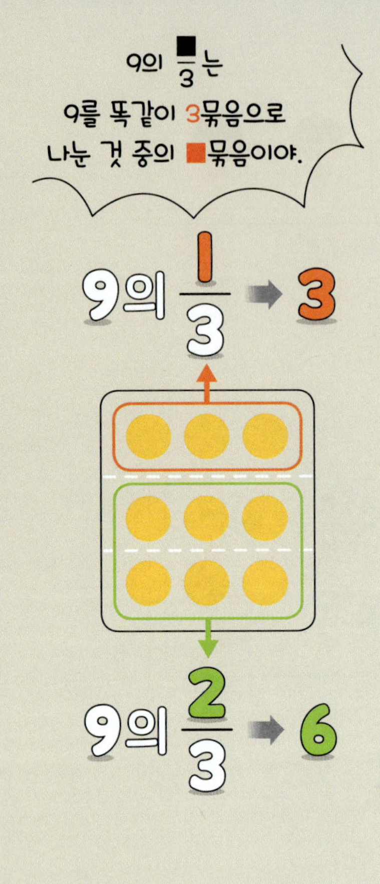

● 분수만큼 알아보기

- 9의 $\frac{1}{3}$ 은 9를 똑같이 3묶음으로 나눈 것 중의 1묶음이므로 3입니다.

- 9의 $\frac{2}{3}$ 는 9를 똑같이 3묶음으로 나눈 것 중의 2묶음이므로 6입니다.

●의 ▲/■

➡ ●를 똑같이 ■묶음으로 나눈 것 중의 ▲묶음

○ 그림을 보고 ☐ 안에 알맞은 수를 써넣으시오.

①

6의 $\frac{1}{3}$ 은 ☐ 입니다.   6의 $\frac{2}{3}$ 는 ☐ 입니다.

②

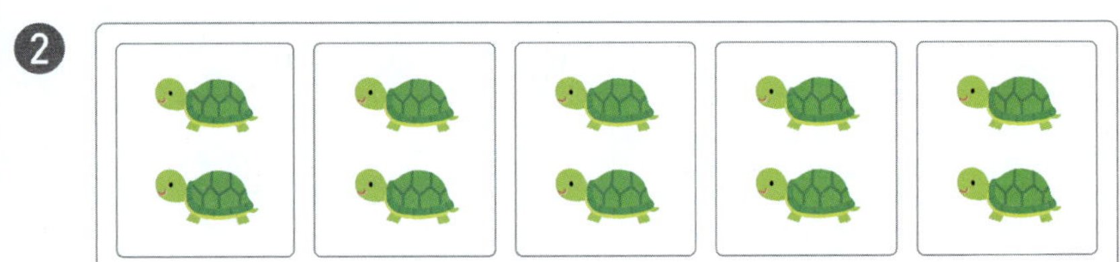

10의 $\frac{1}{5}$ 은 ☐ 입니다.   10의 $\frac{4}{5}$ 는 ☐ 입니다.

③

16의 $\frac{1}{4}$ 은 ☐ 입니다.   16의 $\frac{3}{4}$ 은 ☐ 입니다.

④

18의 $\frac{1}{6}$ 은 ☐ 입니다.   18의 $\frac{5}{6}$ 는 ☐ 입니다.

월   일   분

❺

8의 $\dfrac{1}{4}$은 ☐ 입니다.   8의 $\dfrac{3}{4}$은 ☐ 입니다.

❻

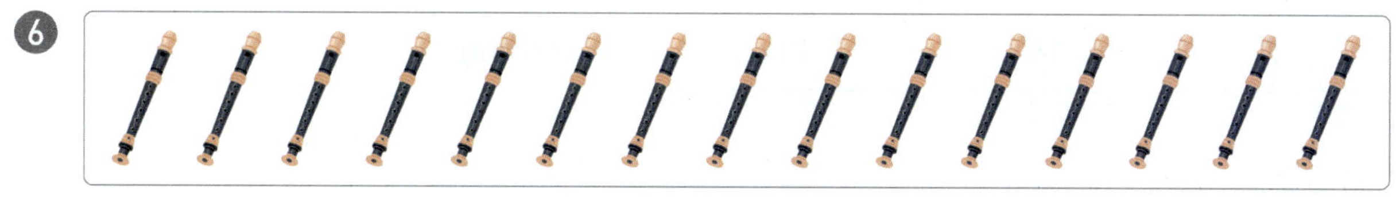

15의 $\dfrac{1}{5}$은 ☐ 입니다.   15의 $\dfrac{3}{5}$은 ☐ 입니다.

❼

20의 $\dfrac{1}{4}$은 ☐ 입니다.   20의 $\dfrac{2}{4}$는 ☐ 입니다.

❽

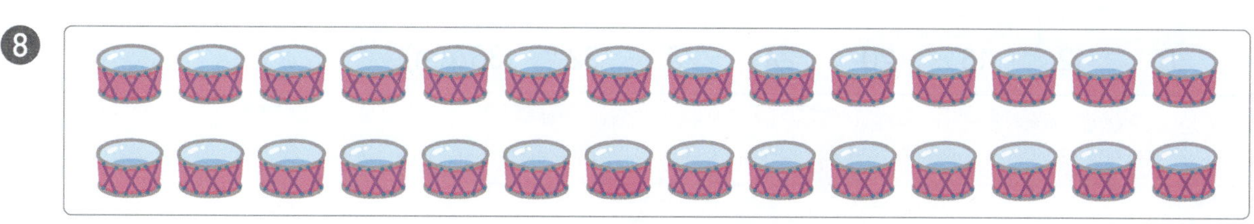

28의 $\dfrac{1}{7}$은 ☐ 입니다.   28의 $\dfrac{5}{7}$는 ☐ 입니다.

○ ☐ 안에 알맞은 수를 써넣으시오.

① 0　　2　　4　　6　　8　　10 (cm)

10 cm의 $\dfrac{1}{5}$은 ☐ cm입니다.　10 cm의 $\dfrac{4}{5}$는 ☐ cm입니다.

② 0　　7　　14　　21　　28 (cm)

28 cm의 $\dfrac{1}{4}$은 ☐ cm입니다.　28 cm의 $\dfrac{3}{4}$은 ☐ cm입니다.

③ 0　　5　　10　　15　　20　　25　　30 (cm)

30 cm의 $\dfrac{1}{6}$은 ☐ cm입니다.　30 cm의 $\dfrac{3}{6}$은 ☐ cm입니다.

④ 0　　4　　8　　12　　16　　20　　24　　28　　32　　36 (cm)

36 cm의 $\dfrac{1}{9}$은 ☐ cm입니다.　36 cm의 $\dfrac{8}{9}$은 ☐ cm입니다.

5

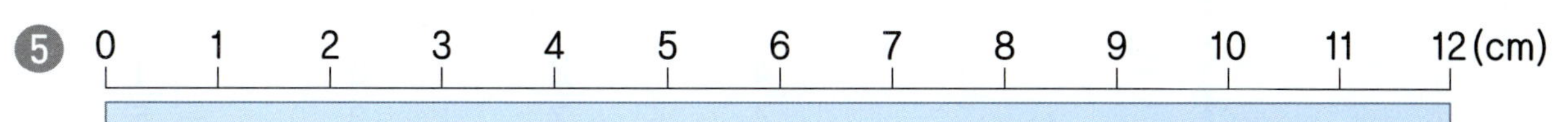

12 cm의 $\dfrac{1}{6}$은 ☐ cm입니다.   12 cm의 $\dfrac{3}{6}$은 ☐ cm입니다.

6

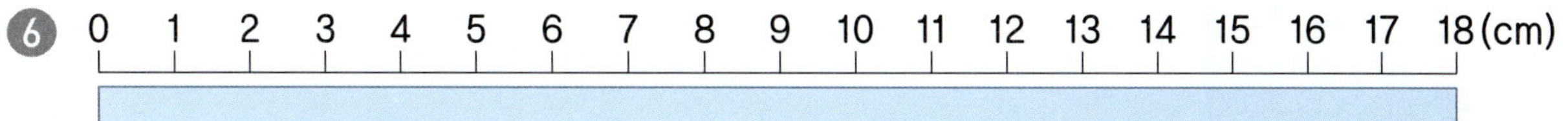

18 cm의 $\dfrac{1}{3}$은 ☐ cm입니다.   18 cm의 $\dfrac{2}{3}$는 ☐ cm입니다.

7

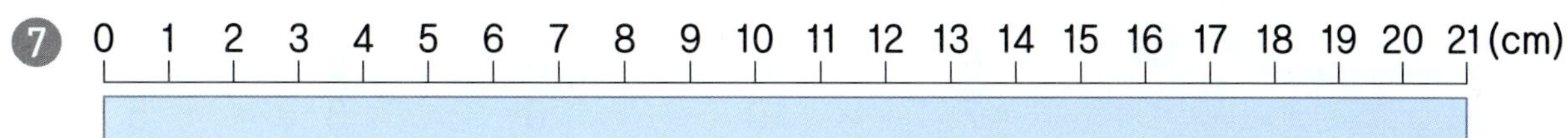

21 cm의 $\dfrac{2}{3}$는 ☐ cm입니다.   21 cm의 $\dfrac{3}{7}$은 ☐ cm입니다.

8

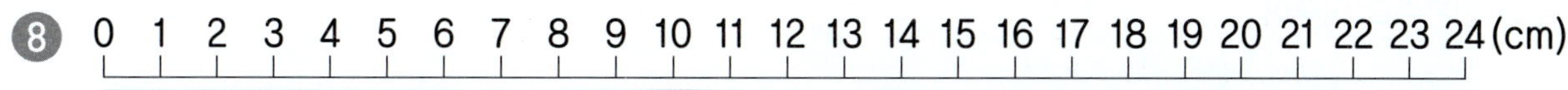

24 cm의 $\dfrac{2}{6}$는 ☐ cm입니다.   24 cm의 $\dfrac{7}{8}$은 ☐ cm입니다.

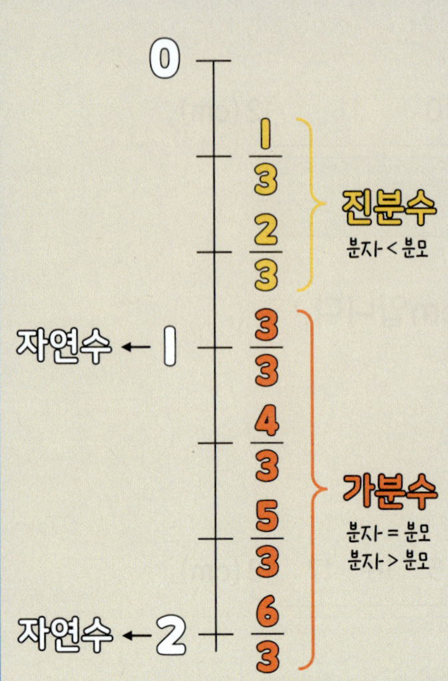

• **분수의 종류**

• **진분수**: 분자가 분모보다 작은 분수

예 $\dfrac{1}{3}$, $\dfrac{2}{3}$

• **가분수**: 분자가 분모와 같거나 분모보다 큰 분수

예 $\dfrac{3}{3}$, $\dfrac{4}{3}$, $\dfrac{5}{3}$, $\dfrac{6}{3}$

• **대분수**: 자연수와 진분수로 이루어진 분수

예 $1\dfrac{3}{4}$(1과 4분의 3)

• **자연수**

자연수: 1, 2, 3과 같은 수

참고 $\dfrac{3}{3}$과 같이 분자와 분모가 같은 분수는 자연수 1과 같습니다.

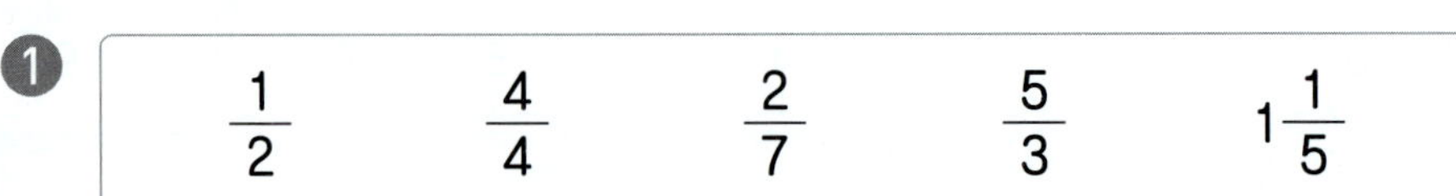

○ 진분수를 모두 찾아 ◯표 하시오.

1 $\dfrac{1}{2}$ $\dfrac{4}{4}$ $\dfrac{2}{7}$ $\dfrac{5}{3}$ $1\dfrac{1}{5}$

2 $3\dfrac{2}{3}$ $\dfrac{5}{6}$ $\dfrac{10}{9}$ $3\dfrac{5}{9}$ $\dfrac{1}{4}$

3 $\dfrac{5}{5}$ $1\dfrac{4}{5}$ $\dfrac{4}{9}$ $\dfrac{3}{10}$ $\dfrac{13}{8}$

4 $\dfrac{5}{7}$ $\dfrac{7}{10}$ $2\dfrac{5}{6}$ $\dfrac{8}{3}$ $\dfrac{1}{5}$

5 $\dfrac{2}{2}$ $\dfrac{7}{8}$ $4\dfrac{3}{5}$ $\dfrac{3}{4}$ $\dfrac{5}{12}$

6 $\dfrac{2}{5}$ $7\dfrac{2}{4}$ $\dfrac{8}{13}$ $\dfrac{7}{6}$ $\dfrac{4}{6}$

정답 · 15쪽

○ 가분수를 모두 찾아 ○표 하시오.

7 $\dfrac{3}{4}$ $\dfrac{5}{5}$ $\dfrac{7}{8}$ $\dfrac{9}{7}$ $2\dfrac{4}{5}$

8 $\dfrac{13}{5}$ $1\dfrac{4}{9}$ $\dfrac{5}{6}$ $\dfrac{4}{4}$ $5\dfrac{1}{3}$

9 $2\dfrac{3}{4}$ $\dfrac{1}{3}$ $\dfrac{8}{7}$ $\dfrac{10}{10}$ $\dfrac{6}{9}$

10 $5\dfrac{4}{8}$ $\dfrac{11}{11}$ $\dfrac{9}{4}$ $\dfrac{5}{8}$ $\dfrac{8}{2}$

11 $\dfrac{7}{7}$ $4\dfrac{2}{5}$ $\dfrac{7}{4}$ $\dfrac{10}{7}$ $\dfrac{7}{8}$

12 $\dfrac{4}{3}$ $\dfrac{7}{10}$ $7\dfrac{2}{7}$ $\dfrac{2}{2}$ $\dfrac{9}{6}$

○ 대분수를 모두 찾아 ○표 하시오.

13 $1\dfrac{4}{5}$ $\dfrac{8}{8}$ $5\dfrac{1}{2}$ $\dfrac{4}{9}$ $\dfrac{1}{2}$

14 $\dfrac{4}{6}$ $2\dfrac{5}{7}$ $\dfrac{9}{7}$ $\dfrac{10}{10}$ $1\dfrac{1}{9}$

15 $\dfrac{9}{8}$ $9\dfrac{5}{6}$ $4\dfrac{3}{10}$ $\dfrac{3}{5}$ $\dfrac{6}{6}$

16 $\dfrac{7}{10}$ $3\dfrac{1}{3}$ $\dfrac{5}{3}$ $1\dfrac{3}{5}$ $5\dfrac{4}{8}$

17 $1\dfrac{3}{4}$ $\dfrac{9}{9}$ $6\dfrac{10}{13}$ $3\dfrac{5}{8}$ $\dfrac{3}{4}$

18 $\dfrac{1}{9}$ $7\dfrac{1}{7}$ $10\dfrac{2}{3}$ $\dfrac{7}{4}$ $2\dfrac{6}{7}$

○ 진분수는 '진', 가분수는 '가', 대분수는 '대'를 써 보시오.

① $\dfrac{1}{2}$ ( )

② $\dfrac{7}{2}$ ( )

③ $\dfrac{5}{3}$ ( )

④ $1\dfrac{1}{3}$ ( )

⑤ $\dfrac{2}{4}$ ( )

⑥ $\dfrac{4}{4}$ ( )

⑦ $\dfrac{7}{5}$ ( )

⑧ $3\dfrac{4}{5}$ ( )

⑨ $\dfrac{7}{6}$ ( )

⑩ $9\dfrac{5}{6}$ ( )

⑪ $\dfrac{2}{7}$ ( )

⑫ $\dfrac{6}{7}$ ( )

⑬ $\dfrac{7}{8}$ ( )

⑭ $\dfrac{9}{8}$ ( )

⑮ $3\dfrac{5}{8}$ ( )

⑯ $\dfrac{4}{9}$ ( )

⑰ $2\dfrac{3}{9}$ ( )

⑱ $\dfrac{3}{10}$ ( )

⑲ $4\dfrac{7}{10}$ ( )

⑳ $\dfrac{12}{11}$ ( )

㉑ $\dfrac{7}{12}$ ( )

○ 진분수, 가분수, 대분수로 분류해 보시오.

22

$$\frac{6}{5} \qquad 1\frac{8}{9} \qquad \frac{3}{4} \qquad \frac{4}{7} \qquad \frac{11}{6} \qquad 3\frac{2}{3} \qquad 1\frac{1}{2} \qquad \frac{1}{5}$$

진분수	가분수	대분수

23

$$5\frac{5}{6} \qquad \frac{2}{9} \qquad \frac{10}{7} \qquad 2\frac{2}{5} \qquad \frac{3}{3} \qquad \frac{7}{10} \qquad \frac{9}{8} \qquad \frac{3}{11}$$

진분수	가분수	대분수

24

$$\frac{5}{6} \qquad 5\frac{1}{5} \qquad \frac{7}{4} \qquad 1\frac{7}{9} \qquad \frac{3}{2} \qquad \frac{6}{8} \qquad \frac{1}{3} \qquad 4\frac{2}{11}$$

진분수	가분수	대분수

25

$$\frac{6}{6} \qquad \frac{10}{9} \qquad \frac{5}{7} \qquad 2\frac{1}{6} \qquad 1\frac{4}{13} \qquad \frac{1}{8} \qquad \frac{2}{3} \qquad \frac{9}{5}$$

진분수	가분수	대분수

4 대분수를 가분수로, 가분수를 대분수로 나타내기

- 대분수를 가분수로 나타내기

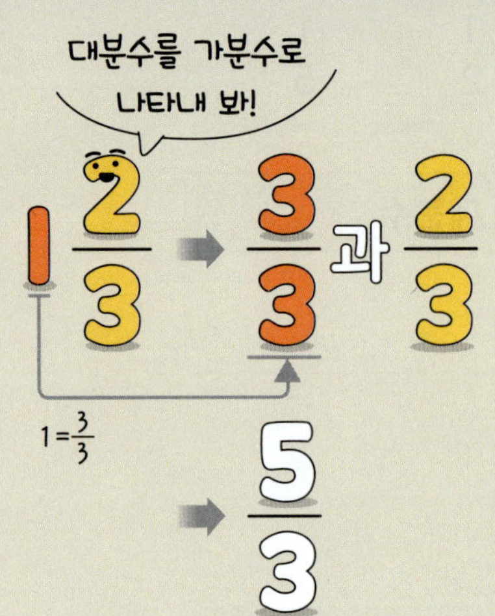

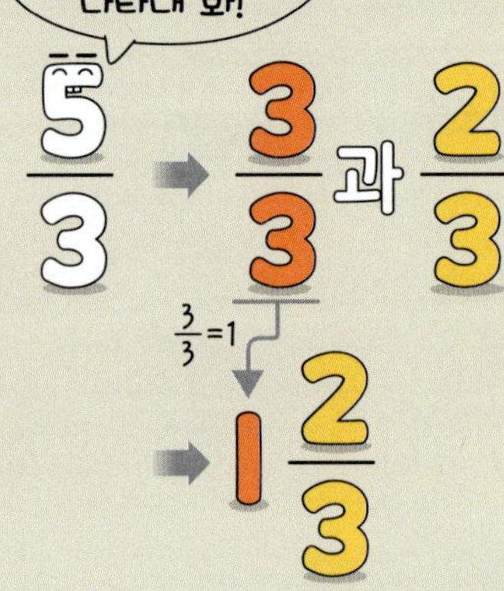

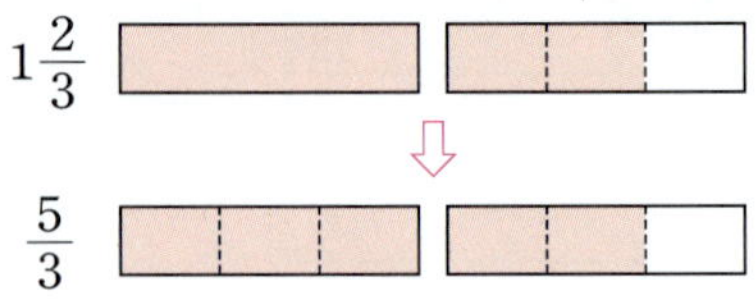

$1\frac{2}{3}$ ⇨ $\frac{3}{3}$과 $\frac{2}{3}$ ⇨ $\frac{5}{3}$

- 가분수를 대분수로 나타내기

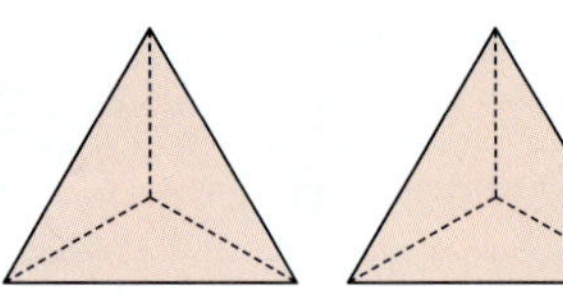

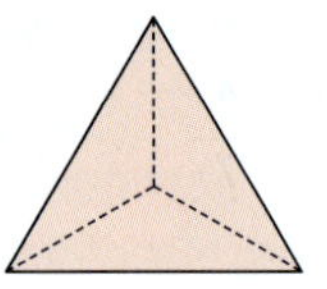

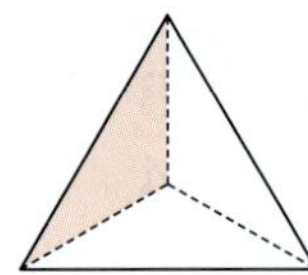

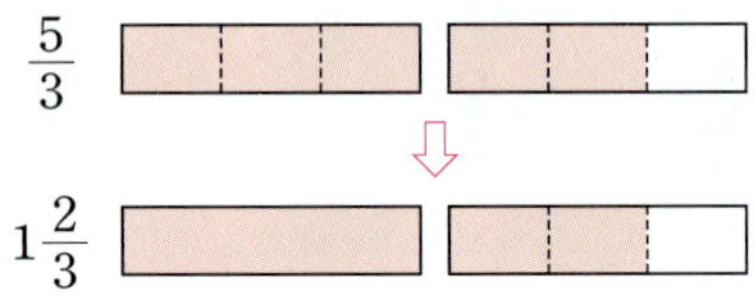

$\frac{5}{3}$ ⇨ $\frac{3}{3}$과 $\frac{2}{3}$ ⇨ $1\frac{2}{3}$

○ 그림을 보고 대분수를 가분수로 나타내어 보시오.

❶

$2\frac{1}{3}=\frac{\square}{\square}$

❷

$3\frac{1}{4}=\frac{\square}{\square}$

❸

$3\frac{5}{6}=\frac{\square}{\square}$

❹

$2\frac{3}{8}=\frac{\square}{\square}$

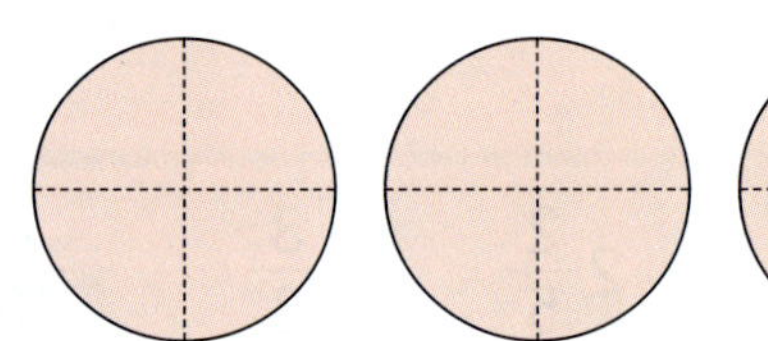

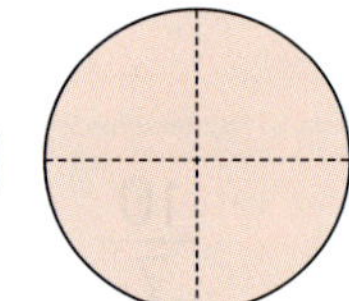

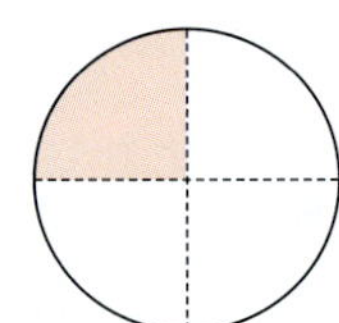

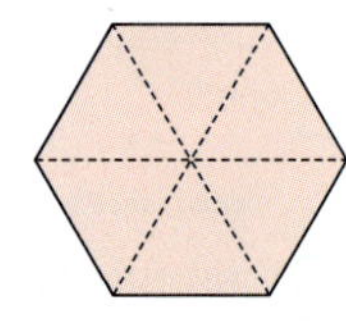

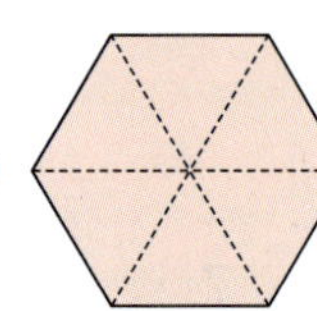

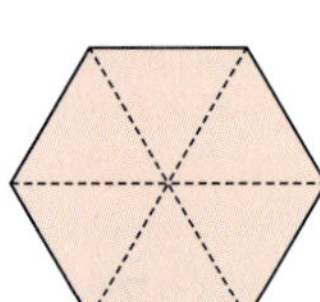

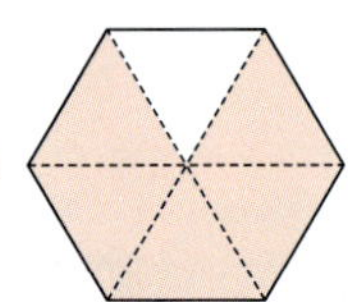

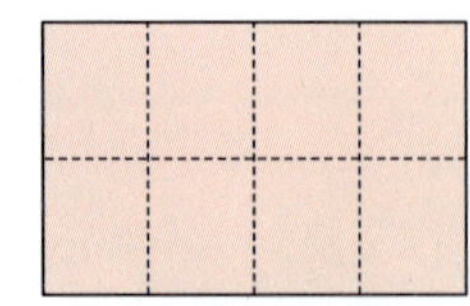

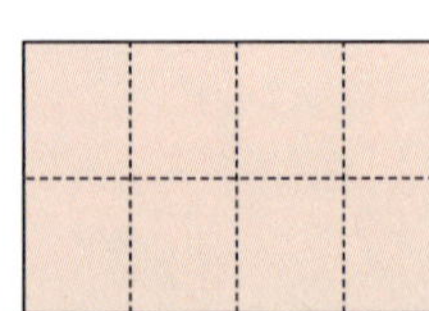

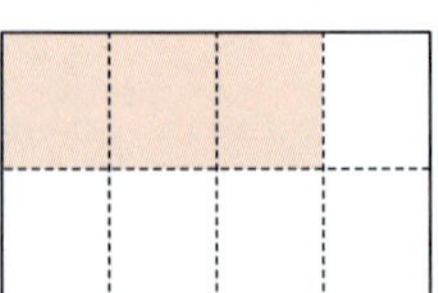

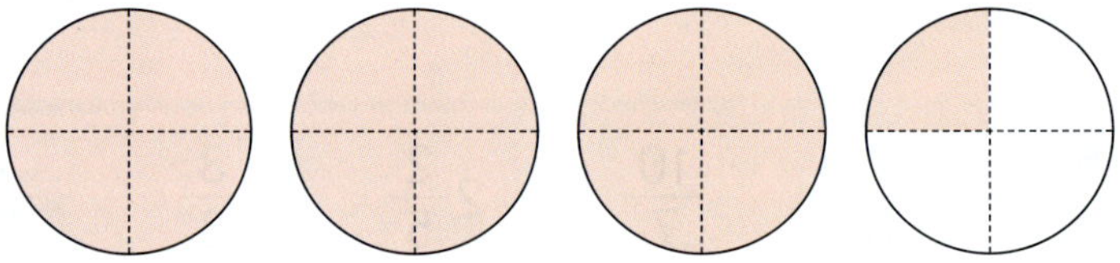

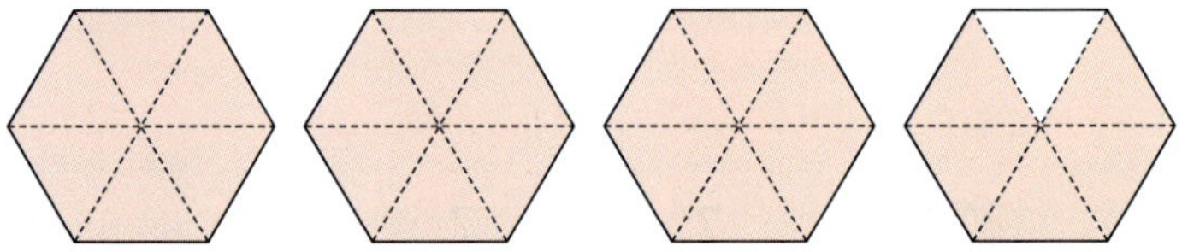

○ 그림을 보고 가분수를 대분수로 나타내어 보시오.

 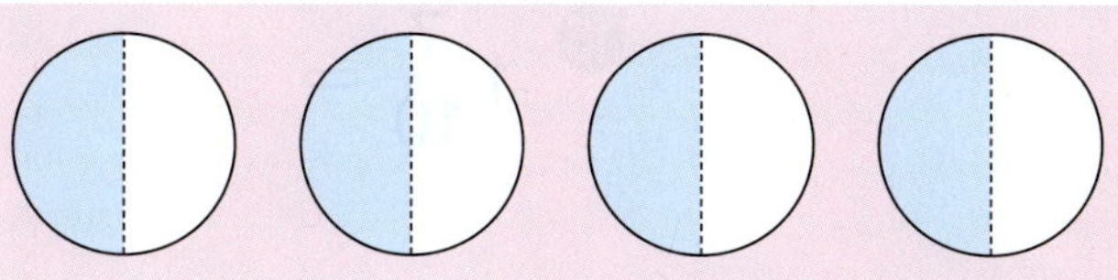

 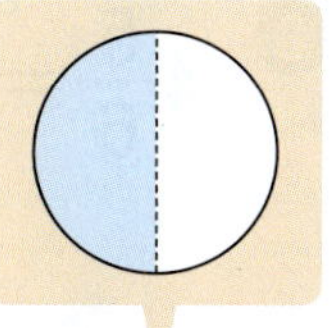 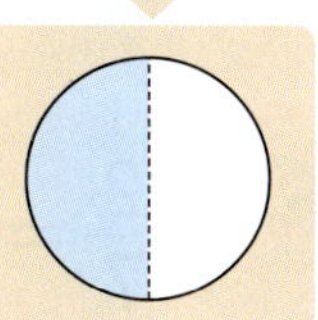

$$\frac{5}{2} = \boxed{} \frac{\boxed{}}{\boxed{}}$$

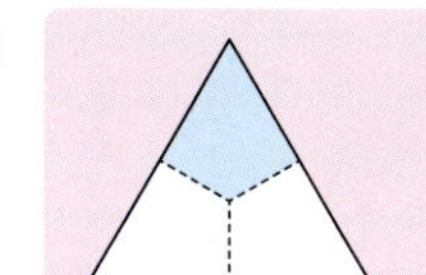 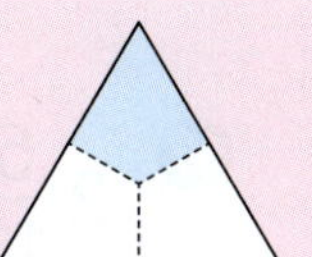 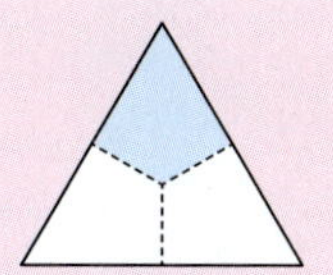 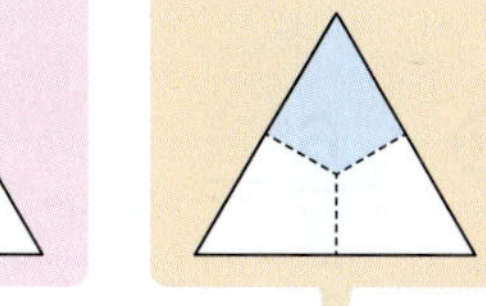

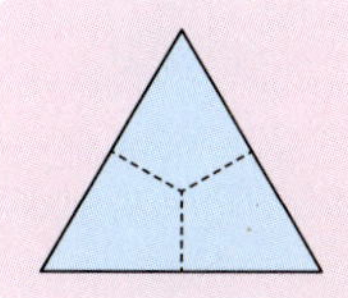 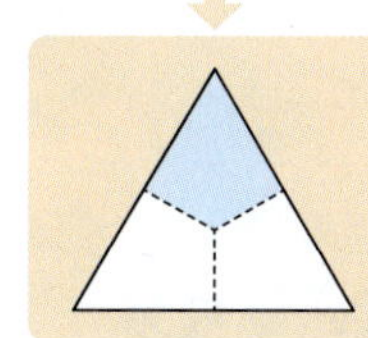

$$\frac{4}{3} = \boxed{} \frac{\boxed{}}{\boxed{}}$$

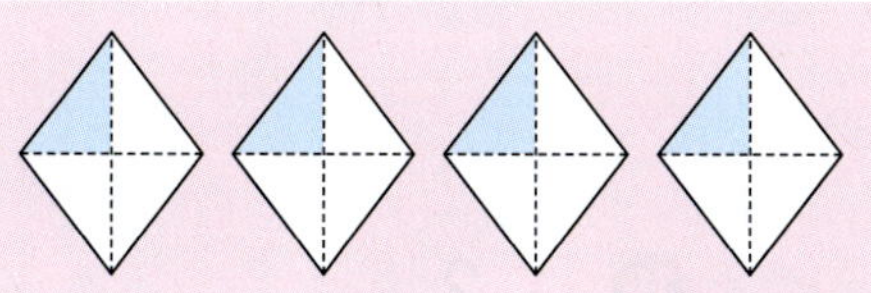 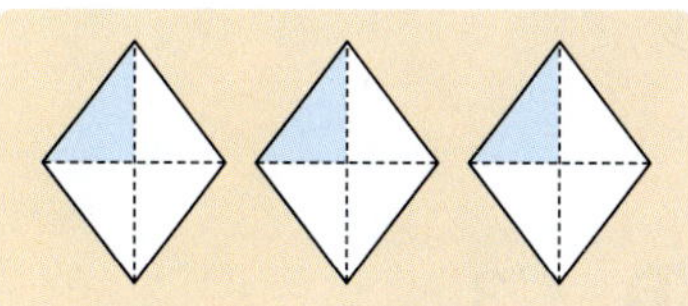

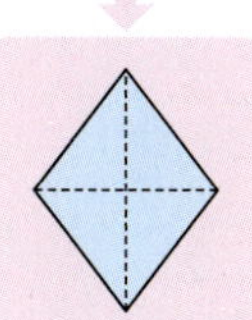 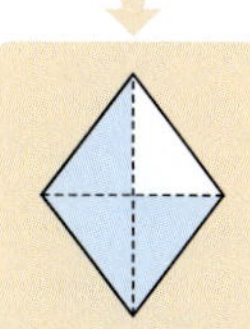

$$\frac{7}{4} = \boxed{} \frac{\boxed{}}{\boxed{}}$$

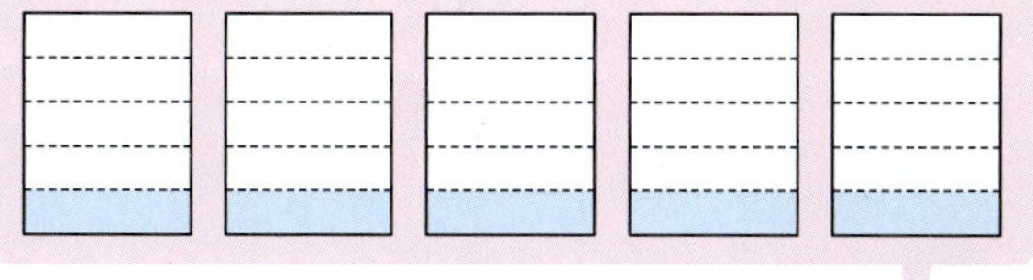

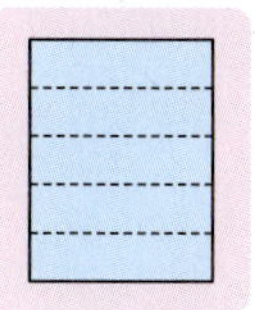 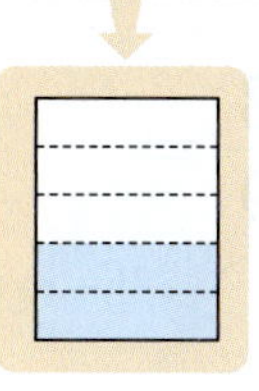

$$\frac{7}{5} = \boxed{} \frac{\boxed{}}{\boxed{}}$$

○ 대분수를 가분수로 나타내어 보시오.

① $5\dfrac{1}{2} =$

② $1\dfrac{1}{3} =$

③ $2\dfrac{2}{3} =$

④ $2\dfrac{1}{4} =$

⑤ $3\dfrac{3}{4} =$

⑥ $2\dfrac{4}{5} =$

⑦ $5\dfrac{3}{5} =$

⑧ $4\dfrac{5}{6} =$

⑨ $1\dfrac{2}{7} =$

⑩ $2\dfrac{6}{7} =$

⑪ $1\dfrac{5}{8} =$

⑫ $5\dfrac{3}{8} =$

⑬ $2\dfrac{5}{9} =$

⑭ $3\dfrac{8}{9} =$

⑮ $1\dfrac{7}{10} =$

⑯ $3\dfrac{3}{10} =$

⑰ $2\dfrac{5}{11} =$

⑱ $3\dfrac{7}{12} =$

⑲ $5\dfrac{2}{15} =$

⑳ $1\dfrac{8}{17} =$

㉑ $4\dfrac{3}{20} =$

○ 가분수를 대분수로 나타내어 보시오.

㉒ $\dfrac{9}{2} =$

㉓ $\dfrac{11}{2} =$

㉔ $\dfrac{7}{3} =$

㉕ $\dfrac{10}{3} =$

㉖ $\dfrac{5}{4} =$

㉗ $\dfrac{15}{4} =$

㉘ $\dfrac{17}{5} =$

㉙ $\dfrac{7}{6} =$

㉚ $\dfrac{11}{6} =$

㉛ $\dfrac{15}{7} =$

㉜ $\dfrac{20}{7} =$

㉝ $\dfrac{11}{8} =$

㉞ $\dfrac{25}{8} =$

㉟ $\dfrac{11}{9} =$

㊱ $\dfrac{20}{9} =$

㊲ $\dfrac{49}{10} =$

㊳ $\dfrac{19}{11} =$

㊴ $\dfrac{25}{12} =$

㊵ $\dfrac{20}{13} =$

㊶ $\dfrac{35}{16} =$

㊷ $\dfrac{30}{19} =$

● **분모가 같은 가분수의 크기 비교**

분자가 큰 가분수가 더 큽니다.

$9 > 6$

$\dfrac{9}{5} > \dfrac{6}{5}$

● **분모가 같은 대분수의 크기 비교**

• 자연수가 큰 대분수가 더 큽니다.

$3 > 2$

$3\dfrac{1}{7} > 2\dfrac{4}{7}$

• 자연수가 같으면 분자가 큰 대분수가 더 큽니다.

$3 < 5$

$1\dfrac{3}{8} < 1\dfrac{5}{8}$

○ 가분수의 크기를 비교하여 ◯ 안에 >, <를 알맞게 써넣으시오.

❶ $\dfrac{5}{2} \bigcirc \dfrac{7}{2}$

❷ $\dfrac{5}{3} \bigcirc \dfrac{10}{3}$

❸ $\dfrac{11}{4} \bigcirc \dfrac{9}{4}$

❹ $\dfrac{8}{5} \bigcirc \dfrac{6}{5}$

❺ $\dfrac{12}{6} \bigcirc \dfrac{11}{6}$

❻ $\dfrac{9}{7} \bigcirc \dfrac{7}{7}$

❼ $\dfrac{10}{8} \bigcirc \dfrac{15}{8}$

❽ $\dfrac{10}{9} \bigcirc \dfrac{14}{9}$

❾ $\dfrac{11}{10} \bigcirc \dfrac{17}{10}$

❿ $\dfrac{14}{11} \bigcirc \dfrac{15}{11}$

⓫ $\dfrac{15}{12} \bigcirc \dfrac{12}{12}$

⓬ $\dfrac{16}{13} \bigcirc \dfrac{14}{13}$

⓭ $\dfrac{19}{15} \bigcirc \dfrac{20}{15}$

⓮ $\dfrac{20}{19} \bigcirc \dfrac{22}{19}$

○ 대분수의 크기를 비교하여 ◯ 안에 >, <를 알맞게 써넣으시오.

⑮ $3\dfrac{1}{3}$ ◯ $1\dfrac{2}{3}$

⑯ $5\dfrac{1}{3}$ ◯ $5\dfrac{2}{3}$

⑰ $2\dfrac{3}{4}$ ◯ $3\dfrac{3}{4}$

⑱ $1\dfrac{2}{5}$ ◯ $1\dfrac{3}{5}$

⑲ $3\dfrac{1}{6}$ ◯ $1\dfrac{5}{6}$

⑳ $4\dfrac{5}{6}$ ◯ $4\dfrac{2}{6}$

㉑ $5\dfrac{3}{7}$ ◯ $2\dfrac{5}{7}$

㉒ $2\dfrac{3}{8}$ ◯ $2\dfrac{5}{8}$

㉓ $5\dfrac{5}{8}$ ◯ $9\dfrac{4}{8}$

㉔ $3\dfrac{8}{9}$ ◯ $3\dfrac{7}{9}$

㉕ $5\dfrac{5}{9}$ ◯ $9\dfrac{2}{9}$

㉖ $5\dfrac{7}{10}$ ◯ $5\dfrac{4}{10}$

㉗ $7\dfrac{3}{11}$ ◯ $7\dfrac{7}{11}$

㉘ $1\dfrac{11}{12}$ ◯ $2\dfrac{5}{12}$

㉙ $2\dfrac{7}{12}$ ◯ $2\dfrac{1}{12}$

㉚ $5\dfrac{9}{13}$ ◯ $4\dfrac{9}{13}$

㉛ $4\dfrac{4}{15}$ ◯ $4\dfrac{8}{15}$

㉜ $2\dfrac{11}{16}$ ◯ $1\dfrac{9}{16}$

㉝ $3\dfrac{5}{18}$ ◯ $3\dfrac{11}{18}$

㉞ $8\dfrac{3}{20}$ ◯ $5\dfrac{7}{20}$

㉟ $1\dfrac{20}{23}$ ◯ $1\dfrac{10}{23}$

○ 가분수의 크기를 비교하여 ◯ 안에 ＞, ＜를 알맞게 써넣으시오.

1 $\dfrac{4}{3}$ ◯ $\dfrac{8}{3}$

2 $\dfrac{4}{4}$ ◯ $\dfrac{7}{4}$

3 $\dfrac{9}{4}$ ◯ $\dfrac{10}{4}$

4 $\dfrac{8}{5}$ ◯ $\dfrac{5}{5}$

5 $\dfrac{7}{6}$ ◯ $\dfrac{11}{6}$

6 $\dfrac{12}{6}$ ◯ $\dfrac{15}{6}$

7 $\dfrac{10}{7}$ ◯ $\dfrac{9}{7}$

8 $\dfrac{15}{8}$ ◯ $\dfrac{13}{8}$

9 $\dfrac{9}{9}$ ◯ $\dfrac{13}{9}$

10 $\dfrac{15}{9}$ ◯ $\dfrac{14}{9}$

11 $\dfrac{19}{10}$ ◯ $\dfrac{11}{10}$

12 $\dfrac{20}{10}$ ◯ $\dfrac{30}{10}$

13 $\dfrac{17}{11}$ ◯ $\dfrac{16}{11}$

14 $\dfrac{14}{13}$ ◯ $\dfrac{13}{13}$

15 $\dfrac{11}{15}$ ◯ $\dfrac{20}{15}$

16 $\dfrac{19}{17}$ ◯ $\dfrac{25}{17}$

17 $\dfrac{19}{19}$ ◯ $\dfrac{22}{19}$

18 $\dfrac{21}{20}$ ◯ $\dfrac{20}{20}$

19 $\dfrac{25}{21}$ ◯ $\dfrac{30}{21}$

20 $\dfrac{29}{23}$ ◯ $\dfrac{25}{23}$

21 $\dfrac{33}{24}$ ◯ $\dfrac{29}{24}$

○ 대분수의 크기를 비교하여 ◯ 안에 >, <를 알맞게 써넣으시오.

㉒ $6\frac{1}{2}$ ◯ $5\frac{1}{2}$

㉓ $1\frac{2}{3}$ ◯ $1\frac{1}{3}$

㉔ $1\frac{3}{4}$ ◯ $2\frac{1}{4}$

㉕ $5\frac{3}{4}$ ◯ $5\frac{1}{4}$

㉖ $5\frac{4}{5}$ ◯ $5\frac{1}{5}$

㉗ $1\frac{1}{6}$ ◯ $1\frac{5}{6}$

㉘ $2\frac{5}{6}$ ◯ $3\frac{1}{6}$

㉙ $2\frac{6}{7}$ ◯ $4\frac{2}{7}$

㉚ $6\frac{6}{8}$ ◯ $6\frac{3}{8}$

㉛ $1\frac{3}{9}$ ◯ $1\frac{7}{9}$

㉜ $4\frac{8}{9}$ ◯ $4\frac{4}{9}$

㉝ $3\frac{3}{10}$ ◯ $3\frac{9}{10}$

㉞ $7\frac{7}{10}$ ◯ $6\frac{7}{10}$

㉟ $2\frac{7}{12}$ ◯ $2\frac{8}{12}$

㊱ $4\frac{2}{13}$ ◯ $3\frac{11}{13}$

㊲ $9\frac{4}{13}$ ◯ $9\frac{8}{13}$

㊳ $6\frac{2}{15}$ ◯ $3\frac{8}{15}$

㊴ $3\frac{5}{17}$ ◯ $3\frac{9}{17}$

㊵ $3\frac{9}{19}$ ◯ $2\frac{7}{19}$

㊶ $7\frac{11}{22}$ ◯ $7\frac{15}{22}$

㊷ $2\frac{21}{25}$ ◯ $2\frac{19}{25}$

$$\frac{7}{4} > \frac{5}{4}$$

대분수를 가분수로 나타내!

$$\frac{7}{4} \qquad 1\frac{1}{4}$$

가분수를 대분수로 나타내!

$$1\frac{3}{4} > 1\frac{1}{4}$$

- **분모가 같은 가분수와 대분수의 크기 비교**

예 $\frac{7}{4}$과 $1\frac{1}{4}$의 크기 비교

방법 1 대분수를 가분수로 나타내어 크기 비교하기

$1\frac{1}{4}=\frac{5}{4}$이므로 $\frac{7}{4}>\frac{5}{4}$입니다.

⇨ $\frac{7}{4}>1\frac{1}{4}$

방법 2 가분수를 대분수로 나타내어 크기 비교하기

$\frac{7}{4}=1\frac{3}{4}$이므로 $1\frac{3}{4}>1\frac{1}{4}$입니다.

⇨ $\frac{7}{4}>1\frac{1}{4}$

○ 분수의 크기를 비교하여 ○ 안에 >, =, <를 알맞게 써넣으시오.

❶ $\frac{9}{2} \bigcirc 3\frac{1}{2}$

❷ $\frac{5}{3} \bigcirc 1\frac{1}{3}$

❸ $\frac{10}{4} \bigcirc 2\frac{1}{4}$

❹ $\frac{7}{5} \bigcirc 2\frac{1}{5}$

❺ $\frac{9}{6} \bigcirc 1\frac{5}{6}$

❻ $\frac{15}{7} \bigcirc 1\frac{6}{7}$

❼ $\frac{13}{8} \bigcirc 1\frac{5}{8}$

❽ $\frac{10}{9} \bigcirc 1\frac{5}{9}$

❾ $\frac{17}{10} \bigcirc 1\frac{7}{10}$

❿ $\frac{15}{11} \bigcirc 1\frac{2}{11}$

⓫ $\frac{19}{12} \bigcirc 1\frac{9}{12}$

⓬ $\frac{20}{13} \bigcirc 2\frac{4}{13}$

⓭ $\frac{21}{15} \bigcirc 2\frac{2}{15}$

⓮ $\frac{20}{19} \bigcirc 1\frac{2}{19}$

⑮ $7\frac{1}{3}$ ◯ $\frac{17}{3}$

⑯ $2\frac{1}{4}$ ◯ $\frac{11}{4}$

⑰ $5\frac{3}{4}$ ◯ $\frac{23}{4}$

⑱ $3\frac{4}{5}$ ◯ $\frac{14}{5}$

⑲ $7\frac{3}{5}$ ◯ $\frac{41}{5}$

⑳ $1\frac{1}{6}$ ◯ $\frac{8}{6}$

㉑ $4\frac{5}{6}$ ◯ $\frac{23}{6}$

㉒ $2\frac{1}{7}$ ◯ $\frac{15}{7}$

㉓ $5\frac{4}{7}$ ◯ $\frac{40}{7}$

㉔ $1\frac{5}{8}$ ◯ $\frac{15}{8}$

㉕ $1\frac{7}{9}$ ◯ $\frac{15}{9}$

㉖ $3\frac{2}{9}$ ◯ $\frac{34}{9}$

㉗ $3\frac{3}{10}$ ◯ $\frac{17}{10}$

㉘ $5\frac{1}{10}$ ◯ $\frac{49}{10}$

㉙ $1\frac{10}{11}$ ◯ $\frac{20}{11}$

㉚ $1\frac{4}{12}$ ◯ $\frac{17}{12}$

㉛ $1\frac{2}{13}$ ◯ $\frac{18}{13}$

㉜ $2\frac{2}{15}$ ◯ $\frac{19}{15}$

㉝ $2\frac{1}{16}$ ◯ $\frac{33}{16}$

㉞ $1\frac{5}{17}$ ◯ $\frac{23}{17}$

㉟ $4\frac{5}{22}$ ◯ $\frac{91}{22}$

○ 분수의 크기를 비교하여 ◯ 안에 >, =, <를 알맞게 써넣으시오.

1 $\dfrac{7}{2}$ ◯ $5\dfrac{1}{2}$

2 $\dfrac{8}{3}$ ◯ $3\dfrac{1}{3}$

3 $\dfrac{16}{3}$ ◯ $5\dfrac{2}{3}$

4 $\dfrac{9}{4}$ ◯ $1\dfrac{3}{4}$

5 $\dfrac{17}{4}$ ◯ $4\dfrac{1}{4}$

6 $\dfrac{13}{5}$ ◯ $2\dfrac{4}{5}$

7 $\dfrac{15}{6}$ ◯ $1\dfrac{5}{6}$

8 $\dfrac{23}{6}$ ◯ $3\dfrac{1}{6}$

9 $\dfrac{10}{7}$ ◯ $2\dfrac{2}{7}$

10 $\dfrac{36}{7}$ ◯ $5\dfrac{2}{7}$

11 $\dfrac{25}{8}$ ◯ $3\dfrac{1}{8}$

12 $\dfrac{47}{8}$ ◯ $5\dfrac{5}{8}$

13 $\dfrac{22}{9}$ ◯ $2\dfrac{2}{9}$

14 $\dfrac{17}{10}$ ◯ $2\dfrac{3}{10}$

15 $\dfrac{33}{10}$ ◯ $2\dfrac{9}{10}$

16 $\dfrac{19}{11}$ ◯ $1\dfrac{3}{11}$

17 $\dfrac{20}{13}$ ◯ $1\dfrac{9}{13}$

18 $\dfrac{19}{14}$ ◯ $1\dfrac{3}{14}$

19 $\dfrac{40}{17}$ ◯ $2\dfrac{6}{17}$

20 $\dfrac{22}{19}$ ◯ $1\dfrac{2}{19}$

21 $\dfrac{51}{25}$ ◯ $2\dfrac{4}{25}$

㉒ $3\dfrac{1}{2}$ ◯ $\dfrac{7}{2}$

㉓ $6\dfrac{1}{2}$ ◯ $\dfrac{15}{2}$

㉔ $2\dfrac{2}{3}$ ◯ $\dfrac{7}{3}$

㉕ $3\dfrac{1}{4}$ ◯ $\dfrac{9}{4}$

㉖ $5\dfrac{3}{4}$ ◯ $\dfrac{25}{4}$

㉗ $5\dfrac{3}{5}$ ◯ $\dfrac{23}{5}$

㉘ $1\dfrac{4}{6}$ ◯ $\dfrac{11}{6}$

㉙ $5\dfrac{1}{6}$ ◯ $\dfrac{29}{6}$

㉚ $2\dfrac{5}{7}$ ◯ $\dfrac{19}{7}$

㉛ $2\dfrac{7}{8}$ ◯ $\dfrac{21}{8}$

㉜ $4\dfrac{3}{8}$ ◯ $\dfrac{33}{8}$

㉝ $1\dfrac{8}{9}$ ◯ $\dfrac{20}{9}$

㉞ $1\dfrac{7}{10}$ ◯ $\dfrac{15}{10}$

㉟ $1\dfrac{5}{11}$ ◯ $\dfrac{20}{11}$

㊱ $1\dfrac{7}{12}$ ◯ $\dfrac{15}{12}$

㊲ $2\dfrac{3}{13}$ ◯ $\dfrac{31}{13}$

㊳ $1\dfrac{7}{15}$ ◯ $\dfrac{22}{15}$

㊴ $1\dfrac{7}{16}$ ◯ $\dfrac{19}{16}$

㊵ $2\dfrac{5}{18}$ ◯ $\dfrac{43}{18}$

㊶ $3\dfrac{9}{20}$ ◯ $\dfrac{73}{20}$

㊷ $1\dfrac{17}{23}$ ◯ $\dfrac{39}{23}$

○ 그림을 보고 ☐ 안에 알맞은 수를 써넣으시오.

1

8을 2씩 묶으면 ☐ 묶음이 됩니다.

6은 8의 $\dfrac{☐}{☐}$ 입니다.

2

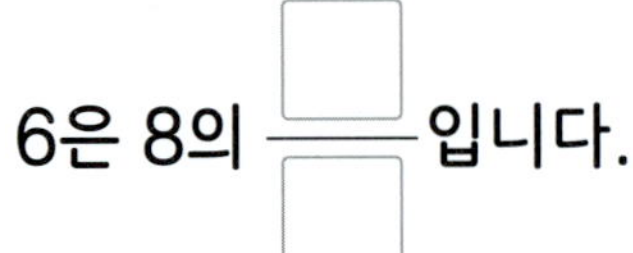

12를 4씩 묶으면 ☐ 묶음이 됩니다.

8은 12의 $\dfrac{☐}{☐}$ 입니다.

3

16을 8씩 묶으면 ☐ 묶음이 됩니다.

8은 16의 $\dfrac{☐}{☐}$ 입니다.

4

14의 $\dfrac{1}{7}$ 은 ☐ 입니다.

14의 $\dfrac{5}{7}$ 는 ☐ 입니다.

5

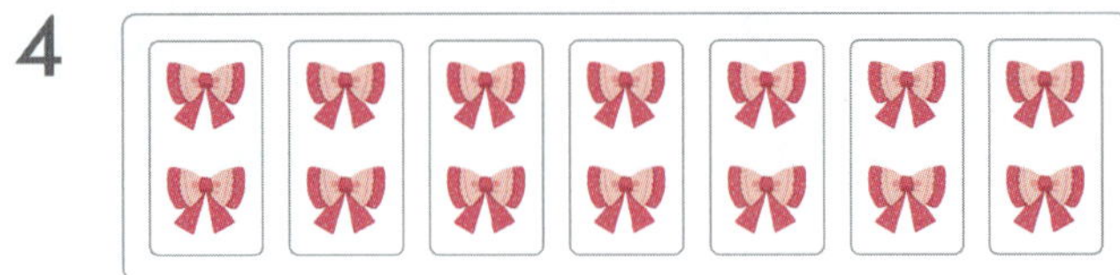

20의 $\dfrac{1}{4}$ 은 ☐ 입니다.

20의 $\dfrac{3}{4}$ 은 ☐ 입니다.

6

27 cm의 $\dfrac{1}{9}$ 은 ☐ cm입니다.

27 cm의 $\dfrac{4}{9}$ 는 ☐ cm입니다.

○ 진분수는 '진', 가분수는 '가', 대분수는 '대'를 써 보시오.

7 $\dfrac{2}{2}$ (   )

8 $\dfrac{3}{7}$ (   )

9 $6\dfrac{5}{8}$ (   )

○ 대분수를 가분수로, 가분수를 대분수로 나타내어 보시오.

10 $3\dfrac{2}{3} =$

11 $4\dfrac{3}{5} =$

12 $\dfrac{13}{6} =$

13 $\dfrac{39}{7} =$

○ 분수의 크기를 비교하여 ◯ 안에 >, =, <를 알맞게 써넣으시오.

14 $\dfrac{5}{3}$ ◯ $\dfrac{7}{3}$

15 $3\dfrac{3}{4}$ ◯ $5\dfrac{1}{4}$

16 $4\dfrac{4}{5}$ ◯ $4\dfrac{2}{5}$

17 $\dfrac{21}{6}$ ◯ $3\dfrac{5}{6}$

18 $\dfrac{19}{7}$ ◯ $2\dfrac{4}{7}$

19 $2\dfrac{3}{8}$ ◯ $\dfrac{19}{8}$

20 $4\dfrac{1}{9}$ ◯ $\dfrac{35}{9}$

4단원의 연산 실력을 보충하고 싶다면 **클리닉 북 21~26쪽**을 풀어 보세요.

들이와 무게

학습 내용	학습 회차	걸린 시간
① 1 L와 1 mL의 관계	1일 차	/7분
	2일 차	/7분
② 들이의 덧셈	3일 차	/13분
	4일 차	/14분
③ 들이의 뺄셈	5일 차	/13분
	6일 차	/14분
② ~ ③ 다르게 풀기	7일 차	/12분
④ 1 kg, 1 g, 1 t의 관계	8일 차	/7분
	9일 차	/7분
⑤ 무게의 덧셈	10일 차	/13분
	11일 차	/14분
⑥ 무게의 뺄셈	12일 차	/13분
	13일 차	/14분
⑤ ~ ⑥ 다르게 풀기	14일 차	/12분
평가 5. 들이와 무게	15일 차	/17분

- **들이의 단위**

들이의 단위에는 리터와 밀리리터 등이 있습니다.

1 리터 ⇨ 1 L

1 밀리리터 ⇨ 1 mL

$$1 \text{ L} = 1000 \text{ mL}$$

- **몇 L 몇 mL와 몇 mL로 나타내기**

1 L 200 mL(1 리터 200 밀리리터)

: 1 L보다 200 mL 더 많은 들이

$$1 \text{ L } 200 \text{ mL} = 1200 \text{ mL}$$

○ ☐ 안에 알맞은 수를 써넣으시오.

① 2 L = ☐ mL

② 4 L = ☐ mL

③ 5 L = ☐ mL

④ 6 L = ☐ mL

⑤ 8 L = ☐ mL

⑥ 11 L = ☐ mL

⑦ 14 L = ☐ mL

⑧ 1000 mL = ☐ L

⑨ 3000 mL = ☐ L

⑩ 7000 mL = ☐ L

⑪ 9000 mL = ☐ L

⑫ 16000 mL = ☐ L

⑬ 27000 mL = ☐ L

⑭ 38000 mL = ☐ L

⑮ 1 L 400 mL = ☐ mL

⑯ 3 L 100 mL = ☐ mL

⑰ 6 L 530 mL = ☐ mL

⑱ 7 L 90 mL = ☐ mL

⑲ 12 L 600 mL = ☐ mL

⑳ 25 L 710 mL = ☐ mL

㉑ 31 L 20 mL = ☐ mL

㉒ 1800 mL = ☐ L ☐ mL

㉓ 2300 mL = ☐ L ☐ mL

㉔ 5120 mL = ☐ L ☐ mL

㉕ 8470 mL = ☐ L ☐ mL

㉖ 10240 mL = ☐ L ☐ mL

㉗ 35490 mL = ☐ L ☐ mL

㉘ 42070 mL = ☐ L ☐ mL

○ ☐ 안에 알맞은 수를 써넣으시오.

❶ 1 L = ☐ mL

❷ 3 L = ☐ mL

❸ 7 L = ☐ mL

❹ 9 L = ☐ mL

❺ 15 L = ☐ mL

❻ 21 L = ☐ mL

❼ 54 L = ☐ mL

❽ 1 L 600 mL = ☐ mL

❾ 2 L 300 mL = ☐ mL

❿ 4 L 500 mL = ☐ mL

⓫ 8 L 170 mL = ☐ mL

⓬ 10 L 620 mL = ☐ mL

⓭ 29 L 30 mL = ☐ mL

⓮ 40 L 70 mL = ☐ mL

⑮ 2000 mL = ▢ L

⑯ 4000 mL = ▢ L

⑰ 5000 mL = ▢ L

⑱ 6000 mL = ▢ L

⑲ 13000 mL = ▢ L

⑳ 20000 mL = ▢ L

㉑ 59000 mL = ▢ L

㉒ 1500 mL = ▢ L ▢ mL

㉓ 3600 mL = ▢ L ▢ mL

㉔ 7280 mL = ▢ L ▢ mL

㉕ 9010 mL = ▢ L ▢ mL

㉖ 14360 mL = ▢ L ▢ mL

㉗ 30100 mL = ▢ L ▢ mL

㉘ 40050 mL = ▢ L ▢ mL

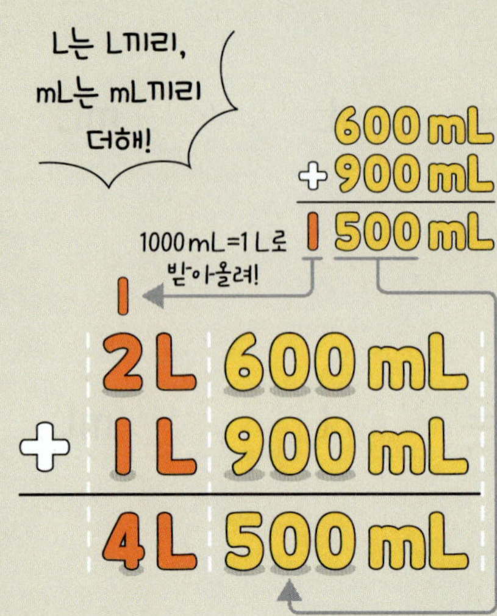

들이의 덧셈

- L는 L끼리 더하고, mL는 mL 끼리 더합니다.
- mL끼리의 합이 1000보다 크거 나 같으면 1000 mL를 1 L로 받 아올림합니다.

```
        2 L        600 mL
   +    1 L        900 mL
        3 L       1500 mL
   +1 L  ←  −1000 mL
        4 L        500 mL
```

○ 계산해 보시오.

1

```
      1 L   500   mL
  +   1 L   200   mL
  ☐ L  ☐ mL
```

2

```
      2 L   100   mL
  +   1 L   400   mL
  ☐ L  ☐ mL
```

3

```
      2 L   700   mL
  +   3 L   200   mL
  ☐ L  ☐ mL
```

4

```
      3 L   600   mL
  +   1 L   100   mL
  ☐ L  ☐ mL
```

5

```
      4 L   300   mL
  +   3 L   500   mL
  ☐ L  ☐ mL
```

6

```
      5 L   400   mL
  +   2 L   400   mL
  ☐ L  ☐ mL
```

7

```
      5 L   750   mL
  +   4 L   100   mL
  ☐ L  ☐ mL
```

8

```
      6 L   300   mL
  +   3 L   250   mL
  ☐ L  ☐ mL
```

9

```
      7 L   100   mL
  +   2 L   350   mL
  ☐ L  ☐ mL
```

10

```
      8 L   550   mL
  +   3 L   200   mL
  ☐ L  ☐ mL
```

11

```
      8 L   630   mL
  +   9 L   100   mL
  ☐ L  ☐ mL
```

12

```
      9 L   350   mL
  +   6 L   450   mL
  ☐ L  ☐ mL
```

⑬
$$1 \text{ L} \quad 300 \text{ mL}$$
$$+ \ 2 \text{ L} \quad 800 \text{ mL}$$
$$\boxed{} \text{ L} \quad \boxed{} \text{ mL}$$

⑲
$$5 \text{ L} \quad 400 \text{ mL}$$
$$+ \ 2 \text{ L} \quad 650 \text{ mL}$$
$$\boxed{} \text{ L} \quad \boxed{} \text{ mL}$$

⑭
$$1 \text{ L} \quad 700 \text{ mL}$$
$$+ \ 6 \text{ L} \quad 500 \text{ mL}$$
$$\boxed{} \text{ L} \quad \boxed{} \text{ mL}$$

⑳
$$6 \text{ L} \quad 550 \text{ mL}$$
$$+ \ 2 \text{ L} \quad 800 \text{ mL}$$
$$\boxed{} \text{ L} \quad \boxed{} \text{ mL}$$

⑮
$$2 \text{ L} \quad 600 \text{ mL}$$
$$+ \ 4 \text{ L} \quad 900 \text{ mL}$$
$$\boxed{} \text{ L} \quad \boxed{} \text{ mL}$$

㉑
$$7 \text{ L} \quad 350 \text{ mL}$$
$$+ \ 1 \text{ L} \quad 900 \text{ mL}$$
$$\boxed{} \text{ L} \quad \boxed{} \text{ mL}$$

⑯
$$3 \text{ L} \quad 400 \text{ mL}$$
$$+ \ 1 \text{ L} \quad 700 \text{ mL}$$
$$\boxed{} \text{ L} \quad \boxed{} \text{ mL}$$

㉒
$$7 \text{ L} \quad 500 \text{ mL}$$
$$+ \ 3 \text{ L} \quad 950 \text{ mL}$$
$$\boxed{} \text{ L} \quad \boxed{} \text{ mL}$$

⑰
$$3 \text{ L} \quad 500 \text{ mL}$$
$$+ \ 5 \text{ L} \quad 800 \text{ mL}$$
$$\boxed{} \text{ L} \quad \boxed{} \text{ mL}$$

㉓
$$8 \text{ L} \quad 700 \text{ mL}$$
$$+ \ 4 \text{ L} \quad 710 \text{ mL}$$
$$\boxed{} \text{ L} \quad \boxed{} \text{ mL}$$

⑱
$$4 \text{ L} \quad 800 \text{ mL}$$
$$+ \ 1 \text{ L} \quad 600 \text{ mL}$$
$$\boxed{} \text{ L} \quad \boxed{} \text{ mL}$$

㉔
$$9 \text{ L} \quad 650 \text{ mL}$$
$$+ \ 2 \text{ L} \quad 850 \text{ mL}$$
$$\boxed{} \text{ L} \quad \boxed{} \text{ mL}$$

○ 계산해 보시오.

①
```
    1 L   200 mL
+   4 L   100 mL
```

②
```
    2 L   500 mL
+   2 L   400 mL
```

③
```
    3 L   150 mL
+   1 L   600 mL
```

④
```
    3 L   700 mL
+   5 L   800 mL
```

⑤
```
    4 L   400 mL
+   2 L   900 mL
```

⑥
```
    4 L   600 mL
+   3 L   500 mL
```

⑦
```
    5 L   350 mL
+   1 L   800 mL
```

⑧
```
    5 L   900 mL
+   3 L   550 mL
```

⑨
```
    6 L   850 mL
+   2 L   500 mL
```

⑩
```
    7 L   340 mL
+   4 L   920 mL
```

⑪
```
    8 L   750 mL
+   1 L   550 mL
```

⑫
```
    9 L   250 mL
+   6 L   850 mL
```

⑬ 1 L 100 mL＋1 L 400 mL
=

⑭ 1 L 500 mL＋3 L 300 mL
=

⑮ 2 L 300 mL＋4 L 200 mL
=

⑯ 2 L 700 mL＋6 L 100 mL
=

⑰ 3 L 500 mL＋2 L 240 mL
=

⑱ 4 L 100 mL＋1 L 350 mL
=

⑲ 4 L 450 mL＋5 L 150 mL
=

⑳ 5 L 200 mL＋2 L 900 mL
=

㉑ 5 L 700 mL＋3 L 600 mL
=

㉒ 6 L 600 mL＋1 L 450 mL
=

㉓ 7 L 400 mL＋2 L 810 mL
=

㉔ 8 L 550 mL＋5 L 600 mL
=

㉕ 8 L 900 mL＋8 L 750 mL
=

㉖ 9 L 650 mL＋5 L 450 mL
=

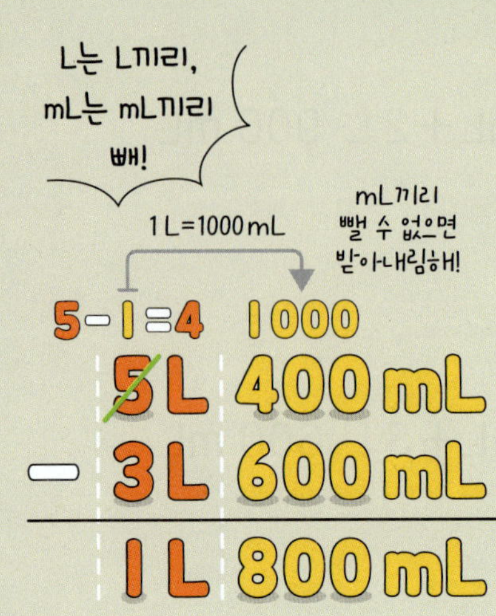

● 들이의 뺄셈

· L는 L끼리 빼고, mL는 mL끼리 뺍니다.

· mL끼리 뺄 수 없을 때에는 1 L를 1000 mL로 받아내림합니다.

$$\begin{array}{r} \overset{4}{\cancel{5}}\,L \quad \overset{1000}{}400\,mL \\ -\ 3\,L \quad 600\,mL \\ \hline 1\,L \quad 800\,mL \end{array}$$

○ 계산해 보시오.

①

	L		mL
	2	900	
−	1	200	
	☐ L	☐ mL	

②

	3	800	mL
−	1	700	mL
	☐ L	☐ mL	

③

	4	500	mL
−	2	100	mL
	☐ L	☐ mL	

④

	5	700	mL
−	3	400	mL
	☐ L	☐ mL	

⑤

	6	300	mL
−	1	100	mL
	☐ L	☐ mL	

⑥

	6	600	mL
−	4	500	mL
	☐ L	☐ mL	

⑦

	7	450	mL
−	2	300	mL
	☐ L	☐ mL	

⑧

	8	650	mL
−	5	150	mL
	☐ L	☐ mL	

⑨

	9	850	mL
−	8	400	mL
	☐ L	☐ mL	

⑩

	11	500	mL
−	3	250	mL
	☐ L	☐ mL	

⑪

	13	750	mL
−	5	100	mL
	☐ L	☐ mL	

⑫

	14	300	mL
−	8	150	mL
	☐ L	☐ mL	

⑬
$$\begin{array}{r} 3\ \text{L} \quad 100\ \text{mL} \\ -\ 1\ \text{L} \quad 500\ \text{mL} \\ \hline \boxed{}\ \text{L} \quad \boxed{}\ \text{mL} \end{array}$$

⑭
$$\begin{array}{r} 4\ \text{L} \quad 300\ \text{mL} \\ -\ 1\ \text{L} \quad 700\ \text{mL} \\ \hline \boxed{}\ \text{L} \quad \boxed{}\ \text{mL} \end{array}$$

⑮
$$\begin{array}{r} 5\ \text{L} \quad 400\ \text{mL} \\ -\ 3\ \text{L} \quad 900\ \text{mL} \\ \hline \boxed{}\ \text{L} \quad \boxed{}\ \text{mL} \end{array}$$

⑯
$$\begin{array}{r} 5\ \text{L} \quad 600\ \text{mL} \\ -\ 2\ \text{L} \quad 800\ \text{mL} \\ \hline \boxed{}\ \text{L} \quad \boxed{}\ \text{mL} \end{array}$$

⑰
$$\begin{array}{r} 6\ \text{L} \quad 200\ \text{mL} \\ -\ 3\ \text{L} \quad 600\ \text{mL} \\ \hline \boxed{}\ \text{L} \quad \boxed{}\ \text{mL} \end{array}$$

⑱
$$\begin{array}{r} 7\ \text{L} \quad 800\ \text{mL} \\ -\ 5\ \text{L} \quad 900\ \text{mL} \\ \hline \boxed{}\ \text{L} \quad \boxed{}\ \text{mL} \end{array}$$

⑲
$$\begin{array}{r} 8\ \text{L} \quad 250\ \text{mL} \\ -\ 4\ \text{L} \quad 650\ \text{mL} \\ \hline \boxed{}\ \text{L} \quad \boxed{}\ \text{mL} \end{array}$$

⑳
$$\begin{array}{r} 9\ \text{L} \quad 150\ \text{mL} \\ -\ 5\ \text{L} \quad 800\ \text{mL} \\ \hline \boxed{}\ \text{L} \quad \boxed{}\ \text{mL} \end{array}$$

㉑
$$\begin{array}{r} 9\ \text{L} \quad 550\ \text{mL} \\ -\ 2\ \text{L} \quad 900\ \text{mL} \\ \hline \boxed{}\ \text{L} \quad \boxed{}\ \text{mL} \end{array}$$

㉒
$$\begin{array}{r} 10\ \text{L} \quad 250\ \text{mL} \\ -\ 4\ \text{L} \quad 950\ \text{mL} \\ \hline \boxed{}\ \text{L} \quad \boxed{}\ \text{mL} \end{array}$$

㉓
$$\begin{array}{r} 12\ \text{L} \quad 300\ \text{mL} \\ -\ 9\ \text{L} \quad 750\ \text{mL} \\ \hline \boxed{}\ \text{L} \quad \boxed{}\ \text{mL} \end{array}$$

㉔
$$\begin{array}{r} 15\ \text{L} \quad 100\ \text{mL} \\ -\ 7\ \text{L} \quad 850\ \text{mL} \\ \hline \boxed{}\ \text{L} \quad \boxed{}\ \text{mL} \end{array}$$

○ 계산해 보시오.

①
```
    3 L   400 mL
 −  1 L   200 mL
─────────────────
```

②
```
    4 L   600 mL
 −  2 L   500 mL
─────────────────
```

③
```
    4 L   840 mL
 −  3 L   100 mL
─────────────────
```

④
```
    5 L   200 mL
 −  1 L   700 mL
─────────────────
```

⑤
```
    6 L   500 mL
 −  4 L   900 mL
─────────────────
```

⑥
```
    7 L   100 mL
 −  2 L   300 mL
─────────────────
```

⑦
```
    7 L   650 mL
 −  5 L   800 mL
─────────────────
```

⑧
```
    8 L   150 mL
 −  1 L   450 mL
─────────────────
```

⑨
```
    9 L   150 mL
 −  4 L   610 mL
─────────────────
```

⑩
```
   11 L   300 mL
 −  5 L   950 mL
─────────────────
```

⑪
```
   14 L   240 mL
 −  7 L   590 mL
─────────────────
```

⑫
```
   17 L   450 mL
 −  9 L   800 mL
─────────────────
```

⑬ 2 L 500 mL − 1 L 400 mL
=

⑭ 3 L 500 mL − 2 L 200 mL
=

⑮ 4 L 900 mL − 1 L 700 mL
=

⑯ 5 L 200 mL − 3 L 100 mL
=

⑰ 5 L 750 mL − 1 L 100 mL
=

⑱ 6 L 470 mL − 4 L 130 mL
=

⑲ 7 L 900 mL − 5 L 350 mL
=

⑳ 8 L 300 mL − 5 L 800 mL
=

㉑ 9 L 100 mL − 2 L 500 mL
=

㉒ 9 L 230 mL − 3 L 400 mL
=

㉓ 10 L 450 mL − 7 L 720 mL
=

㉔ 13 L 700 mL − 4 L 950 mL
=

㉕ 16 L 250 mL − 7 L 600 mL
=

㉖ 18 L 750 mL − 8 L 850 mL
=

2 ~ 3 다르게 풀기

○ 빈칸에 알맞은 들이를 써넣으시오.

1
+3 L 100 mL
1 L 700 mL → ☐
• 1L 700 mL+3 L 100 mL를 계산해요.

2
+1 L 400 mL
2 L 900 mL → ☐

3
+4 L 900 mL
4 L 200 mL → ☐

4
+2 L 400 mL
5 L 270 mL → ☐

5
+3 L 800 mL
8 L 350 mL → ☐

6
−1 L 200 mL
3 L 600 mL → ☐
• 3 L 600 mL−1 L 200 mL를 계산해요.

7
−3 L 400 mL
5 L 200 mL → ☐

8
−2 L 100 mL
6 L 400 mL → ☐

9
−7 L 350 mL
9 L 160 mL → ☐

10
−5 L 950 mL
12 L 600 mL → ☐

⑪ 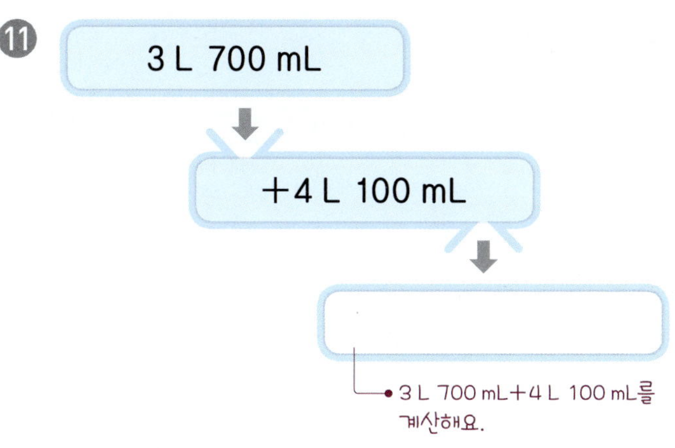

⑭ 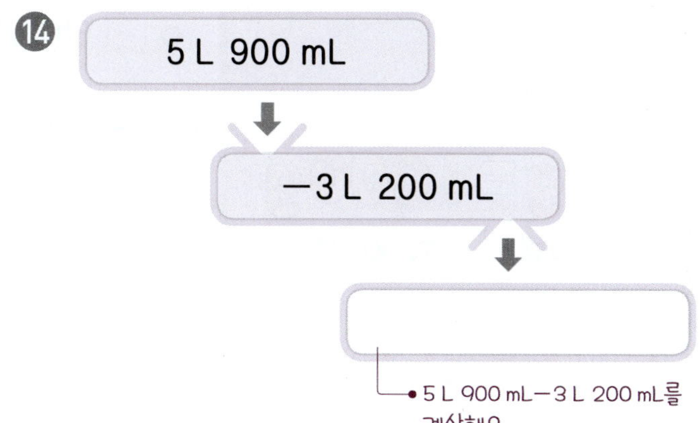

⑫ 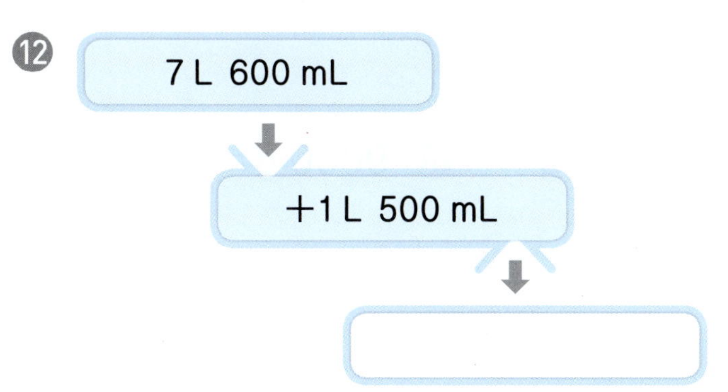

⑮ 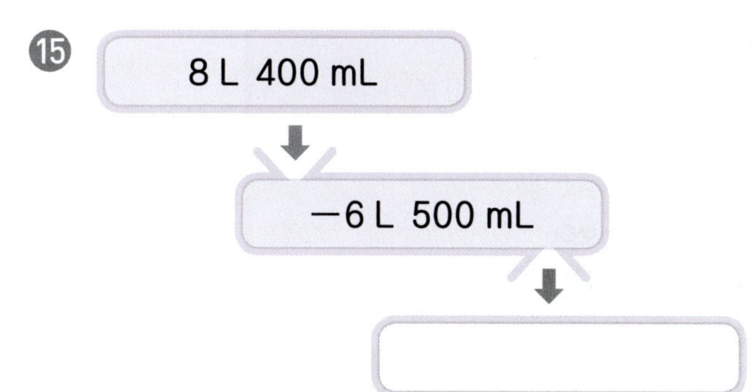

⑬ 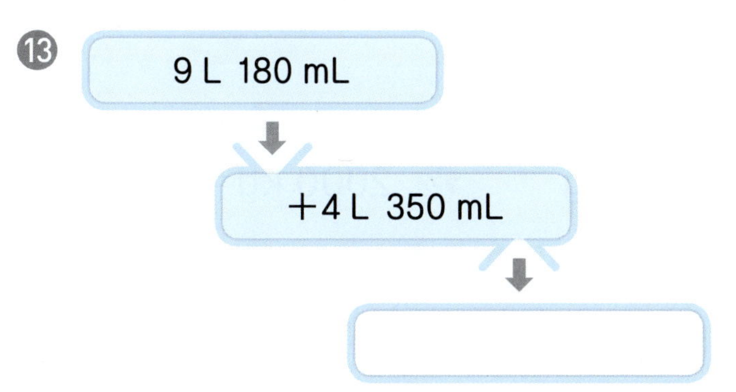

⑯ 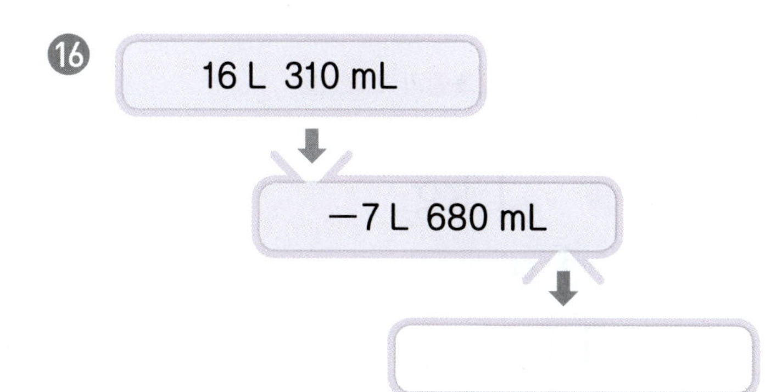

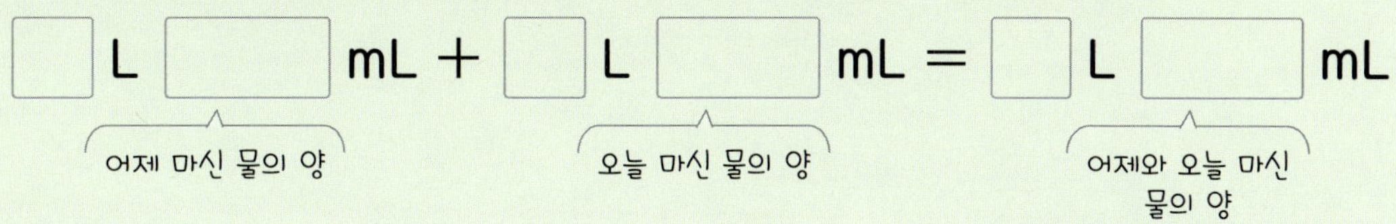

⑰ 진호는 물을 어제 1 L 350 mL 마셨고, 오늘 1 L 800 mL 마셨습니다. 진호가 어제와 오늘 마신 물은 모두 몇 L 몇 mL인지 구해 보시오.

☐ L ☐ mL + ☐ L ☐ mL = ☐ L ☐ mL

어제 마신 물의 양   오늘 마신 물의 양   어제와 오늘 마신 물의 양

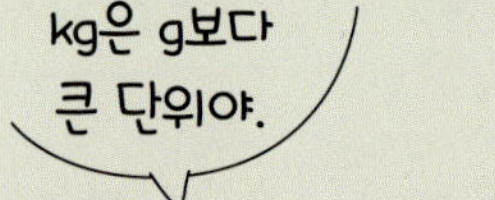

1 kg = 1000 g
1 킬로그램   1000 그램

1 kg 300 g
1 킬로그램   300 그램
=
1300 g

1 t = 1000 kg

● **무게의 단위**

무게의 단위에는 **킬로그램**과 **그램**, **톤**
등이 있습니다.

1 킬로그램 ⇨ 1 kg

1 그램 ⇨ 1 g

1 톤 ⇨ 1 t

> · 1 kg=1000 g
> · 1 t=1000 kg

● **몇 kg 몇 g과 몇 g으로 나타내기**

1 kg 300 g(**1 킬로그램 300 그램**)
: 1 kg보다 300 g 더 무거운 무게

> 1 kg 300 g=1300 g

○ ☐ 안에 알맞은 수를 써넣으시오.

❶ 2 kg = ☐ g

❷ 3 kg = ☐ g

❸ 8 kg = ☐ g

❹ 12 kg = ☐ g

❺ 1 t = ☐ kg

❻ 5 t = ☐ kg

❼ 24 t = ☐ kg

❽ 1000 g = ☐ kg

❾ 4000 g = ☐ kg

❿ 9000 g = ☐ kg

⓫ 15000 g = ☐ kg

⓬ 2000 kg = ☐ t

⓭ 7000 kg = ☐ t

⓮ 13000 kg = ☐ t

정답 • 20쪽

⑮ 1 kg 400 g = ☐ g

⑯ 4 kg 600 g = ☐ g

⑰ 5 kg 520 g = ☐ g

⑱ 8 kg 10 g = ☐ g

⑲ 19 kg 900 g = ☐ g

⑳ 27 kg 210 g = ☐ g

㉑ 32 kg 70 g = ☐ g

㉒ 1200 g = ☐ kg ☐ g

㉓ 2800 g = ☐ kg ☐ g

㉔ 3140 g = ☐ kg ☐ g

㉕ 7530 g = ☐ kg ☐ g

㉖ 13750 g = ☐ kg ☐ g

㉗ 20480 g = ☐ kg ☐ g

㉘ 27065 g = ☐ kg ☐ g

○ ☐ 안에 알맞은 수를 써넣으시오.

1 1 kg = ☐ g

2 4 kg = ☐ g

3 9 kg = ☐ g

4 41 kg = ☐ g

5 2 t = ☐ kg

6 7 t = ☐ kg

7 14 t = ☐ kg

8 2 kg 700 g = ☐ g

9 3 kg 100 g = ☐ g

10 5 kg 900 g = ☐ g

11 8 kg 380 g = ☐ g

12 15 kg 540 g = ☐ g

13 37 kg 75 g = ☐ g

14 50 kg 60 g = ☐ g

정답 · 20쪽

⑮ 3000 g = ☐ kg

⑯ 7000 g = ☐ kg

⑰ 8000 g = ☐ kg

⑱ 35000 g = ☐ kg

⑲ 1000 kg = ☐ t

⑳ 5000 kg = ☐ t

㉑ 29000 kg = ☐ t

㉒ 1900 g = ☐ kg ☐ g

㉓ 4200 g = ☐ kg ☐ g

㉔ 6550 g = ☐ kg ☐ g

㉕ 9100 g = ☐ kg ☐ g

㉖ 10160 g = ☐ kg ☐ g

㉗ 23045 g = ☐ kg ☐ g

㉘ 41080 g = ☐ kg ☐ g

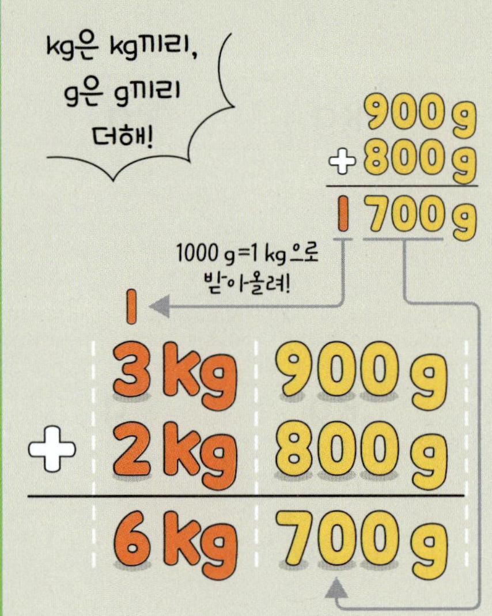

• **무게의 덧셈**

· kg은 kg끼리 더하고, g은 g끼리
  더합니다.

· g끼리의 합이 1000보다 크거나
  같으면 1000 g을 1 kg으로 받아
  올림합니다.

	3 kg	900 g
+	2 kg	800 g
	5 kg	1700 g
	+1 kg ← −1000 g	
	6 kg	700 g

○ 계산해 보시오.

❶

	1	kg	300	g
+	1	kg	200	g
		kg		g

❷

	2	kg	200	g
+	3	kg	400	g
		kg		g

❸

	3	kg	500	g
+	1	kg	300	g
		kg		g

❹

	3	kg	800	g
+	4	kg	100	g
		kg		g

❺

	4	kg	100	g
+	2	kg	600	g
		kg		g

❻

	5	kg	400	g
+	1	kg	500	g
		kg		g

❼

	5	kg	800	g
+	4	kg	150	g
		kg		g

❽

	6	kg	460	g
+	1	kg	200	g
		kg		g

❾

	7	kg	200	g
+	1	kg	550	g
		kg		g

❿

	7	kg	350	g
+	3	kg	400	g
		kg		g

⓫

	8	kg	210	g
+	4	kg	640	g
		kg		g

⓬

	9	kg	550	g
+	5	kg	150	g
		kg		g

정답 · 20쪽

⑬
	1	kg	900	g
+	4	kg	300	g
	☐	kg	☐	g

⑭
	2	kg	400	g
+	3	kg	700	g
	☐	kg	☐	g

⑮
	2	kg	800	g
+	1	kg	500	g
	☐	kg	☐	g

⑯
	3	kg	600	g
+	2	kg	900	g
	☐	kg	☐	g

⑰
	4	kg	500	g
+	1	kg	600	g
	☐	kg	☐	g

⑱
	4	kg	700	g
+	3	kg	800	g
	☐	kg	☐	g

⑲
	5	kg	430	g
+	2	kg	900	g
	☐	kg	☐	g

⑳
	5	kg	900	g
+	3	kg	650	g
	☐	kg	☐	g

㉑
	6	kg	550	g
+	2	kg	700	g
	☐	kg	☐	g

㉒
	7	kg	700	g
+	5	kg	480	g
	☐	kg	☐	g

㉓
	8	kg	350	g
+	8	kg	800	g
	☐	kg	☐	g

㉔
	9	kg	150	g
+	1	kg	950	g
	☐	kg	☐	g

○ 계산해 보시오.

❶
$$\begin{array}{r} 1\,\text{kg} \quad 400\,\text{g} \\ +\ 5\,\text{kg} \quad 100\,\text{g} \\ \hline \end{array}$$

❷
$$\begin{array}{r} 2\,\text{kg} \quad 700\,\text{g} \\ +\ 4\,\text{kg} \quad 200\,\text{g} \\ \hline \end{array}$$

❸
$$\begin{array}{r} 3\,\text{kg} \quad 100\,\text{g} \\ +\ 1\,\text{kg} \quad 850\,\text{g} \\ \hline \end{array}$$

❹
$$\begin{array}{r} 4\,\text{kg} \quad 300\,\text{g} \\ +\ 2\,\text{kg} \quad 900\,\text{g} \\ \hline \end{array}$$

❺
$$\begin{array}{r} 4\,\text{kg} \quad 800\,\text{g} \\ +\ 3\,\text{kg} \quad 600\,\text{g} \\ \hline \end{array}$$

❻
$$\begin{array}{r} 5\,\text{kg} \quad 500\,\text{g} \\ +\ 1\,\text{kg} \quad 700\,\text{g} \\ \hline \end{array}$$

❼
$$\begin{array}{r} 5\,\text{kg} \quad 650\,\text{g} \\ +\ 3\,\text{kg} \quad 900\,\text{g} \\ \hline \end{array}$$

❽
$$\begin{array}{r} 6\,\text{kg} \quad 200\,\text{g} \\ +\ 2\,\text{kg} \quad 970\,\text{g} \\ \hline \end{array}$$

❾
$$\begin{array}{r} 7\,\text{kg} \quad 540\,\text{g} \\ +\ 1\,\text{kg} \quad 800\,\text{g} \\ \hline \end{array}$$

❿
$$\begin{array}{r} 8\,\text{kg} \quad 730\,\text{g} \\ +\ 3\,\text{kg} \quad 550\,\text{g} \\ \hline \end{array}$$

⓫
$$\begin{array}{r} 8\,\text{kg} \quad 950\,\text{g} \\ +\ 1\,\text{kg} \quad 200\,\text{g} \\ \hline \end{array}$$

⓬
$$\begin{array}{r} 9\,\text{kg} \quad 750\,\text{g} \\ +\ 9\,\text{kg} \quad 550\,\text{g} \\ \hline \end{array}$$

정답 • 21쪽

⑬ 1 kg 100 g＋1 kg 500 g
=

⑭ 1 kg 600 g＋6 kg 300 g
=

⑮ 2 kg 500 g＋4 kg 100 g
=

⑯ 3 kg 400 g＋2 kg 300 g
=

⑰ 3 kg 760 g＋5 kg 200 g
=

⑱ 4 kg 320 g＋1 kg 410 g
=

⑲ 4 kg 650 g＋3 kg 100 g
=

⑳ 5 kg 700 g＋2 kg 700 g
=

㉑ 6 kg 400 g＋2 kg 900 g
=

㉒ 6 kg 800 g＋1 kg 240 g
=

㉓ 7 kg 480 g＋4 kg 700 g
=

㉔ 8 kg 520 g＋6 kg 810 g
=

㉕ 9 kg 450 g＋1 kg 950 g
=

㉖ 9 kg 600 g＋7 kg 450 g
=

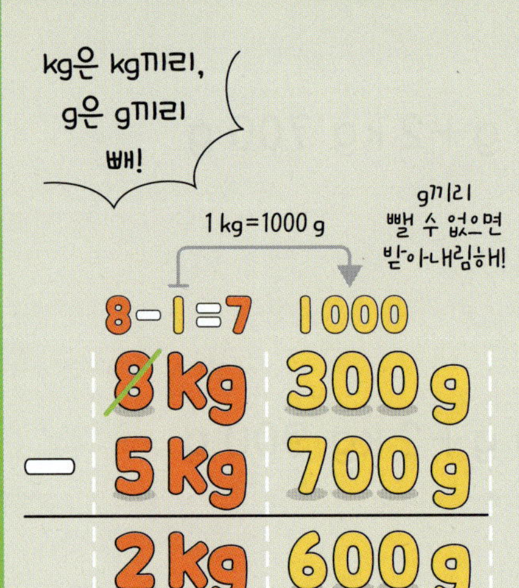

● 무게의 뺄셈

- kg은 kg끼리 빼고, g은 g끼리 뺍니다.

- g끼리 뺄 수 없을 때에는 1 kg을 1000 g으로 받아내림합니다.

	7	1000
	8 kg	300 g
−	5 kg	700 g
	2 kg	600 g

○ 계산해 보시오.

①

	2	kg	500	g
−	1	kg	400	g
		kg		g

②

	3	kg	600	g
−	2	kg	300	g
		kg		g

③

	4	kg	900	g
−	1	kg	500	g
		kg		g

④

	5	kg	400	g
−	4	kg	100	g
		kg		g

⑤

	6	kg	800	g
−	3	kg	700	g
		kg		g

⑥

	7	kg	500	g
−	5	kg	200	g
		kg		g

⑦

	8	kg	750	g
−	6	kg	600	g
		kg		g

⑧

	9	kg	460	g
−	1	kg	160	g
		kg		g

⑨

	9	kg	930	g
−	6	kg	710	g
		kg		g

⑩

	10	kg	300	g
−	7	kg	140	g
		kg		g

⑪

	12	kg	650	g
−	4	kg	300	g
		kg		g

⑫

	15	kg	500	g
−	9	kg	250	g
		kg		g

정답 · 21쪽

⑬   3 kg   100 g
— 1 kg   800 g
☐ kg ☐ g

⑭   4 kg   500 g
— 2 kg   700 g
☐ kg ☐ g

⑮   4 kg   800 g
— 1 kg   900 g
☐ kg ☐ g

⑯   5 kg   300 g
— 1 kg   500 g
☐ kg ☐ g

⑰   6 kg   200 g
— 2 kg   700 g
☐ kg ☐ g

⑱   6 kg   500 g
— 4 kg   600 g
☐ kg ☐ g

⑲   7 kg   140 g
— 3 kg   200 g
☐ kg ☐ g

⑳   8 kg   300 g
— 4 kg   750 g
☐ kg ☐ g

㉑   9 kg   260 g
— 7 kg   520 g
☐ kg ☐ g

㉒ 11 kg   400 g
— 6 kg   980 g
☐ kg ☐ g

㉓ 14 kg   300 g
— 5 kg   650 g
☐ kg ☐ g

㉔ 17 kg   250 g
— 8 kg   300 g
☐ kg ☐ g

○ 계산해 보시오.

1
```
    3 kg   800 g
 −  1 kg   600 g
```

2
```
    4 kg   200 g
 −  2 kg   100 g
```

3
```
    5 kg   670 g
 −  4 kg   300 g
```

4
```
    6 kg   300 g
 −  4 kg   700 g
```

5
```
    6 kg   500 g
 −  2 kg   900 g
```

6
```
    7 kg   100 g
 −  5 kg   800 g
```

7
```
    8 kg   250 g
 −  3 kg   700 g
```

8
```
    8 kg   390 g
 −  6 kg   520 g
```

9
```
    9 kg   240 g
 −  1 kg   310 g
```

10
```
   13 kg   700 g
 −  5 kg   850 g
```

11
```
   15 kg   150 g
 −  8 kg   750 g
```

12
```
   16 kg   650 g
 −  9 kg   900 g
```

정답 • 21쪽

⑬ 2 kg 700 g−1 kg 500 g
=

⑭ 3 kg 400 g−2 kg 300 g
=

⑮ 4 kg 600 g−1 kg 100 g
=

⑯ 5 kg 500 g−3 kg 400 g
=

⑰ 5 kg 910 g−1 kg 700 g
=

⑱ 6 kg 840 g−5 kg 340 g
=

⑲ 7 kg 400 g−1 kg 150 g
=

⑳ 7 kg 700 g−3 kg 900 g
=

㉑ 8 kg 200 g−1 kg 400 g
=

㉒ 9 kg 170 g−5 kg 500 g
=

㉓ 10 kg 520 g−2 kg 800 g
=

㉔ 11 kg 300 g−6 kg 920 g
=

㉕ 14 kg 250 g−8 kg 650 g
=

㉖ 19 kg 400 g−9 kg 750 g
=

○ 빈칸에 알맞은 무게를 써넣으시오.

1

+3 kg 100 g

1 kg 800 g → ☐

• 1 kg 800 g+3 kg 100 g을 계산해요.

2

+5 kg 600 g

3 kg 600 g → ☐

3

+1 kg 900 g

4 kg 200 g → ☐

4

+3 kg 400 g

6 kg 350 g → ☐

5

+6 kg 850 g

7 kg 650 g → ☐

6

−2 kg 300 g

4 kg 700 g → ☐

• 4 kg 700 g−2 kg 300 g을 계산해요.

7

−1 kg 600 g

5 kg 300 g → ☐

8

−7 kg 500 g

8 kg 900 g → ☐

9

−3 kg 760 g

9 kg 100 g → ☐

10

−8 kg 500 g

13 kg 650 g → ☐

⑪

2 kg 500 g

↓

+1 kg 200 g

↓

[ ]

└ • 2 kg 500 g＋1 kg 200 g을 계산해요.

⑭

3 kg 400 g

↓

−1 kg 300 g

↓

[ ]

└ • 3 kg 400 g−1 kg 300 g을 계산해요.

⑫

5 kg 300 g

↓

+2 kg 800 g

↓

[ ]

⑮

7 kg 200 g

↓

−3 kg 600 g

↓

[ ]

⑬

9 kg 150 g

↓

+2 kg 670 g

↓

[ ]

⑯

18 kg 520 g

↓

−8 kg 970 g

↓

[ ]

문장제 속 현산

⑰ 과수원에서 귤을 6 kg 700 g 땄습니다. 그중에서 5 kg 200 g을 포장했다면 포장하고 남은 귤은 몇 kg 몇 g인지 구해 보시오.

[ ] kg [ ] g − [ ] kg [ ] g = [ ] kg [ ] g

과수원에서 딴 귤의 무게   포장한 귤의 무게   포장하고 남은 귤의 무게

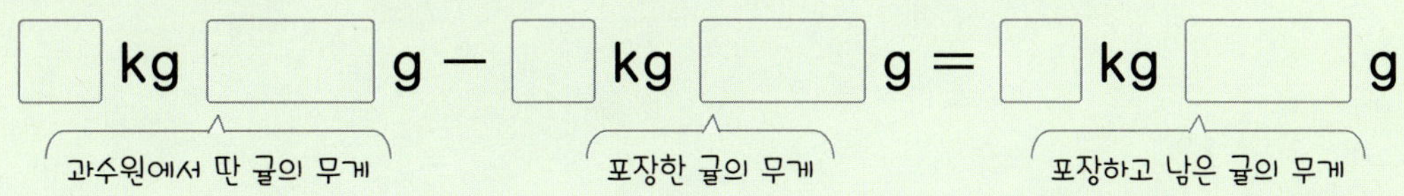

○ ☐ 안에 알맞은 수를 써넣으시오.

1   2 L = ☐ mL

2   3 L 700 mL = ☐ mL

3   8140 mL = ☐ L ☐ mL

4   5 kg = ☐ g

5   9000 kg = ☐ t

6   4 kg 820 g = ☐ g

7   13040 g = ☐ kg ☐ g

○ 계산해 보시오.

8
$$\begin{array}{r} 2\,\text{L} \quad 600\,\text{mL} \\ +\ 4\,\text{L} \quad 100\,\text{mL} \\ \hline \end{array}$$

9
$$\begin{array}{r} 6\,\text{L} \quad 800\,\text{mL} \\ +\ 1\,\text{L} \quad 450\,\text{mL} \\ \hline \end{array}$$

10
$$\begin{array}{r} 7\,\text{L} \quad 900\,\text{mL} \\ -\ 3\,\text{L} \quad 250\,\text{mL} \\ \hline \end{array}$$

11
$$\begin{array}{r} 4\,\text{kg} \quad 400\,\text{g} \\ +\ 1\,\text{kg} \quad 200\,\text{g} \\ \hline \end{array}$$

12
$$\begin{array}{r} 5\,\text{kg} \quad 750\,\text{g} \\ -\ 2\,\text{kg} \quad 900\,\text{g} \\ \hline \end{array}$$

13
$$\begin{array}{r} 9\,\text{kg} \quad 250\,\text{g} \\ -\ 4\,\text{kg} \quad 150\,\text{g} \\ \hline \end{array}$$

14 3 L 160 mL＋1 L 500 mL
　　=

15 8 L 200 mL＋5 L 900 mL
　　=

16 9 L 650 mL－4 L 100 mL
　　=

17 11 L 300 mL－8 L 700 mL
　　=

18 1 kg 700 g＋3 kg 150 g
　　=

19 6 kg 470 g＋5 kg 800 g
　　=

20 8 kg 500 g－4 kg 900 g
　　=

○ 빈칸에 알맞은 들이를 써넣으시오.

21
＋4 L 900 mL
4 L 700 mL →

22
－1 L 850 mL
5 L 300 mL →

○ 빈칸에 알맞은 무게를 써넣으시오.

23
＋1 kg 400 g
2 kg 900 g →

24
－4 kg 270 g
7 kg 900 g →

25
－8 kg 600 g
12 kg 150 g →

5단원의 연산 실력을 보충하고 싶다면 클리닉 북 27~32쪽을 풀어 보세요.

그림그래프

학습 내용	학습 회차	걸린 시간
① 그림그래프	1일 차	/4분
② 그림그래프로 나타내기	2일 차	/5분
평가 6. 그림그래프	3일 차	/13분

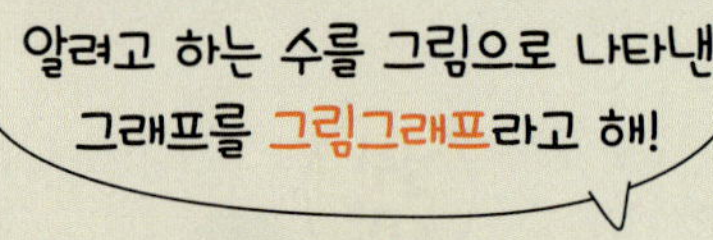

하루 동안 팔린 꽃의 수

종류	꽃의 수	
장미		21
튤립		18
백합		24
수국		12

- 그림그래프

그림그래프: 알려고 하는 수(조사한 수)를 그림으로 나타낸 그래프

학생들이 좋아하는 과일

과일	학생 수
사과	
딸기	
귤	

10명   1명

- 사과를 좋아하는 학생은 13명입니다.
- 좋아하는 학생 수가 많은 과일부터 순서대로 쓰면 딸기, 귤, 사과입니다.

○ 세영이네 학교의 도서관에 있는 책을 조사하여 그림그래프로 나타내었습니다. 물음에 답하시오.

도서관에 있는 책의 수

종류	책의 수
동화책	
위인전	
과학책	
백과사전	

책 10권
책 1권

❶ 그림 █ 과 █ 은 각각 몇 권을 나타내고 있습니까?

█ (   ), █ (   )

❷ 동화책은 몇 권 있습니까?

(   )

❸ 가장 많이 있는 책은 무엇이고, 몇 권입니까?

(,   )

❹ 동화책과 위인전 중에서 더 많이 있는 책은 무엇입니까?

(   )

정답 • 22쪽

○ 수지네 학교 3학년 학생들이 좋아하는 과목을 조사하여 그림그래프로 나타내었습니다. 물음에 답하시오.

학생들이 좋아하는 과목

과목	학생 수
국어	
수학	
사회	
과학	

😊 10명
😊 1명

⑤ 그림 😊과 😊은 각각 몇 명을 나타내고 있습니까?

😊 (   ), 😊 (   )

⑥ 과학을 좋아하는 학생은 몇 명입니까?

(   )

⑦ 좋아하는 학생 수가 많은 과목부터 순서대로 써 보시오.

(   )

⑧ 국어를 좋아하는 학생은 사회를 좋아하는 학생보다 몇 명 더 많습니까?

(   )

그림의 가짓수와 종류, 단위를 정하고, 조사한 수에 맞게 그림을 그려 봐.

안경을 쓴 학생 수

반	학생 수
1반	
2반	
3반	
4반	

😀10명 🙂1명

● **그림그래프로 나타내는 방법**

① 그림을 몇 가지로 나타낼 것인지 정합니다.

② 어떤 그림으로 나타낼 것인지 정합니다.

③ 그림으로 나타낼 단위는 어떻게 할 것인지 정합니다.

목장별 우유 생산량

목장	바람	하늘	구름	합계
생산량(kg)	25	17	31	73

⬇

목장별 우유 생산량

목장	우유 생산량
바람	
하늘	
구름	

🥛10 kg 🥛1 kg

○ 표를 보고 그림그래프로 나타내어 보시오.

1 색깔별 구슬 수

색깔	빨간색	노란색	파란색	보라색	합계
구슬 수(개)	52	27	44	30	153

색깔별 구슬 수

색깔	구슬 수
빨간색	◎ ◎ ◎ ◎ ◎ ○ ○
노란색	
파란색	
보라색	

◎10개 ○1개

2 학예회 종목별 참가 학생 수

종목	무용	합창	합주	연극	합계
학생 수(명)	15	41	34	27	117

학예회 종목별 참가 학생 수

종목	학생 수
무용	◎ ○ ○ ○ ○ ○
합창	
합주	
연극	

◎10명 ○1명

③ 학생들의 혈액형

혈액형	A형	B형	AB형	O형	합계
학생 수 (명)	34	20	12	26	92

학생들의 혈액형

혈액형	학생 수
A형	
B형	
AB형	
O형	

◎ 10명   ○ 1명

⑤ 마을별 자동차 수

마을	가	나	다	라	합계
자동차 수(대)	21	17	32	24	94

마을별 자동차 수

마을	자동차 수
가	
나	
다	
라	

◎ 10대   ○ 1대

④ 진아와 친구들이 줄넘기를 한 횟수

이름	진아	선호	하나	미정	합계
줄넘기 횟수(회)	33	42	15	51	141

진아와 친구들이 줄넘기를 한 횟수

이름	줄넘기 횟수
진아	
선호	
하나	
미정	

◎ 10회   ○ 1회

⑥ 학생들이 좋아하는 운동

운동	야구	축구	농구	배구	합계
학생 수 (명)	35	43	16	24	118

학생들이 좋아하는 운동

운동	학생 수
야구	
축구	
농구	
배구	

◎ 10명   ○ 1명

○ 영지와 친구들이 훌라후프를 한 횟수를 조사하여 그림그래프로 나타내었습니다. 물음에 답하시오.

영지와 친구들이 훌라후프를 한 횟수

이름	훌라후프 횟수
영지	◯ ◯ ◯ ◯
미혜	◯ ◯ ◦
경호	◯ ◯ ◯ ◯ ◦ ◦
재우	◯ ◦ ◦ ◦ ◦ ◦ ◦

◯ 10회   ◦ 1회

1 그림 ◯과 ◦은 각각 몇 회를 나타내고 있습니까?

◯ (   )
◦ (   )

2 영지가 훌라후프를 한 횟수는 몇 회입니까?

(   )

3 훌라후프를 가장 적게 한 사람은 누구입니까?

(   )

4 훌라후프를 많이 한 사람부터 순서대로 이름을 써 보시오.

(   )

○ 연화네 학교 3학년 학생들이 가고 싶어 하는 나라를 조사하여 그림그래프로 나타내었습니다. 물음에 답하시오.

학생들이 가고 싶어 하는 나라

나라	학생 수
미국	☺ ☺ ☺ ☺ ◦
독일	☺ ◦ ◦ ◦ ◦
태국	☺ ◦ ◦ ◦ ◦ ◦
호주	☺ ☺ ☺ ◦ ◦

☺ 10명   ◦ 1명

5 그림 ☺과 ◦은 각각 몇 명을 나타내고 있습니까?

☺ (   )
◦ (   )

6 호주에 가고 싶어 하는 학생은 몇 명입니까?

(   )

7 가고 싶어 하는 학생이 가장 많은 나라는 어디입니까?

(   )

8 미국에 가고 싶어 하는 학생은 태국에 가고 싶어 하는 학생보다 몇 명 더 많습니까?

(   )

○ 표를 보고 그림그래프로 나타내어 보시오.

9

과수원별 귤 생산량

과수원	가	나	다	라	합계
생산량 (상자)	30	17	11	34	92

과수원별 귤 생산량

과수원	귤 생산량
가	
나	
다	
라	

◎ 10상자　○ 1상자

10

도서관에서 빌려 온 책의 수

월	9월	10월	11월	12월	합계
책의 수 (권)	41	34	15	26	116

도서관에서 빌려 온 책의 수

월	책의 수
9월	
10월	
11월	
12월	

◎ 10권　○ 1권

11

목장에서 기르고 있는 동물 수

종류	소	돼지	오리	닭	합계
동물 수 (마리)	9	27	15	40	91

목장에서 기르고 있는 동물 수

종류	동물 수
소	
돼지	
오리	
닭	

◎ 10마리　○ 1마리

12

마을별 심은 나무 수

마을	가	나	다	라	합계
나무 수 (그루)	13	24	36	32	105

마을별 심은 나무 수

마을	나무 수
가	
나	
다	
라	

◎ 10그루　○ 1그루

🔗 6단원의 연산 실력을 보충하고 싶다면 **클리닉 북 33~34쪽**을 풀어 보세요.

memo

개념 + 연산 라이트

클리닉 북

「메인 북」에서 단원별 평가 후 부족한 연산력은 「클리닉 북」에서 보완합니다.

차례 3-2

 **1** 올림이 없는 (세 자리 수) × (한 자리 수)

정답 · 24쪽

○ 계산해 보시오.

①
```
    1 2 4
  ×     2
```

②
```
    1 3 3
  ×     3
```

③
```
    1 3 4
  ×     2
```

④
```
    2 0 3
  ×     2
```

⑤
```
    2 3 3
  ×     3
```

⑥
```
    3 0 1
  ×     3
```

⑦
```
    3 1 2
  ×     2
```

⑧
```
    4 1 0
  ×     2
```

⑨
```
    4 2 2
  ×     2
```

⑩ $132 \times 2 =$

⑪ $144 \times 2 =$

⑫ $214 \times 2 =$

⑬ $221 \times 3 =$

⑭ $234 \times 2 =$

⑮ $310 \times 3 =$

⑯ $323 \times 3 =$

⑰ $401 \times 2 =$

⑱ $434 \times 2 =$

2 일의 자리에서 올림이 있는 (세 자리 수) × (한 자리 수)

정답 · 24쪽

○ 계산해 보시오.

①
```
  1 1 7
×     3
```

②
```
  1 2 4
×     3
```

③
```
  1 2 5
×     2
```

④
```
  2 1 6
×     4
```

⑤
```
  2 2 5
×     3
```

⑥
```
  3 0 6
×     3
```

⑦
```
  3 2 9
×     2
```

⑧
```
  4 1 8
×     2
```

⑨
```
  4 2 5
×     2
```

⑩ $109 \times 7 =$

⑪ $126 \times 3 =$

⑫ $137 \times 2 =$

⑬ $217 \times 4 =$

⑭ $227 \times 2 =$

⑮ $239 \times 2 =$

⑯ $316 \times 3 =$

⑰ $328 \times 2 =$

⑱ $437 \times 2 =$

3 십, 백의 자리에서 올림이 있는 (세 자리 수) × (한 자리 수)

정답 · 24쪽

○ 계산해 보시오.

❶
```
    1 6 1
  ×     5
```

❷
```
    2 9 2
  ×     3
```

❸
```
    3 5 2
  ×     2
```

❹
```
    4 1 1
  ×     5
```

❺
```
    5 0 1
  ×     9
```

❻
```
    6 2 1
  ×     4
```

❼
```
    7 2 0
  ×     8
```

❽
```
    8 6 2
  ×     3
```

❾
```
    9 5 4
  ×     2
```

❿ $163 \times 3 =$

⓫ $272 \times 3 =$

⓬ $392 \times 2 =$

⓭ $401 \times 7 =$

⓮ $543 \times 2 =$

⓯ $612 \times 3 =$

⓰ $761 \times 5 =$

⓱ $892 \times 4 =$

⓲ $984 \times 2 =$

4 (몇십) × (몇십)

정답 • 24쪽

○ 계산해 보시오.

❶
```
    2 0
  × 5 0
```

❷
```
    3 0
  × 4 0
```

❸
```
    4 0
  × 6 0
```

❹
```
    5 0
  × 8 0
```

❺
```
    6 0
  × 2 0
```

❻
```
    6 0
  × 6 0
```

❼
```
    7 0
  × 5 0
```

❽
```
    8 0
  × 3 0
```

❾
```
    9 0
  × 7 0
```

⑩ $20 \times 90 =$

⑪ $30 \times 70 =$

⑫ $40 \times 50 =$

⑬ $40 \times 70 =$

⑭ $50 \times 50 =$

⑮ $60 \times 90 =$

⑯ $70 \times 80 =$

⑰ $80 \times 60 =$

⑱ $90 \times 20 =$

5 (몇십몇) × (몇십)

○ 계산해 보시오.

❶
```
    1 3
×   3 0
─────────
```

❷
```
    2 8
×   3 0
─────────
```

❸
```
    3 9
×   5 0
─────────
```

❹
```
    4 6
×   7 0
─────────
```

❺
```
    5 2
×   4 0
─────────
```

❻
```
    6 6
×   2 0
─────────
```

❼
```
    7 5
×   5 0
─────────
```

❽
```
    8 2
×   3 0
─────────
```

❾
```
    9 7
×   6 0
─────────
```

❿ $19 \times 50 =$

⓫ $25 \times 30 =$

⓬ $37 \times 30 =$

⓭ $48 \times 50 =$

⓮ $54 \times 40 =$

⓯ $69 \times 60 =$

⓰ $77 \times 20 =$

⓱ $86 \times 80 =$

⓲ $93 \times 70 =$

 **6** (몇) × (몇십몇)

정답 • 24쪽

○ 계산해 보시오.

①
```
     2
  ×  2 7
```

②
```
     2
  ×  9 6
```

③
```
     3
  ×  4 7
```

④
```
     4
  ×  3 8
```

⑤
```
     5
  ×  1 3
```

⑥
```
     6
  ×  3 3
```

⑦
```
     7
  ×  5 4
```

⑧
```
     8
  ×  2 5
```

⑨
```
     9
  ×  7 7
```

⑩ $2 \times 54 =$

⑪ $3 \times 68 =$

⑫ $4 \times 26 =$

⑬ $5 \times 34 =$

⑭ $6 \times 12 =$

⑮ $6 \times 83 =$

⑯ $7 \times 36 =$

⑰ $8 \times 63 =$

⑱ $9 \times 45 =$

7 올림이 한 번 있는 (몇십몇) × (몇십몇)

○ 계산해 보시오.

①
$$\begin{array}{r} 1\ 3 \\ \times\ 3\ 5 \\ \hline \end{array}$$

②
$$\begin{array}{r} 2\ 3 \\ \times\ 1\ 4 \\ \hline \end{array}$$

③
$$\begin{array}{r} 3\ 8 \\ \times\ 1\ 2 \\ \hline \end{array}$$

④
$$\begin{array}{r} 4\ 2 \\ \times\ 2\ 4 \\ \hline \end{array}$$

⑤
$$\begin{array}{r} 5\ 3 \\ \times\ 1\ 2 \\ \hline \end{array}$$

⑥
$$\begin{array}{r} 6\ 2 \\ \times\ 1\ 2 \\ \hline \end{array}$$

⑦
$$\begin{array}{r} 7\ 1 \\ \times\ 1\ 8 \\ \hline \end{array}$$

⑧
$$\begin{array}{r} 8\ 3 \\ \times\ 3\ 1 \\ \hline \end{array}$$

⑨
$$\begin{array}{r} 9\ 1 \\ \times\ 1\ 9 \\ \hline \end{array}$$

⑩ $19 \times 15 =$

⑪ $24 \times 24 =$

⑫ $31 \times 34 =$

⑬ $41 \times 28 =$

⑭ $52 \times 13 =$

⑮ $63 \times 21 =$

⑯ $72 \times 14 =$

⑰ $81 \times 71 =$

⑱ $93 \times 13 =$

8 올림이 여러 번 있는 (몇십몇) × (몇십몇)

정답 • 25쪽

○ 계산해 보시오.

❶
$$\begin{array}{r} 1\ 8 \\ \times\ 3\ 4 \\ \hline \end{array}$$

❷
$$\begin{array}{r} 2\ 5 \\ \times\ 9\ 3 \\ \hline \end{array}$$

❸
$$\begin{array}{r} 3\ 6 \\ \times\ 2\ 5 \\ \hline \end{array}$$

❹
$$\begin{array}{r} 4\ 4 \\ \times\ 1\ 9 \\ \hline \end{array}$$

❺
$$\begin{array}{r} 5\ 7 \\ \times\ 6\ 2 \\ \hline \end{array}$$

❻
$$\begin{array}{r} 6\ 3 \\ \times\ 4\ 8 \\ \hline \end{array}$$

❼
$$\begin{array}{r} 7\ 6 \\ \times\ 2\ 7 \\ \hline \end{array}$$

❽
$$\begin{array}{r} 8\ 2 \\ \times\ 1\ 6 \\ \hline \end{array}$$

❾
$$\begin{array}{r} 9\ 5 \\ \times\ 3\ 8 \\ \hline \end{array}$$

❿ $15 \times 85 =$

⓫ $28 \times 42 =$

⓬ $39 \times 17 =$

⓭ $47 \times 36 =$

⓮ $53 \times 29 =$

⓯ $68 \times 54 =$

⓰ $73 \times 28 =$

⓱ $87 \times 74 =$

⓲ $92 \times 36 =$

 1 (몇십)÷(몇)

정답 · 25쪽

 계산해 보시오.

① 2)4 0

② 5)5 0

③ 3)6 0

④ 2)8 0

⑤ 2)3 0

⑥ 4)6 0

⑦ 5)7 0

⑧ 2)9 0

⑨ 5)9 0

⑩ 60÷2＝

⑪ 70÷7＝

⑫ 80÷4＝

⑬ 90÷3＝

⑭ 50÷2＝

⑮ 60÷5＝

⑯ 70÷2＝

⑰ 80÷5＝

⑱ 90÷6＝

2 내림이 없는 (몇십몇)÷(몇)

정답 · 25쪽

○ 계산해 보시오.

① $2\overline{)2\ 4}$

② $2\overline{)2\ 6}$

③ $3\overline{)3\ 3}$

④ $3\overline{)3\ 9}$

⑤ $2\overline{)4\ 4}$

⑥ $3\overline{)6\ 3}$

⑦ $2\overline{)6\ 8}$

⑧ $4\overline{)8\ 4}$

⑨ $3\overline{)9\ 9}$

⑩ $28 \div 2 =$

⑪ $36 \div 3 =$

⑫ $42 \div 2 =$

⑬ $48 \div 4 =$

⑭ $55 \div 5 =$

⑮ $64 \div 2 =$

⑯ $69 \div 3 =$

⑰ $88 \div 2 =$

⑱ $93 \div 3 =$

3 내림이 있는 (몇십몇)÷(몇)

정답 • 25쪽

○ 계산해 보시오.

❶
$2\overline{)3\ 2}$

❷
$2\overline{)3\ 8}$

❸
$3\overline{)4\ 5}$

❹
$3\overline{)5\ 1}$

❺
$5\overline{)6\ 5}$

❻
$4\overline{)6\ 8}$

❼
$2\overline{)7\ 4}$

❽
$6\overline{)8\ 4}$

❾
$8\overline{)9\ 6}$

❿ $36 \div 2 =$

⓫ $42 \div 3 =$

⓬ $57 \div 3 =$

⓭ $64 \div 4 =$

⓮ $72 \div 3 =$

⓯ $75 \div 5 =$

⓰ $81 \div 3 =$

⓱ $84 \div 7 =$

⓲ $96 \div 6 =$

4 내림이 없고 나머지가 있는 (몇십몇)÷(몇)

정답 · 25쪽

○ 계산해 보시오.

① $3 \overline{)2\ 6}$

② $6 \overline{)3\ 5}$

③ $7 \overline{)5\ 9}$

④ $8 \overline{)6\ 6}$

⑤ $7 \overline{)6\ 7}$

⑥ $9 \overline{)8\ 7}$

⑦ $2 \overline{)4\ 3}$

⑧ $7 \overline{)7\ 9}$

⑨ $3 \overline{)9\ 7}$

⑩ $37 \div 4 =$

⑪ $46 \div 7 =$

⑫ $53 \div 6 =$

⑬ $63 \div 8 =$

⑭ $71 \div 8 =$

⑮ $83 \div 9 =$

⑯ $25 \div 2 =$

⑰ $64 \div 3 =$

⑱ $81 \div 4 =$

5 내림이 있고 나머지가 있는 (몇십몇)÷(몇)

정답 · 25쪽

○ 계산해 보시오.

❶ $2\overline{)3\ 7}$

❷ $3\overline{)4\ 1}$

❸ $4\overline{)5\ 1}$

❹ $4\overline{)5\ 4}$

❺ $5\overline{)6\ 4}$

❻ $3\overline{)7\ 3}$

❼ $6\overline{)7\ 7}$

❽ $6\overline{)8\ 5}$

❾ $4\overline{)9\ 9}$

❿ $33 \div 2 =$

⓫ $55 \div 3 =$

⓬ $57 \div 4 =$

⓭ $67 \div 5 =$

⓮ $71 \div 2 =$

⓯ $77 \div 4 =$

⓰ $85 \div 3 =$

⓱ $88 \div 6 =$

⓲ $95 \div 4 =$

6 나머지가 없는 (세 자리 수)÷(한 자리 수)

정답 · 25쪽

○ 계산해 보시오.

①
$$2 \overline{)226}$$

②
$$2 \overline{)308}$$

③
$$3 \overline{)354}$$

④
$$5 \overline{)425}$$

⑤
$$4 \overline{)592}$$

⑥
$$3 \overline{)621}$$

⑦
$$6 \overline{)750}$$

⑧
$$9 \overline{)828}$$

⑨
$$4 \overline{)956}$$

⑩ $288 \div 2 =$

⑪ $345 \div 3 =$

⑫ $420 \div 2 =$

⑬ $423 \div 9 =$

⑭ $525 \div 3 =$

⑮ $609 \div 7 =$

⑯ $736 \div 8 =$

⑰ $845 \div 5 =$

⑱ $927 \div 9 =$

7 나머지가 있는 (세 자리 수)÷(한 자리 수)

정답 · 26쪽

○ 계산해 보시오.

① 2)2 7 3

② 2)3 1 9

③ 4)4 5 9

④ 3)5 5 7

⑤ 9)6 0 5

⑥ 3)6 5 9

⑦ 9)7 9 4

⑧ 3)8 0 0

⑨ 2)9 3 3

⑩ 269÷2=

⑪ 325÷2=

⑫ 334÷3=

⑬ 417÷2=

⑭ 595÷4=

⑮ 618÷7=

⑯ 757÷3=

⑰ 896÷9=

⑱ 937÷4=

8 계산이 맞는지 확인하기

정답 · 26쪽

○ 계산해 보고, 계산 결과가 맞는지 확인해 보시오.

①

$$3 \overline{)3\ 5}$$

확인 ___________________________

②

$$5 \overline{)5\ 8}$$

확인 ___________________________

③

$$4 \overline{)7\ 5}$$

확인 ___________________________

④

$$3 \overline{)2\ 2\ 7}$$

확인 ___________________________

⑤ $45 \div 2 =$

확인 ___________________________

⑥ $59 \div 4 =$

확인 ___________________________

⑦ $65 \div 3 =$

확인 ___________________________

⑧ $73 \div 5 =$

확인 ___________________________

⑨ $142 \div 7 =$

확인 ___________________________

⑩ $317 \div 2 =$

확인 ___________________________

1 원의 중심, 반지름, 지름

○ 원의 중심을 찾아 써 보시오.

1 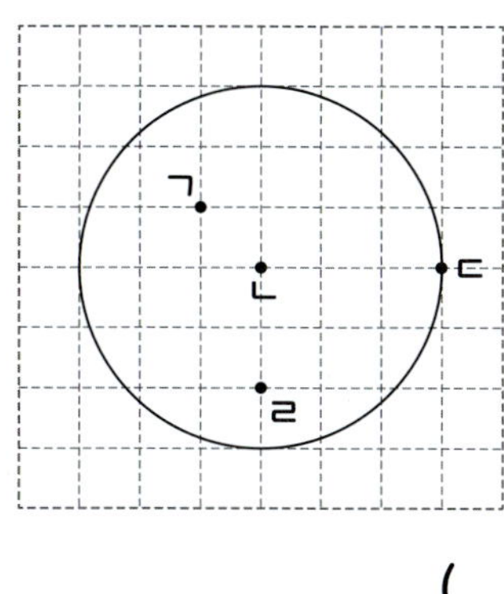

( )

2 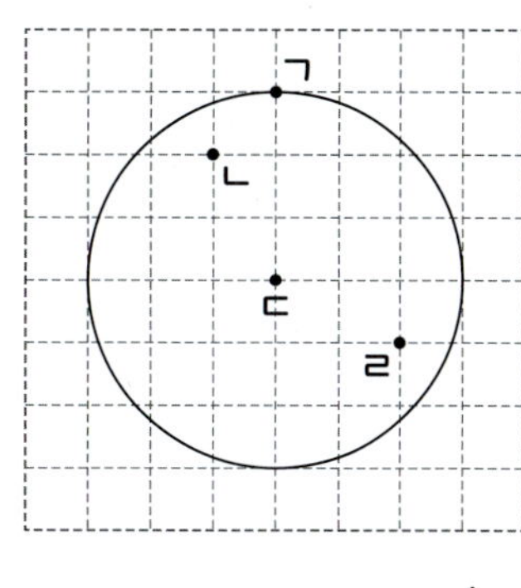

( )

○ 원의 반지름을 나타내는 선분을 모두 찾아 써 보시오.

3 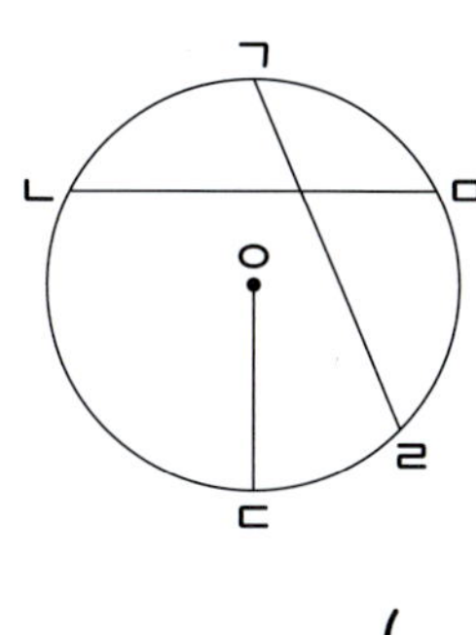

( )

4 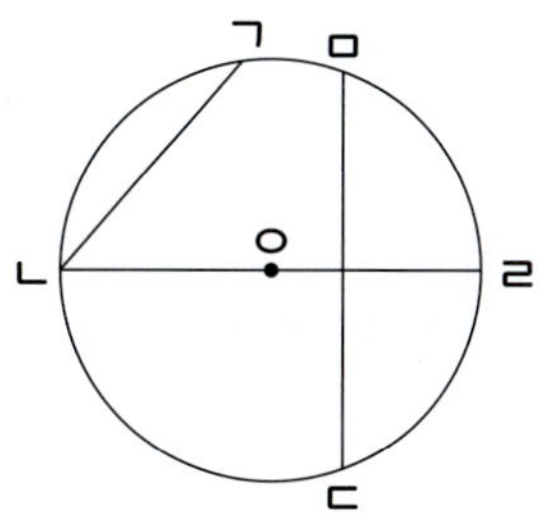

( )

○ 원의 지름을 나타내는 선분을 찾아 써 보시오.

5 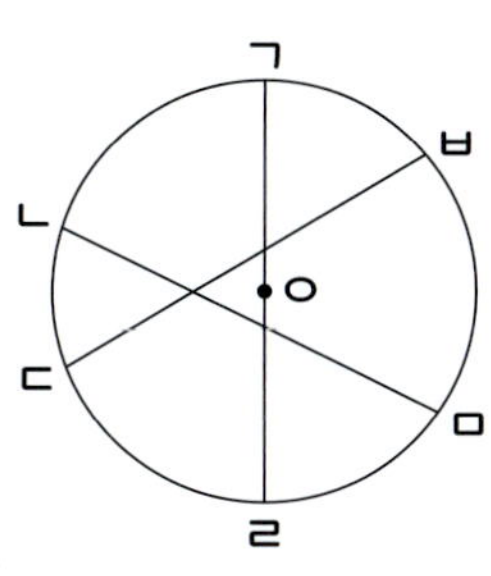

( )

6 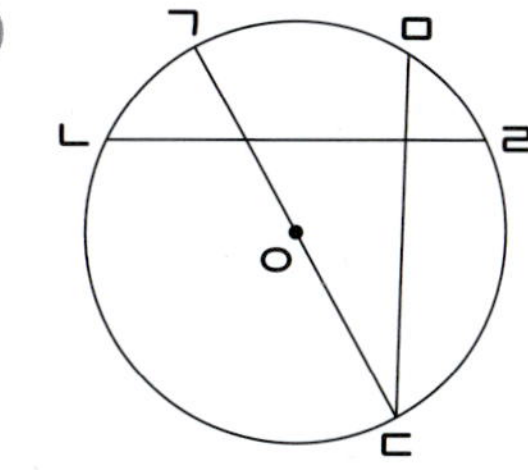

( )

2 원의 지름의 성질

○ 원을 둘로 똑같이 나눌 수 있는 선분을 찾아 써 보시오.

① 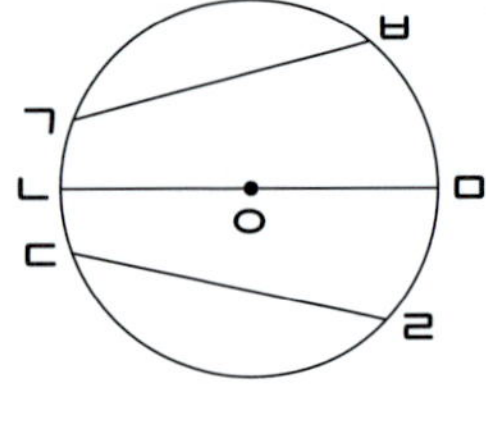

( )

② 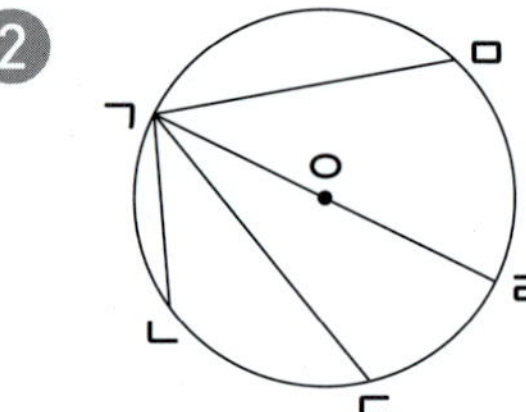

( )

③ 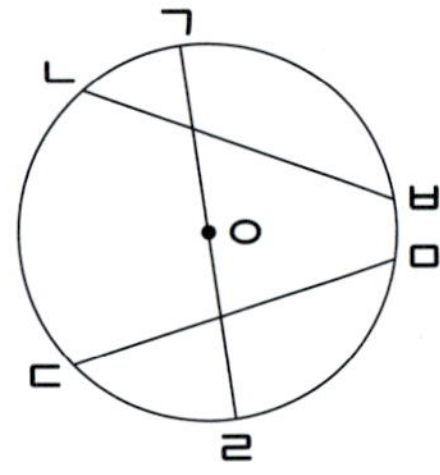

( )

④ 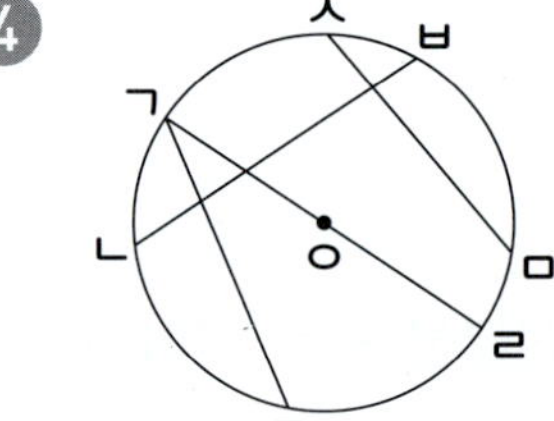

( )

○ 길이가 가장 긴 선분과 원의 지름을 나타내는 선분을 각각 찾아 써 보시오.

⑤ 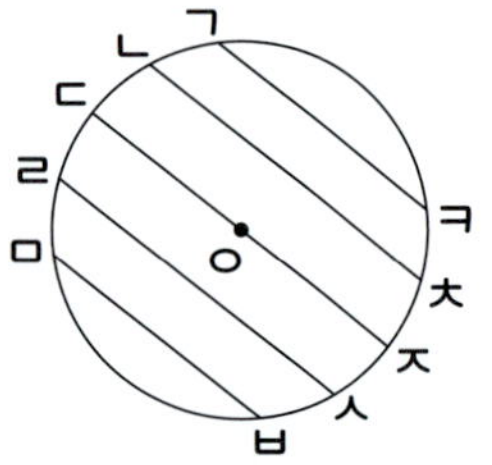

가장 긴 선분 ( )

원의 지름 ( )

⑥ 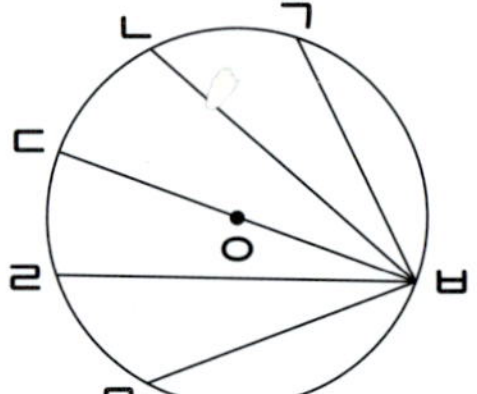

가장 긴 선분 ( )

원의 지름 ( )

⑦ 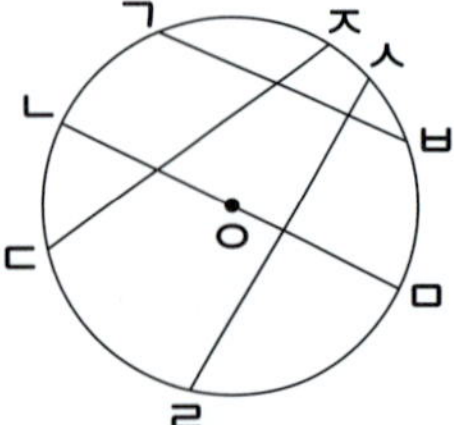

가장 긴 선분 ( )

원의 지름 ( )

⑧ 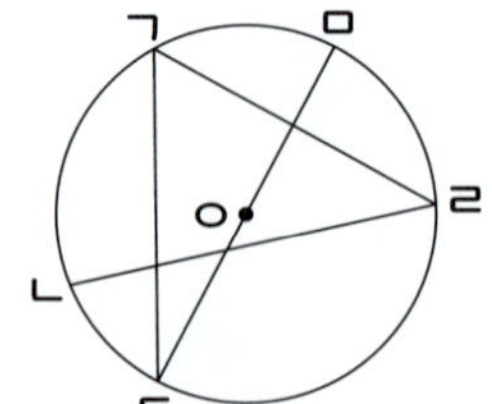

가장 긴 선분 ( )

원의 지름 ( )

3 원의 지름과 반지름 사이의 관계

정답 • 26쪽

○ 원의 지름을 구하려고 합니다. ☐ 안에 알맞은 수를 써넣으시오.

❶ 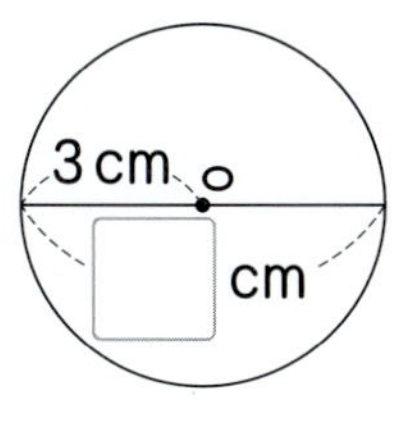

❷ 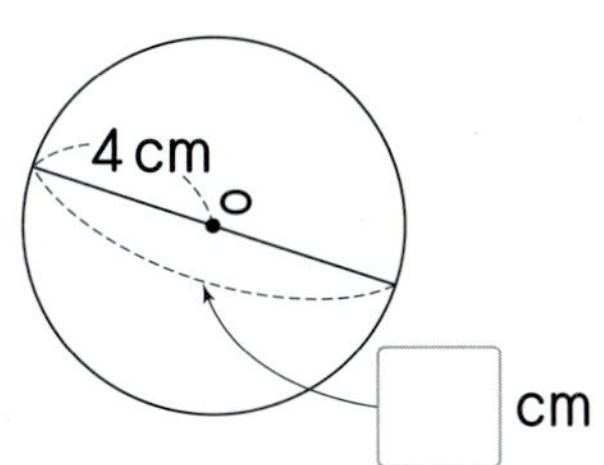

❸ 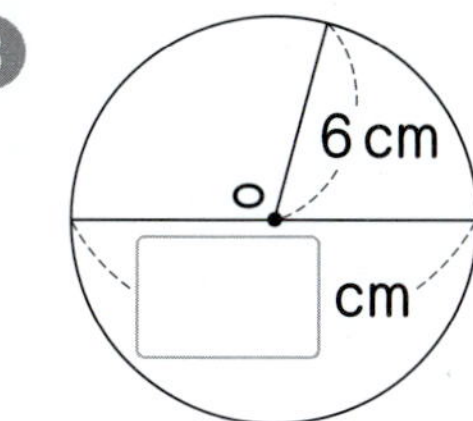

❹ 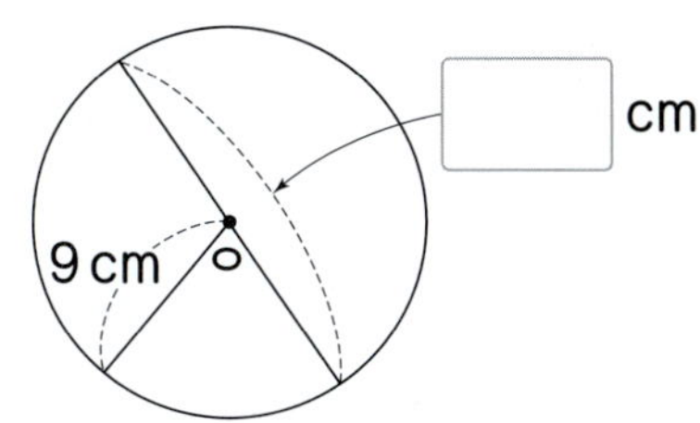

❺ 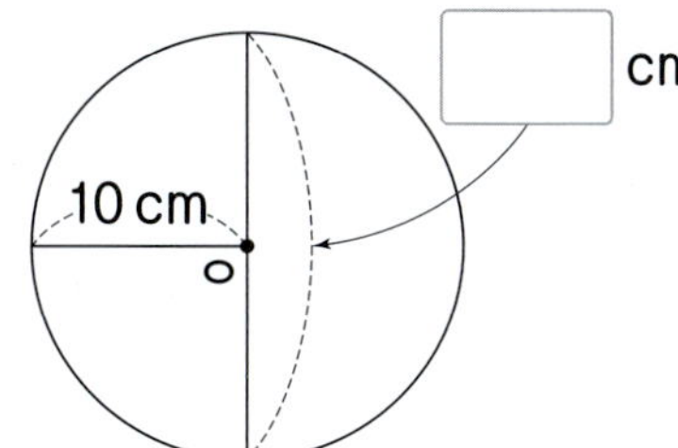

❻ 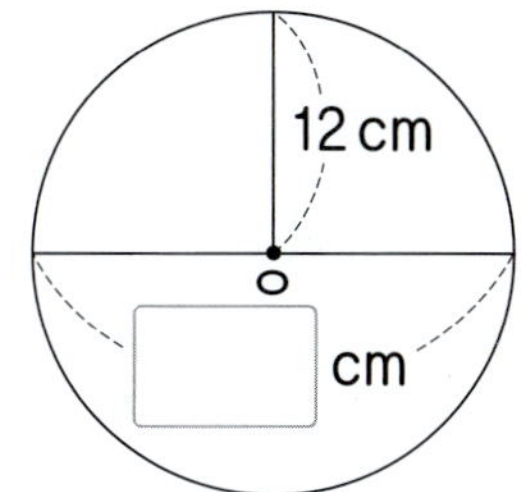

○ 원의 반지름을 구하려고 합니다. ☐ 안에 알맞은 수를 써넣으시오.

❼ 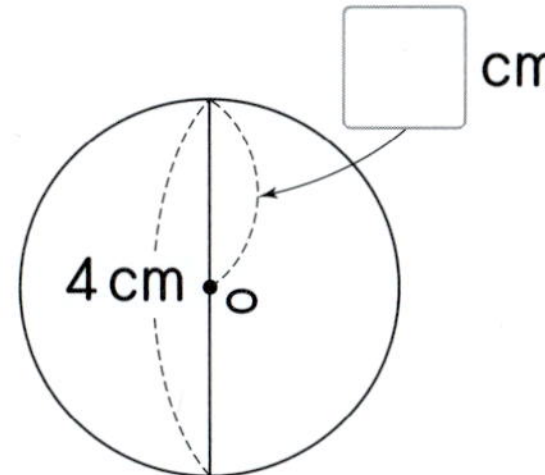

❽ 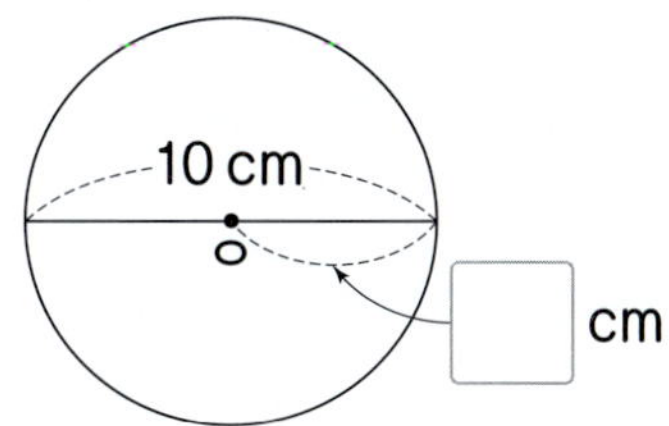

❾ 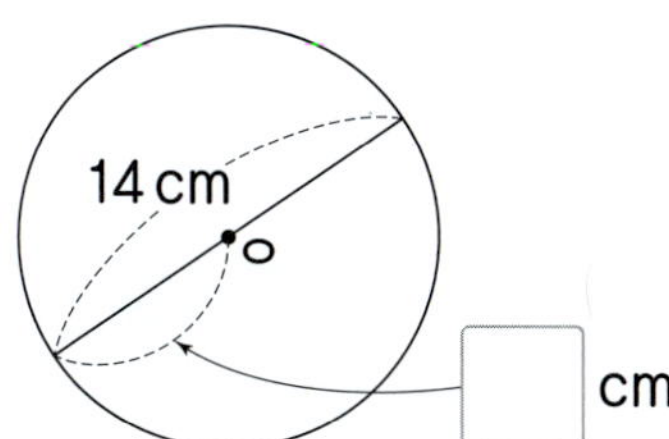

❿ 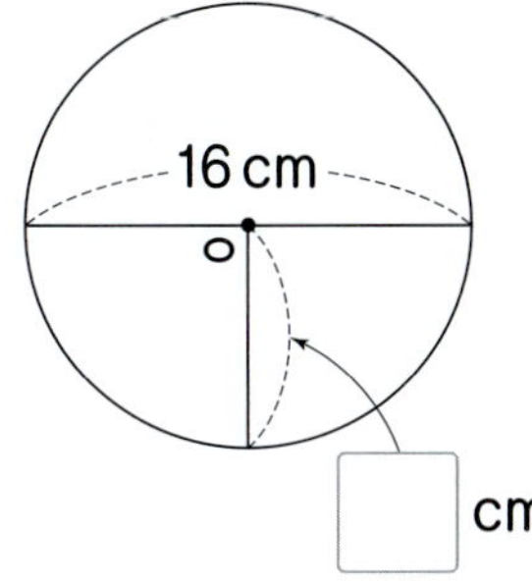

⓫ 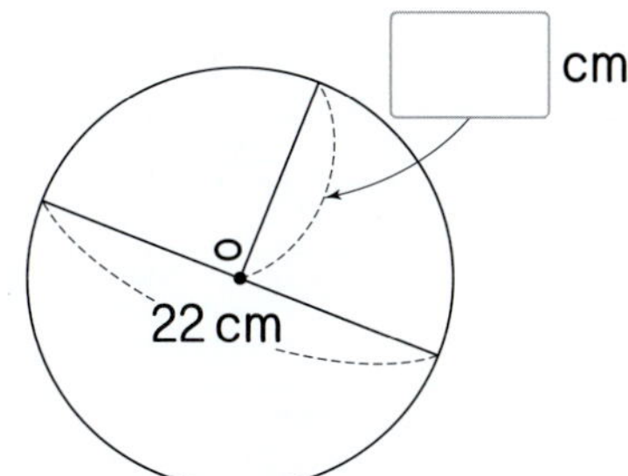

⓬ 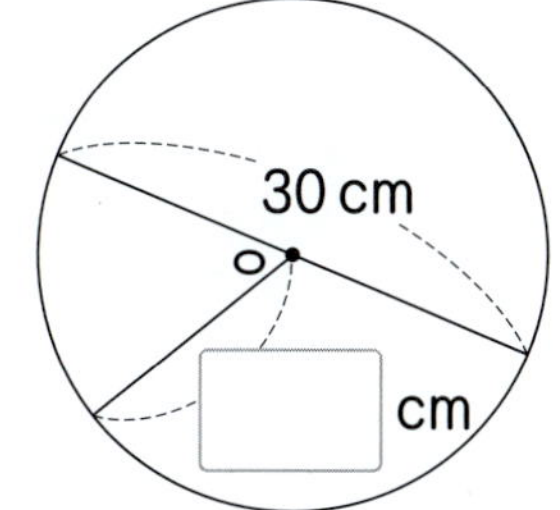

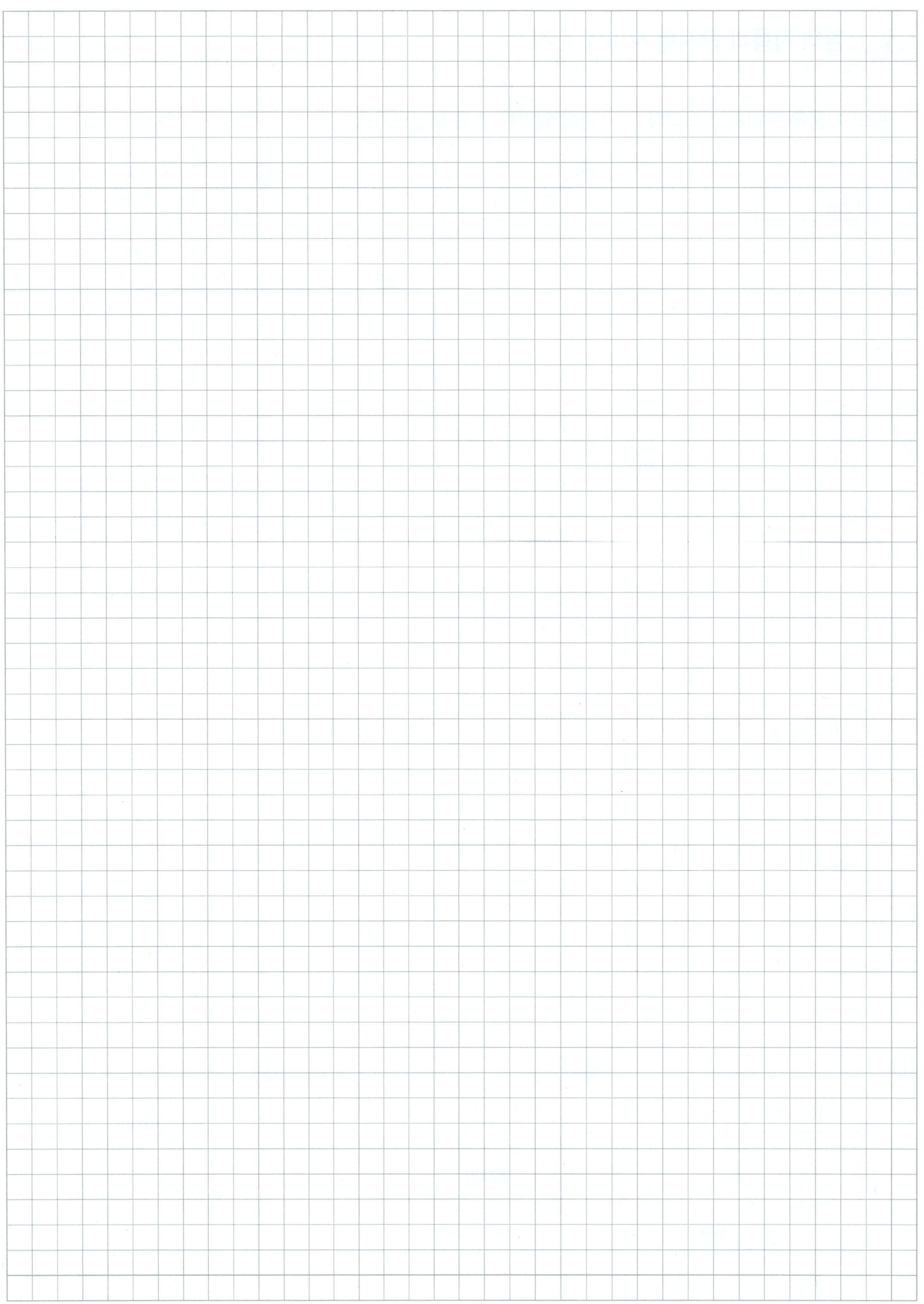

1 분수로 나타내기

정답 · 26쪽

○ 그림을 보고 □ 안에 알맞은 수를 써넣으시오.

❶

10을 2씩 묶으면 □ 묶음이 됩니다. 8은 10의 $\dfrac{\square}{\square}$ 입니다.

❷
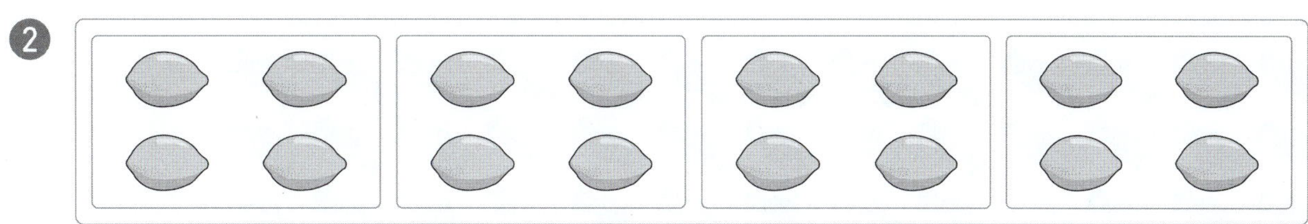

16을 4씩 묶으면 □ 묶음이 됩니다. 4는 16의 $\dfrac{\square}{\square}$ 입니다.

❸

8은 24의 $\dfrac{\square}{\square}$ 입니다. 16은 24의 $\dfrac{\square}{\square}$ 입니다.

❹
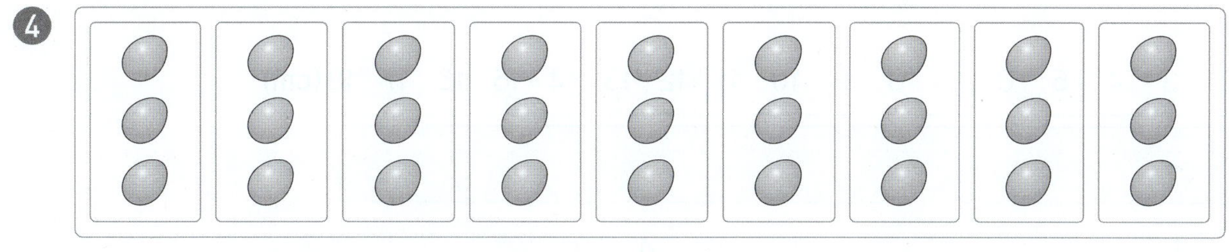

3은 27의 $\dfrac{\square}{\square}$ 입니다. 21은 27의 $\dfrac{\square}{\square}$ 입니다.

2 분수만큼 알아보기

정답 · 26쪽

○ 그림을 보고 ☐ 안에 알맞은 수를 써넣으시오.

1 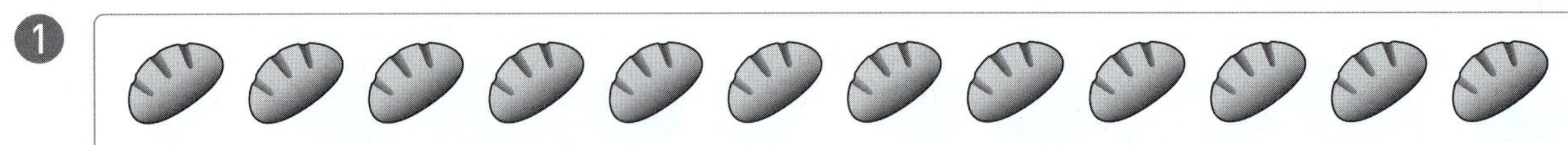

12의 $\dfrac{1}{4}$ 은 ☐ 입니다.　12의 $\dfrac{2}{4}$ 는 ☐ 입니다.

2 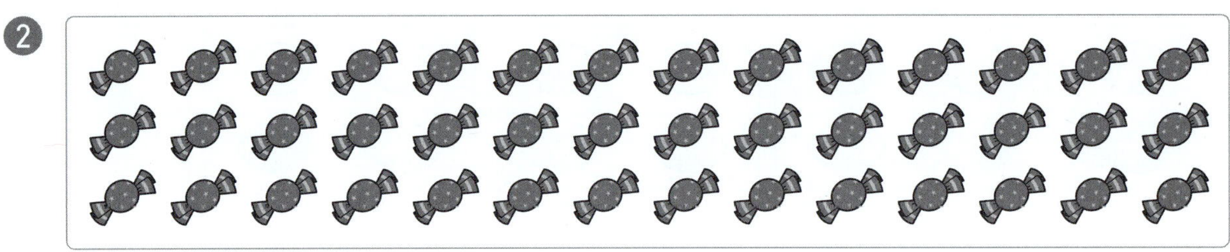

42의 $\dfrac{1}{7}$ 은 ☐ 입니다.　42의 $\dfrac{5}{7}$ 는 ☐ 입니다.

3 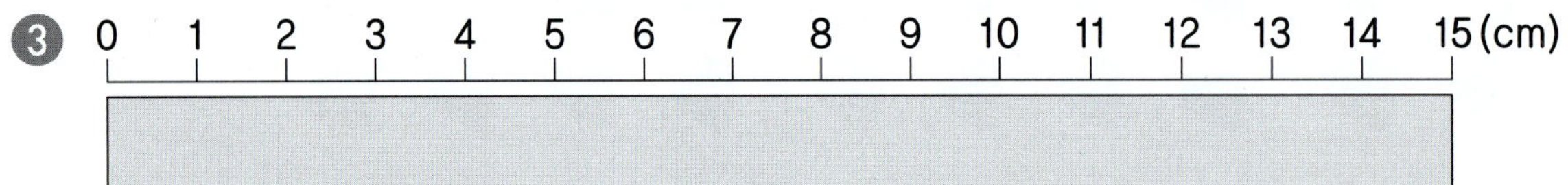

15 cm의 $\dfrac{1}{3}$ 은 ☐ cm입니다.　15 cm의 $\dfrac{2}{3}$ 는 ☐ cm입니다.

4 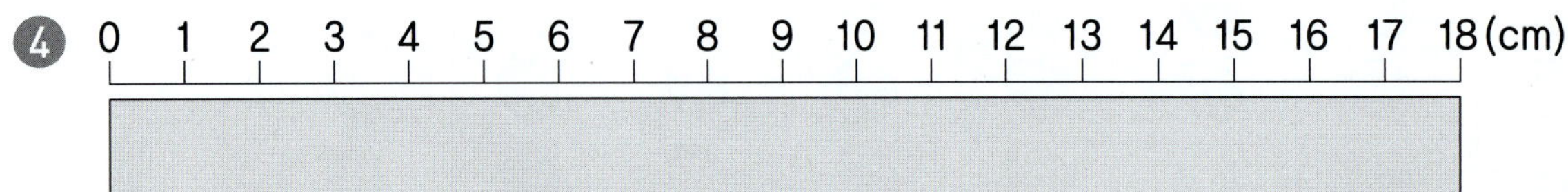

18 cm의 $\dfrac{1}{9}$ 은 ☐ cm입니다.　18 cm의 $\dfrac{4}{9}$ 는 ☐ cm입니다.

③ 진분수, 가분수, 대분수

○ 진분수는 '진', 가분수는 '가', 대분수는 '대'를 써 보시오.

① $1\frac{1}{2}$ (　　　　　)　　**②** $\frac{4}{3}$ (　　　　　)　　**③** $\frac{3}{4}$ (　　　　　)

④ $7\frac{3}{4}$ (　　　　　)　　**⑤** $\frac{3}{5}$ (　　　　　)　　**⑥** $\frac{8}{5}$ (　　　　　)

⑦ $\frac{6}{6}$ (　　　　　)　　**⑧** $3\frac{5}{6}$ (　　　　　)　　**⑨** $\frac{1}{7}$ (　　　　　)

⑩ $2\frac{3}{7}$ (　　　　　)　　**⑪** $\frac{5}{8}$ (　　　　　)　　**⑫** $\frac{11}{8}$ (　　　　　)

⑬ $\frac{8}{9}$ (　　　　　)　　**⑭** $\frac{9}{9}$ (　　　　　)　　**⑮** $\frac{7}{10}$ (　　　　　)

⑯ $1\frac{7}{10}$ (　　　　　)　　**⑰** $\frac{5}{11}$ (　　　　　)　　**⑱** $\frac{14}{11}$ (　　　　　)

⑲ $\frac{13}{13}$ (　　　　　)　　**⑳** $4\frac{3}{14}$ (　　　　　)　　**㉑** $\frac{11}{15}$ (　　　　　)

4 대분수를 가분수로, 가분수를 대분수로 나타내기

정답 · 27쪽

○ 대분수를 가분수로 나타내어 보시오.

① $3\dfrac{1}{2} =$

② $3\dfrac{1}{3} =$

③ $1\dfrac{3}{4} =$

④ $2\dfrac{2}{5} =$

⑤ $2\dfrac{5}{6} =$

⑥ $3\dfrac{2}{7} =$

⑦ $1\dfrac{7}{8} =$

⑧ $2\dfrac{1}{9} =$

⑨ $4\dfrac{9}{10} =$

○ 가분수를 대분수로 나타내어 보시오.

⑩ $\dfrac{3}{2} =$

⑪ $\dfrac{5}{3} =$

⑫ $\dfrac{11}{4} =$

⑬ $\dfrac{8}{5} =$

⑭ $\dfrac{25}{6} =$

⑮ $\dfrac{19}{7} =$

⑯ $\dfrac{29}{8} =$

⑰ $\dfrac{14}{9} =$

⑱ $\dfrac{23}{10} =$

5 가분수의 크기 비교, 대분수의 크기 비교

정답 • 27쪽

○ 가분수의 크기를 비교하여 ◯ 안에 >, <를 알맞게 써넣으시오.

❶ $\dfrac{3}{2}$ ◯ $\dfrac{5}{2}$

❷ $\dfrac{7}{4}$ ◯ $\dfrac{5}{4}$

❸ $\dfrac{9}{5}$ ◯ $\dfrac{7}{5}$

❹ $\dfrac{6}{6}$ ◯ $\dfrac{11}{6}$

❺ $\dfrac{9}{8}$ ◯ $\dfrac{13}{8}$

❻ $\dfrac{15}{9}$ ◯ $\dfrac{11}{9}$

❼ $\dfrac{10}{10}$ ◯ $\dfrac{19}{10}$

❽ $\dfrac{15}{11}$ ◯ $\dfrac{20}{11}$

❾ $\dfrac{17}{13}$ ◯ $\dfrac{15}{13}$

○ 대분수의 크기를 비교하여 ◯ 안에 >, <를 알맞게 써넣으시오.

❿ $1\dfrac{2}{3}$ ◯ $2\dfrac{1}{3}$

⓫ $1\dfrac{4}{5}$ ◯ $1\dfrac{2}{5}$

⓬ $2\dfrac{5}{6}$ ◯ $4\dfrac{1}{6}$

⓭ $5\dfrac{5}{7}$ ◯ $5\dfrac{4}{7}$

⓮ $3\dfrac{7}{8}$ ◯ $7\dfrac{3}{8}$

⓯ $2\dfrac{4}{9}$ ◯ $2\dfrac{5}{9}$

⓰ $7\dfrac{7}{12}$ ◯ $7\dfrac{5}{12}$

⓱ $4\dfrac{9}{13}$ ◯ $5\dfrac{2}{13}$

⓲ $1\dfrac{4}{15}$ ◯ $1\dfrac{7}{15}$

 6 가분수와 대분수의 크기 비교

○ 분수의 크기를 비교하여 ◯ 안에 >, =, <를 알맞게 써넣으시오.

① $\dfrac{10}{3}$ ◯ $2\dfrac{2}{3}$

② $\dfrac{5}{4}$ ◯ $1\dfrac{3}{4}$

③ $\dfrac{16}{5}$ ◯ $3\dfrac{3}{5}$

④ $\dfrac{15}{6}$ ◯ $2\dfrac{1}{6}$

⑤ $\dfrac{25}{8}$ ◯ $3\dfrac{5}{8}$

⑥ $\dfrac{17}{9}$ ◯ $1\dfrac{5}{9}$

⑦ $\dfrac{23}{10}$ ◯ $2\dfrac{7}{10}$

⑧ $\dfrac{19}{12}$ ◯ $1\dfrac{5}{12}$

⑨ $\dfrac{19}{15}$ ◯ $1\dfrac{4}{15}$

⑩ $4\dfrac{1}{2}$ ◯ $\dfrac{10}{2}$

⑪ $2\dfrac{1}{3}$ ◯ $\dfrac{8}{3}$

⑫ $3\dfrac{3}{4}$ ◯ $\dfrac{15}{4}$

⑬ $4\dfrac{1}{7}$ ◯ $\dfrac{27}{7}$

⑭ $1\dfrac{5}{8}$ ◯ $\dfrac{12}{8}$

⑮ $2\dfrac{5}{9}$ ◯ $\dfrac{26}{9}$

⑯ $1\dfrac{7}{11}$ ◯ $\dfrac{16}{11}$

⑰ $3\dfrac{2}{13}$ ◯ $\dfrac{44}{13}$

⑱ $2\dfrac{5}{14}$ ◯ $\dfrac{39}{14}$

 **1 L와 1 mL의 관계**

정답 · 27쪽

○ ☐ 안에 알맞은 수를 써넣으시오.

❶ 3 L = ☐ mL

❷ 8 L = ☐ mL

❸ 9 L = ☐ mL

❹ 12 L = ☐ mL

❺ 2 L 400 mL = ☐ mL

❻ 5 L 910 mL = ☐ mL

❼ 16 L 320 mL = ☐ mL

❽ 20 L 40 mL = ☐ mL

❾ 2000 mL = ☐ L

❿ 5000 mL = ☐ L

⓫ 7000 mL = ☐ L

⓬ 11000 mL = ☐ L

⓭ 4900 mL = ☐ L ☐ mL

⓮ 8320 mL = ☐ L ☐ mL

⓯ 10730 mL = ☐ L ☐ mL

⓰ 24090 mL = ☐ L ☐ mL

2 들이의 덧셈

○ 계산해 보시오.

1
```
    1 L   400 mL
  + 3 L   100 mL
```

2
```
    2 L   700 mL
  + 5 L   200 mL
```

3
```
    3 L   300 mL
  + 1 L   450 mL
```

4
```
    5 L   900 mL
  + 3 L   300 mL
```

5
```
    6 L   650 mL
  + 2 L   700 mL
```

6
```
    8 L   820 mL
  + 4 L   940 mL
```

7 2 L 100 mL+1 L 500 mL
=

8 3 L 200 mL+4 L 300 mL
=

9 4 L 520 mL+3 L 200 mL
=

10 6 L 600 mL+1 L 500 mL
=

11 7 L 400 mL+1 L 790 mL
=

12 9 L 750 mL+2 L 550 mL
=

3 들이의 뺄셈

정답 · 27쪽

○ 계산해 보시오.

①
```
    2 L   400 mL
  −  1 L   300 mL
```

②
```
    3 L   800 mL
  −  2 L   600 mL
```

③
```
    5 L   750 mL
  −  3 L   400 mL
```

④
```
    7 L   200 mL
  −  1 L   900 mL
```

⑤
```
    8 L   300 mL
  −  4 L   650 mL
```

⑥
```
   12 L   500 mL
  −  5 L   840 mL
```

⑦ 3 L 900 mL − 1 L 500 mL
　=

⑧ 4 L 700 mL − 3 L 100 mL
　=

⑨ 6 L 300 mL − 2 L 150 mL
　=

⑩ 8 L 400 mL − 5 L 500 mL
　=

⑪ 9 L 270 mL − 7 L 400 mL
　=

⑫ 15 L 160 mL − 9 L 320 mL
　=

4 1 kg, 1 g, 1 t의 관계

정답 · 28쪽

○ ☐ 안에 알맞은 수를 써넣으시오.

❶ 3 kg = ☐ g

❷ 5 kg = ☐ g

❸ 8 kg = ☐ g

❹ 16 kg = ☐ g

❺ 1 kg 700 g = ☐ g

❻ 4 kg 290 g = ☐ g

❼ 7 kg 100 g = ☐ g

❽ 13 kg 70 g = ☐ g

❾ 4000 g = ☐ kg

❿ 19000 g = ☐ kg

⓫ 7000 kg = ☐ t

⓬ 12000 kg = ☐ t

⓭ 3100 g = ☐ kg ☐ g

⓮ 6540 g = ☐ kg ☐ g

⓯ 9120 g = ☐ kg ☐ g

⓰ 15090 g = ☐ kg ☐ g

 5 **무게의 덧셈**

정답 · 28쪽

○ **계산해 보시오.**

❶
```
    1 kg   500 g
  + 1 kg   300 g
```

❷
```
    2 kg   100 g
  + 4 kg   500 g
```

❸
```
    3 kg   260 g
  + 2 kg   400 g
```

❹
```
    5 kg   700 g
  + 1 kg   800 g
```

❺
```
    6 kg   450 g
  + 1 kg   710 g
```

❻
```
    8 kg   950 g
  + 3 kg   250 g
```

❼ 1 kg 100 g + 2 kg 800 g
=

❽ 3 kg 200 g + 1 kg 400 g
=

❾ 4 kg 300 g + 3 kg 650 g
=

❿ 5 kg 500 g + 3 kg 600 g
=

⓫ 7 kg 860 g + 1 kg 200 g
=

⓬ 9 kg 370 g + 6 kg 890 g
=

6 무게의 뺄셈

정답 · 28쪽

○ 계산해 보시오.

❶
```
    2 kg   700 g
−   1 kg   200 g
```

❷
```
    4 kg   800 g
−   2 kg   100 g
```

❸
```
    5 kg   400 g
−   4 kg   250 g
```

❹
```
    6 kg   500 g
−   3 kg   600 g
```

❺
```
    7 kg   150 g
−   5 kg   600 g
```

❻
```
   11 kg   370 g
−   2 kg   820 g
```

❼ 3 kg 300 g−1 kg 100 g
=

❽ 5 kg 600 g−1 kg 500 g
=

❾ 7 kg 450 g−2 kg 350 g
=

❿ 8 kg 200 g−6 kg 500 g
=

⓫ 9 kg 300 g−4 kg 720 g
=

⓬ 14 kg 530 g−8 kg 960 g
=

1 그림그래프

정답 · 28쪽

○ 주아네 학교 3학년 학생들이 좋아하는 민속놀이를 조사하여 그림그래프로 나타내었습니다. 물음에 답하시오.

학생들이 좋아하는 민속놀이

민속놀이	학생 수
연날리기	
윷놀이	
팽이치기	
제기차기	

10명
1명

❶ 그림 과 은 각각 몇 명을 나타냅니까?

 (   )

 (   )

❷ 팽이치기를 좋아하는 학생은 몇 명입니까?

(   )

❸ 좋아하는 학생이 많은 민속놀이부터 순서대로 써 보시오.

(   )

❹ 연날리기를 좋아하는 학생은 제기차기를 좋아하는 학생보다 몇 명 더 많습니까?

(   )

2 그림그래프로 나타내기

정답 · 28쪽

○ 표를 보고 그림그래프로 나타내어 보시오.

① 학생들이 태어난 계절

계절	봄	여름	가을	겨울	합계
학생 수 (명)	31	15	24	27	97

학생들이 태어난 계절

계절	학생 수
봄	
여름	
가을	
겨울	

◎10명 ○1명

② 종류별 동물 수

종류	양	돼지	오리	닭	합계
동물 수 (마리)	16	33	21	50	120

종류별 동물 수

종류	동물 수
양	
돼지	
오리	
닭	

◎10마리 ○1마리

③ 농장별 감자 생산량

농장	가	나	다	라	합계
생산량 (kg)	30	42	26	34	132

농장별 감자 생산량

농장	생산량
가	
나	
다	
라	

◎10 kg ○1 kg

④ 학생들이 좋아하는 간식

간식	과자	빵	떡	과일	합계
학생 수 (명)	25	31	17	35	108

학생들이 좋아하는 간식

간식	학생 수
과자	
빵	
떡	
과일	

◎10명 ○1명

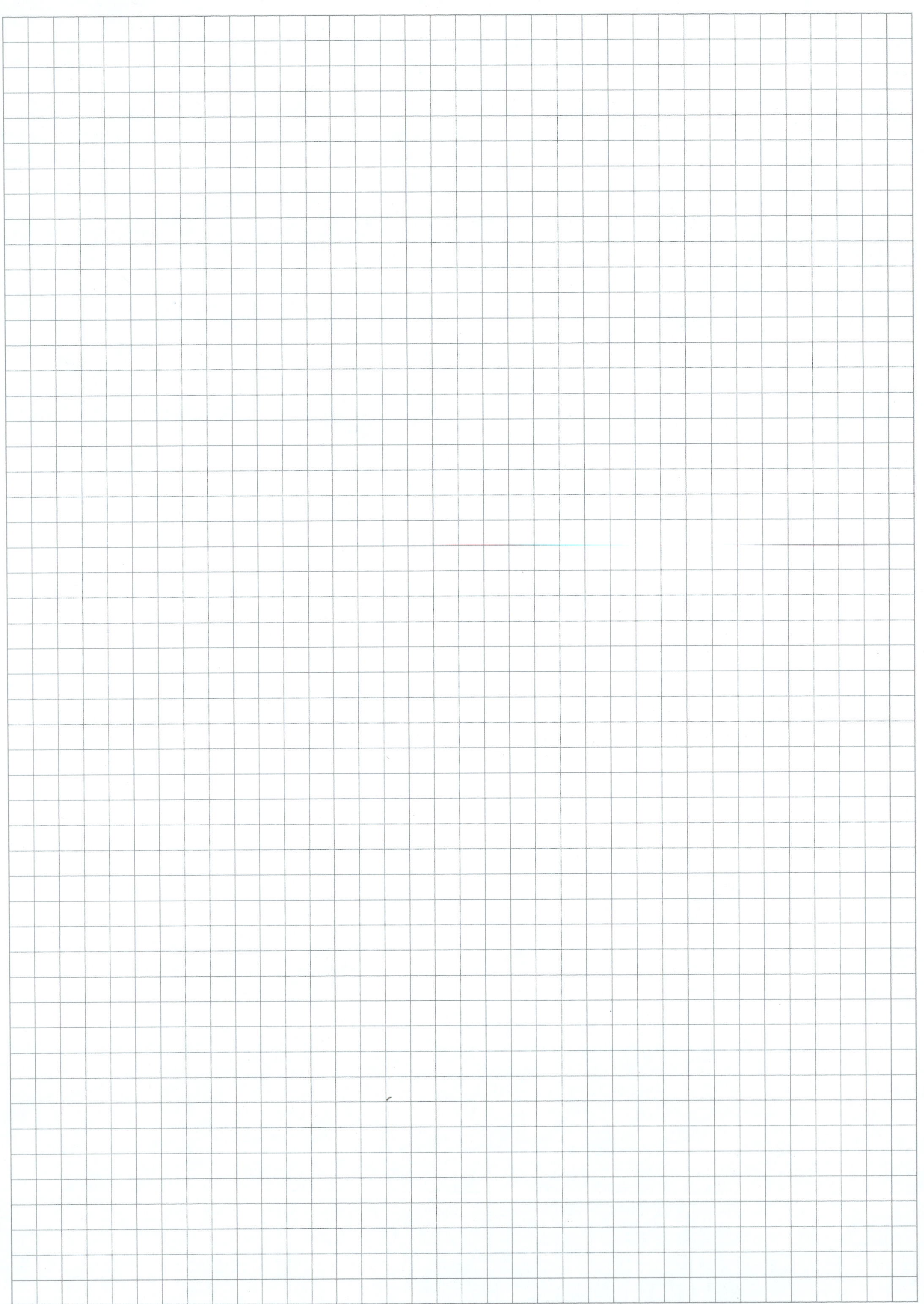

개념＋연산 라이트

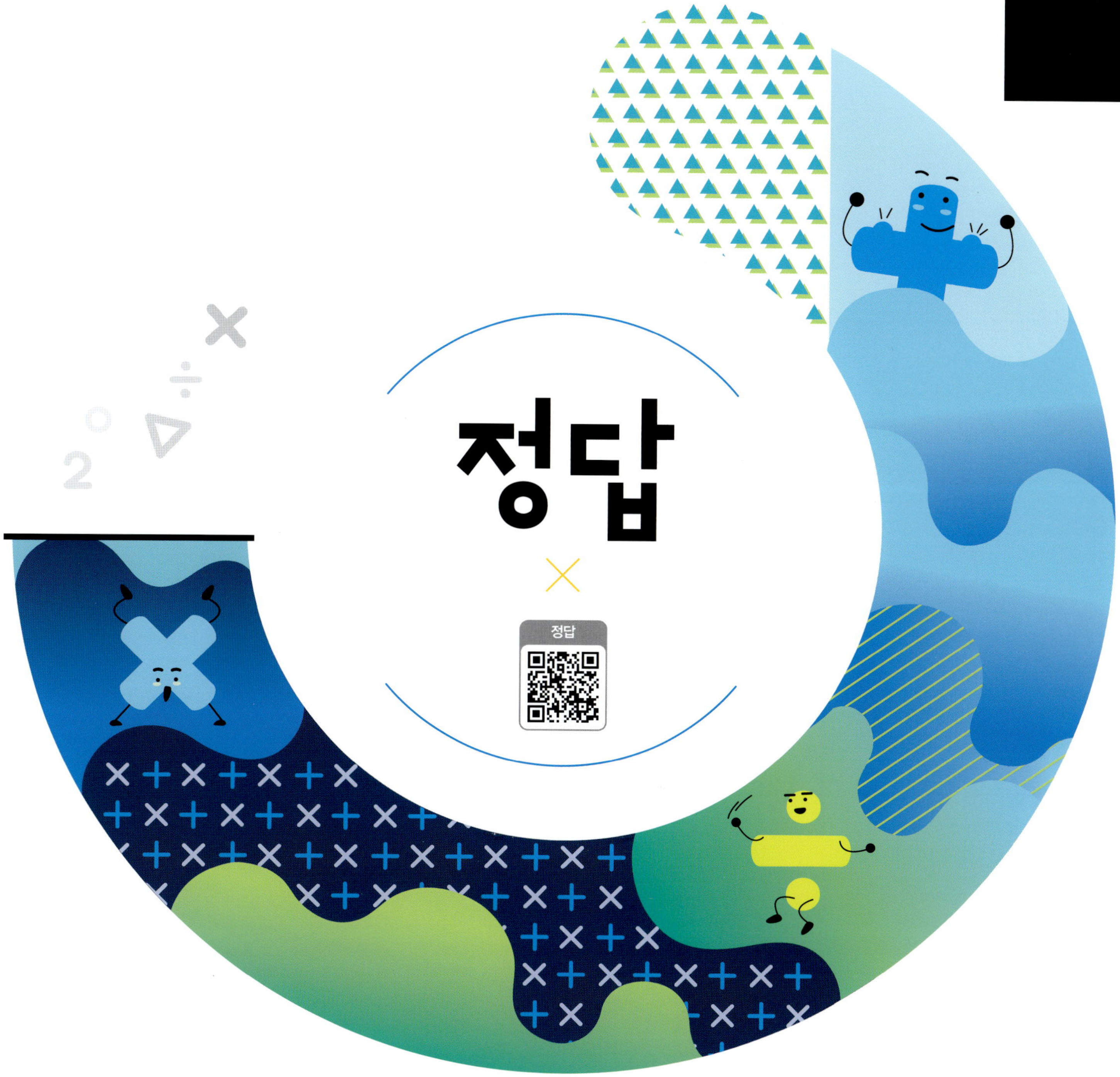

라이트

초등수학

3/2

정답

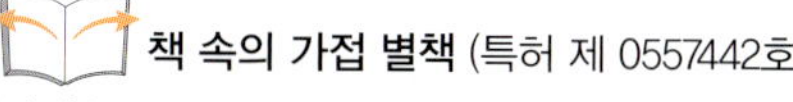
책 속의 가접 별책 (특허 제 0557442호)
'정답'은 본책에서 쉽게 분리할 수 있도록 제작되었으므로
유통 과정에서 분리될 수 있으나 파본이 아닌 정상제품입니다.

개념+연산

정답

초등수학

3·2

1. 곱셈

① 올림이 없는 (세 자리 수) × (한 자리 수)

1일차

8쪽

❶ 224	❼ 696
❷ 366	❽ 936
❸ 280	❾ 644
❹ 609	❿ 993
❺ 848	⓫ 804
❻ 428	⓬ 826

9쪽

⓭ 606	⓲ 808	㉓ 906
⓮ 226	⓳ 426	㉔ 642
⓯ 480	⑳ 669	㉕ 686
⓰ 396	㉑ 448	㉖ 842
⓱ 282	㉒ 480	㉗ 864

2일차

10쪽

❶ 309	❼ 402	⓭ 648
❷ 555	❽ 633	⓮ 999
❸ 336	❾ 880	⓯ 680
❹ 484	❿ 693	⓰ 828
❺ 260	⓫ 488	⓱ 846
❻ 286	⓬ 626	⓲ 862

11쪽

⓳ 408	㉖ 408	㉝ 939
⑳ 770	㉗ 422	㉞ 646
㉑ 228	㉘ 639	㉟ 996
㉒ 363	㉙ 888	㊱ 682
㉓ 488	㉚ 690	㊲ 806
㉔ 393	㉛ 482	㊳ 822
㉕ 284	㉜ 606	㊴ 886

② 일의 자리에서 올림이 있는 (세 자리 수) × (한 자리 수)

3일차

12쪽

❶ 595	❼ 452
❷ 492	❽ 496
❸ 272	❾ 957
❹ 290	❿ 652
❺ 624	⓫ 834
❻ 645	⓬ 856

13쪽

⓭ 972	⓲ 856	㉓ 636
⓮ 464	⓳ 657	㉔ 654
⓯ 375	⑳ 672	㉕ 830
⓰ 278	㉑ 470	㉖ 852
⓱ 294	㉒ 927	㉗ 878

14쪽

❶ 642	❼ 648	⓭ 942
❷ 472	❽ 876	⓮ 975
❸ 252	❾ 681	⓯ 672
❹ 384	❿ 476	⓰ 816
❺ 270	⓫ 490	⓱ 832
❻ 298	⓬ 612	⓲ 854

15쪽

⓳ 816	㉖ 828	㉝ 634
⓴ 424	㉗ 651	㉞ 957
㉑ 678	㉘ 436	㉟ 972
㉒ 575	㉙ 678	㊱ 676
㉓ 496	㉚ 684	㊲ 810
㉔ 276	㉛ 498	㊳ 838
㉕ 292	㉜ 912	㊴ 892

③ 십, 백의 자리에서 올림이 있는 (세 자리 수) × (한 자리 수)

16쪽

❶ 573	❼ 1560
❷ 924	❽ 2448
❸ 546	❾ 1655
❹ 704	❿ 1416
❺ 1266	⓫ 2168
❻ 1296	⓬ 1526

17쪽

⓭ 528	⓲ 1608	㉓ 2040
⓮ 855	⓳ 1550	㉔ 1386
⓯ 849	⓴ 1293	㉕ 1959
⓰ 728	㉑ 2196	㉖ 3488
⓱ 984	㉒ 1628	㉗ 7368

18쪽

❶ 459	❼ 1806	⓭ 1056
❷ 966	❽ 1648	⓮ 1168
❸ 968	❾ 1569	⓯ 3205
❹ 568	❿ 1284	⓰ 3048
❺ 706	⓫ 4977	⓱ 4920
❻ 940	⓬ 3248	⓲ 2826

19쪽

⓳ 648	㉖ 2799	㉝ 1168
⓴ 570	㉗ 1263	㉞ 2880
㉑ 753	㉘ 2008	㉟ 1326
㉒ 544	㉙ 1839	㊱ 2855
㉓ 843	㉚ 1448	㊲ 2346
㉔ 788	㉛ 3208	㊳ 3368
㉕ 924	㉜ 2739	㊴ 6517

① ~ ③ 다르게 풀기

20쪽

❶ 208	❻ 936
❷ 387	❼ 978
❸ 846	❽ 858
❹ 872	❾ 2368
❺ 486	❿ 5608

21쪽

⓫ 339	⓯ 630
⓬ 254	⓰ 882
⓭ 603	⓱ 1786
⓮ 750	⓲ 2769
	⓳ 513, 3, 1539

❹ (몇십) × (몇십)

8일차

22쪽

1. 400
2. 1400
3. 1500
4. 800
5. 3600
6. 2000
7. 3500
8. 3600
9. 2100
10. 4200
11. 3200
12. 4500

23쪽 ❗정답을 위에서부터 확인합니다.

13. 800 / 8
14. 1600 / 16
15. 600 / 6
16. 900 / 9
17. 2700 / 27
18. 1600 / 16
19. 2400 / 24
20. 2500 / 25
21. 3000 / 30
22. 1200 / 12
23. 4800 / 48
24. 5400 / 54
25. 2800 / 28
26. 5600 / 56
27. 4000 / 40
28. 7200 / 72
29. 1800 / 18
30. 6300 / 63

9일차

24쪽

1. 1200
2. 1800
3. 1800
4. 2400
5. 1200
6. 3200
7. 1000
8. 4500
9. 3000
10. 4800
11. 2100
12. 3500
13. 6300
14. 1600
15. 5600
16. 6400
17. 5400
18. 8100

25쪽

19. 600
20. 1000
21. 1600
22. 1200
23. 2100
24. 2000
25. 2800
26. 3600
27. 1500
28. 3500
29. 4000
30. 1800
31. 2400
32. 4200
33. 1400
34. 4900
35. 2400
36. 4800
37. 2700
38. 3600
39. 7200

❺ (몇십몇) × (몇십)

10일차

26쪽

1. 360
2. 720
3. 1750
4. 1360
5. 1260
6. 3680
7. 1530
8. 3960
9. 6750
10. 3280
11. 5220
12. 4650

27쪽

13. 650
14. 1440
15. 840
16. 580
17. 990
18. 1720
19. 2350
20. 1040
21. 3360
22. 4480
23. 1480
24. 4050
25. 6160
26. 3680
27. 5700

11일차

28쪽

1. 640
2. 1140
3. 660
4. 1960
5. 700
6. 1520
7. 1350
8. 2450
9. 1650
10. 4560
11. 1890
12. 6120
13. 2190
14. 3120
15. 5040
16. 7740
17. 1900
18. 4850

29쪽

19. 660
20. 1190
21. 720
22. 1300
23. 2430
24. 1920
25. 2960
26. 2050
27. 3520
28. 4320
29. 2650
30. 4130
31. 2480
32. 5200
33. 1520
34. 2310
35. 5950
36. 3560
37. 2730
38. 4700
39. 8820

⑥ (몇) × (몇십몇)

12일 차

30쪽

❶ 28
❷ 144
❸ 75
❹ 172
❺ 380
❻ 155
❼ 335
❽ 576
❾ 133
❿ 315
⓫ 544
⓬ 216

31쪽

⓭ 84
⓮ 138
⓯ 81
⓰ 279
⓱ 112
⓲ 244
⓳ 70
⓴ 495
㉑ 192
㉒ 182
㉓ 371
㉔ 248
㉕ 392
㉖ 648
㉗ 855

13일 차

32쪽

❶ 50
❷ 98
❸ 174
❹ 69
❺ 177
❻ 124
❼ 336
❽ 215
❾ 480
❿ 108
⓫ 252
⓬ 245
⓭ 343
⓮ 497
⓯ 448
⓰ 744
⓱ 126
⓲ 621

33쪽

⓳ 126
⓴ 194
㉑ 135
㉒ 186
㉓ 294
㉔ 116
㉕ 224
㉖ 300
㉗ 135
㉘ 260
㉙ 425
㉚ 324
㉛ 456
㉜ 301
㉝ 574
㉞ 128
㉟ 496
㊱ 776
㊲ 342
㊳ 495
㊴ 837

④ ~ ⑥ 다르게 풀기

14일 차

34쪽

❶ 800
❷ 1150
❸ 102
❹ 920
❺ 1500
❻ 234
❼ 4200
❽ 3320
❾ 279
❿ 6930

35쪽

⓫ 1260
⓬ 2100
⓭ 60
⓮ 115
⓯ 5400
⓰ 2840
⓱ 4000
⓲ 702
⓳ 14, 30, 420

⑦ 올림이 한 번 있는 (몇십몇) × (몇십몇)

15일 차

36쪽

❶ 364
❷ 325
❸ 837
❹ 768
❺ 989
❻ 648
❼ 1281
❽ 936

37쪽

❾ 481
❿ 216
⓫ 1764
⓬ 552
⓭ 1643
⓮ 468
⓯ 564
⓰ 969
⓱ 689
⓲ 2542
⓳ 1377
⓴ 1288

38쪽

❶ 576
❷ 224
❸ 266
❹ 777
❺ 336
❻ 588
❼ 1088
❽ 798
❾ 984
❿ 559
⓫ 728
⓬ 819
⓭ 1207
⓮ 1148
⓯ 1456

39쪽

⓰ 312
⓱ 448
⓲ 204
⓳ 918
⓴ 966
㉑ 338
㉒ 348
㉓ 1209
㉔ 756
㉕ 444
㉖ 588
㉗ 945
㉘ 576
㉙ 867
㉚ 1612
㉛ 4331
㉜ 2201
㉝ 949
㉞ 1008
㉟ 4641
㊱ 1196

⑧ 올림이 여러 번 있는 (몇십몇) × (몇십몇)

40쪽

❶ 585
❷ 1512
❸ 1617
❹ 1610
❺ 1508
❻ 3705
❼ 5655
❽ 3572

41쪽

❾ 1428
❿ 1512
⓫ 2262
⓬ 1855
⓭ 2058
⓮ 1378
⓯ 5394
⓰ 1716
⓱ 3384
⓲ 4704
⓳ 7209
⓴ 4320

42쪽

❶ 704
❷ 1425
❸ 1932
❹ 2470
❺ 1786
❻ 1215
❼ 3072
❽ 3186
❾ 4088
❿ 1550
⓫ 3504
⓬ 4158
⓭ 2916
⓮ 6497
⓯ 2604

43쪽

⓰ 938
⓱ 1710
⓲ 675
⓳ 1885
⓴ 576
㉑ 1404
㉒ 2014
㉓ 2464
㉔ 3528
㉕ 1479
㉖ 3591
㉗ 5452
㉘ 1742
㉙ 3726
㉚ 2414
㉛ 2964
㉜ 6068
㉝ 7055
㉞ 2484
㉟ 4940
㊱ 6237

⑦ ~ ⑧ 다르게 풀기

44쪽

❶ 225
❷ 1197
❸ 351
❹ 936
❺ 1008
❻ 1938
❼ 806
❽ 1491
❾ 1992
❿ 3588

45쪽

⓫ 1325
⓬ 1344
⓭ 697
⓮ 2006
⓯ 868
⓰ 4725
⓱ 8428
⓲ 1953
⓳ 84, 25, 2100

 수 감각을 키우면 빨라지는 계산 비법

20일 차

46쪽 ❗정답을 계산 순서대로 확인합니다.

47쪽

❶ 30, 180, 180 ❹ 30, 270, 270
❷ 30, 210, 210 ❺ 50, 300, 300
❸ 30, 240, 240 ❻ 50, 400, 400

❼ 50, 450, 450 ⓫ 90, 540, 540
❽ 70, 420, 420 ⓬ 90, 630, 630
❾ 70, 560, 560 ⓭ 90, 720, 720
❿ 70, 630, 630 ⓮ 90, 810, 810

평가 **1. 곱셈**

21일 차

48쪽

49쪽

1 369 7 138
2 296 8 354
3 813 9 312
4 1688 10 456
5 1000 11 2565
6 2100 12 4284

13 939 21 884
14 987 22 1800
15 2950 23 1900
16 2800 24 1092
17 2920 25 3108
18 376
19 1296
20 4992

틀린 문제는 **클리닉 북**에서 보충할 수 있습니다.

1 1쪽 7 6쪽
2 2쪽 8 6쪽
3 3쪽 9 7쪽
4 3쪽 10 7쪽
5 4쪽 11 8쪽
6 5쪽 12 8쪽

13 1쪽 21 1쪽
14 2쪽 22 4쪽
15 3쪽 23 5쪽
16 4쪽 24 7쪽
17 5쪽 25 8쪽
18 6쪽
19 7쪽
20 8쪽

2. 나눗셈

❶ **(몇십)÷(몇)**

1일 차

52쪽

53쪽 ❗정답을 위에서부터 확인합니다.

❶ 10 ❺ 15
❷ 10 ❻ 12
❸ 20 ❼ 35
❹ 40 ❽ 15

❾ 20, 2 ⓯ 25 ⓲ 16
❿ 10, 1 ⓰ 15 ⓳ 45
⓫ 30, 3 ⓱ 14 ⓴ 18
⓬ 20, 2
⓭ 10, 1
⓮ 30, 3

54쪽

1 10　　**6** 40　　**11** 12
2 10　　**7** 20　　**12** 14
3 20　　**8** 10　　**13** 16
4 10　　**9** 15　　**14** 45
5 10　　**10** 25　　**15** 18

55쪽

16 10　　**23** 20　　**30** 12
17 20　　**24** 10　　**31** 35
18 10　　**25** 30　　**32** 14
19 10　　**26** 10　　**33** 16
20 30　　**27** 15　　**34** 45
21 10　　**28** 25　　**35** 18
22 10　　**29** 15　　**36** 15

② 내림이 없는 (몇십몇) ÷ (몇)

56쪽

1 14　　**5** 23
2 12　　**6** 11
3 23　　**7** 22
4 33　　**8** 31

57쪽

9 12　　**12** 11　　**15** 21
10 13　　**13** 31　　**16** 44
11 22　　**14** 21　　**17** 32

58쪽

1 12　　**6** 24　　**11** 41
2 14　　**7** 21　　**12** 21
3 13　　**8** 32　　**13** 11
4 21　　**9** 11　　**14** 32
5 11　　**10** 23　　**15** 11

59쪽

16 11　　**23** 12　　**30** 42
17 13　　**24** 11　　**31** 43
18 11　　**25** 31　　**32** 44
19 12　　**26** 33　　**33** 22
20 21　　**27** 22　　**34** 31
21 22　　**28** 34　　**35** 33
22 23　　**29** 11　　**36** 11

③ 내림이 있는 (몇십몇) ÷ (몇)

60쪽

1 19　　**5** 36
2 15　　**6** 39
3 26　　**7** 12
4 19　　**8** 24

61쪽

9 16　　**12** 14　　**15** 27
10 14　　**13** 13　　**16** 23
11 17　　**14** 18　　**17** 16

6일차

62쪽

❶ 18　❻ 16　⓫ 14
❷ 16　❼ 24　⓬ 29
❸ 13　❽ 25　⓭ 13
❹ 18　❾ 19　⓮ 46
❺ 28　❿ 26　⓯ 49

63쪽

⓰ 17　㉓ 17　㉚ 12
⓱ 19　㉔ 12　㉛ 17
⓲ 14　㉕ 37　㉜ 23
⓳ 27　㉖ 15　㉝ 47
⓴ 14　㉗ 38　㉞ 19
㉑ 29　㉘ 13　㉟ 48
㉒ 13　㉙ 28　㊱ 14

❶ ~ ❸ 다르게 풀기

7일차

64쪽

❶ 10　❻ 11
❷ 11　❼ 12
❸ 24　❽ 16
❹ 26　❾ 29
❺ 20　❿ 12

65쪽

⓫ 10　⓯ 23
⓬ 18　⓰ 15
⓭ 19　⓱ 42
⓮ 31　⓲ 15
　　　⓳ 45, 3, 15

❹ 내림이 없고 나머지가 있는 (몇십몇)÷(몇)

8일차

66쪽

❶ 2 … 4　❺ 11 … 2
❷ 4 … 4　❻ 11 … 2
❸ 5 … 6　❼ 43 … 1
❹ 7 … 6　❽ 32 … 2

67쪽

❾ 3 … 1　⓬ 9 … 2　⓯ 23 … 1
❿ 5 … 3　⓭ 8 … 3　⓰ 21 … 2
⓫ 8 … 1　⓮ 8 … 3　⓱ 21 … 2

9일차

68쪽

❶ 6 … 1　❻ 6 … 4　⓫ 12 … 2
❷ 2 … 5　❼ 9 … 2　⓬ 20 … 1
❸ 5 … 1　❽ 7 … 3　⓭ 11 … 2
❹ 5 … 2　❾ 8 … 1　⓮ 11 … 1
❺ 9 … 2　❿ 7 … 8　⓯ 31 … 2

69쪽

⓰ 2 … 2　㉓ 6 … 6　㉚ 13 … 1
⓱ 4 … 1　㉔ 8 … 2　㉛ 12 … 1
⓲ 3 … 3　㉕ 7 … 1　㉜ 11 … 1
⓳ 9 … 1　㉖ 9 … 1　㉝ 31 … 1
⓴ 3 … 7　㉗ 7 … 5　㉞ 10 … 5
㉑ 7 … 1　㉘ 9 … 1　㉟ 21 … 1
㉒ 7 … 2　㉙ 8 … 7　㊱ 30 … 1

10일 차

70쪽

❶ 17 … 1
❷ 15 … 1
❸ 26 … 1
❹ 19 … 2
❺ 16 … 3
❻ 25 … 2
❼ 17 … 4
❽ 13 … 4

71쪽

❾ 19 … 1
❿ 14 … 2
⓫ 17 … 1
⓬ 27 … 1
⓭ 13 … 1
⓮ 37 … 1
⓯ 12 … 4
⓰ 23 … 2
⓱ 16 … 3

11일 차

72쪽

❶ 16 … 1
❷ 14 … 1
❸ 25 … 1
❹ 17 … 2
❺ 19 … 1
❻ 12 … 4
❼ 16 … 1
❽ 23 … 2
❾ 15 … 2
❿ 13 … 1
⓫ 27 … 2
⓬ 16 … 4
⓭ 12 … 5
⓮ 46 … 1
⓯ 13 … 5

73쪽

⓰ 15 … 1
⓱ 18 … 1
⓲ 15 … 2
⓳ 16 … 1
⓴ 13 … 3
㉑ 18 … 2
㉒ 29 … 1
㉓ 15 … 3
㉔ 16 … 2
㉕ 13 … 4
㉖ 36 … 1
㉗ 14 … 4
㉘ 12 … 3
㉙ 25 … 1
㉚ 27 … 1
㉛ 12 … 1
㉜ 17 … 3
㉝ 22 … 3
㉞ 47 … 1
㉟ 19 … 2
㊱ 12 … 3

4 ~ **5** 다르게 풀기

12일 차

74쪽

❶ 2, 2
❷ 6, 1
❸ 13, 2
❹ 11, 3
❺ 18, 1
❻ 13, 3
❼ 8, 2
❽ 16, 3
❾ 22, 1
❿ 15, 5

75쪽

⓫ 4, 3
⓬ 4, 5
⓭ 13, 1
⓮ 28, 1
⓯ 32, 1
⓰ 24, 1
⓱ 12, 3
⓲ 10, 2
⓳ 37, 3, 12, 1

6 나머지가 없는 (세 자리 수)÷(한 자리 수)

13일 차

76쪽

❶ 120
❷ 130
❸ 240
❹ 130
❺ 130
❻ 108
❼ 95
❽ 91

77쪽

❾ 110
❿ 180
⓫ 120
⓬ 150
⓭ 110
⓮ 120
⓯ 208
⓰ 85
⓱ 95

14일 차

78쪽

❶ 114
❷ 100
❸ 179
❹ 140
❺ 114
❻ 126
❼ 59
❽ 150
❾ 91
❿ 97
⓫ 159
⓬ 200
⓭ 172
⓮ 154
⓯ 106

79쪽

⓰ 119
⓱ 140
⓲ 176
⓳ 126
⓴ 145
㉑ 112
㉒ 238
㉓ 167
㉔ 134
㉕ 69
㉖ 95
㉗ 86
㉘ 346
㉙ 145
㉚ 83
㉛ 129
㉜ 204
㉝ 107
㉞ 289
㉟ 150
㊱ 243

❼ 나머지가 있는 (세 자리 수)÷(한 자리 수)

15일 차

80쪽

❶ 130 … 1
❷ 130 … 1
❸ 140 … 2
❹ 110 … 4
❺ 130 … 3
❻ 109 … 2
❼ 94 … 7
❽ 89 … 2

81쪽

❾ 140 … 1
❿ 120 … 2
⓫ 150 … 2
⓬ 85 … 4
⓭ 210 … 1
⓮ 160 … 3
⓯ 105 … 3
⓰ 89 … 1
⓱ 92 … 7

16일 차

82쪽

❶ 126 … 1
❷ 146 … 1
❸ 157 … 1
❹ 122 … 2
❺ 225 … 1
❻ 119 … 3
❼ 65 … 2
❽ 85 … 5
❾ 125 … 3
❿ 151 … 2
⓫ 98 … 7
⓬ 89 … 7
⓭ 204 … 2
⓮ 132 … 6
⓯ 497 … 1

83쪽

⓰ 120 … 1
⓱ 142 … 1
⓲ 152 … 1
⓳ 111 … 2
⓴ 128 … 2
㉑ 112 … 1
㉒ 155 … 1
㉓ 81 … 3
㉔ 127 … 2
㉕ 69 … 4
㉖ 197 … 1
㉗ 124 … 4
㉘ 93 … 6
㉙ 233 … 1
㉚ 93 … 5
㉛ 108 … 1
㉜ 91 … 5
㉝ 277 … 2
㉞ 96 … 8
㉟ 226 … 2
㊱ 162 … 3

❽ 계산이 맞는지 확인하기

17일 차

84쪽

❶ 9 … 2 / 9, 36 / 36, 2
❷ 28 … 1 / 28, 56 / 56, 1
❸ 12 … 3 / 12, 60 / 60, 3
❹ 10 … 8 / 10, 90 / 90, 8
❺ 45 … 5 / 45, 315 / 315, 5

85쪽

❻ 4 … 1 / 7, 4, 28 / 28, 1, 29
❼ 17 … 1 / 2, 17, 34 / 34, 1, 35
❽ 15 … 2 / 3, 15, 45 / 45, 2, 47
❾ 18 … 1 / 3, 18, 54 / 54, 1, 55
❿ 23 … 1 / 3, 23, 69 / 69, 1, 70
⓫ 21 … 3 / 4, 21, 84 / 84, 3, 87
⓬ 30 … 2 / 3, 30, 90 / 90, 2, 92
⓭ 29 … 3 / 5, 29, 145 / 145, 3, 148
⓮ 258 … 1 / 2, 258, 516 / 516, 1, 517
⓯ 203 … 3 / 4, 203, 812 / 812, 3, 815

86쪽

❶ 12 … 1
/ 2×12＝24,
24+1＝25

❷ 7 … 2
/ 6×7＝42,
42+2＝44

❸ 6 … 4
/ 9×6＝54,
54+4＝58

❹ 12 … 5
/ 6×12＝72,
72+5＝77

❺ 20 … 2
/ 4×20＝80,
80+2＝82

❻ 13 … 3
/ 7×13＝91,
91+3＝94

❼ 46 … 1
/ 9×46＝414,
414+1＝415

❽ 275 … 2
/ 3×275＝825,
825+2＝827

87쪽

❾ 4 … 6
/ 8×4＝32,
32+6＝38

❿ 10 … 2
/ 4×10＝40,
40+2＝42

⓫ 14 … 2
/ 4×14＝56,
56+2＝58

⓬ 14 … 3
/ 5×14＝70,
70+3＝73

⓭ 12 … 2
/ 7×12＝84,
84+2＝86

⓮ 31 … 2
/ 3×31＝93,
93+2＝95

⓯ 16 … 1
/ 6×16＝96,
96+1＝97

⓰ 93 … 2
/ 4×93＝372,
372+2＝374

⓱ 297 … 1
/ 2×297＝594,
594+1＝595

⓲ 79 … 5
/ 9×79＝711,
711+5＝716

❻ ~ ❽ 다르게 풀기

88쪽

❶ 28
❷ 27
❸ 75
❹ 152
❺ 69
❻ 140
❼ 99
❽ 373
❾ 89
❿ 318

89쪽

⓫ 54, 3 / 5×54＝270,
270+3＝273

⓬ 53, 2 / 6×53＝318,
318+2＝320

⓭ 83, 2 / 6×83＝498,
498+2＝500

⓮ 82, 3 / 8×82＝656,
656+3＝659

⓯ 247, 2 / 3×247＝741,
741+2＝743

⓰ 195, 4 / 5×195＝975,
975+4＝979

⓱ 114, 6, 19

비법 강의 초등에서 푸는 **방정식 계산 비법**

90쪽

❶ 20, 20
❷ 11, 11
❸ 15, 15
❹ 12, 12
❺ 30, 30
❻ 25, 25
❼ 13, 13
❽ 21, 21

91쪽

❾ 13, 13
❿ 32, 32
⓫ 31, 31
⓬ 47, 47
⓭ 96, 96
⓮ 15, 15
⓯ 41, 41
⓰ 48, 48
⓱ 102, 102
⓲ 113, 113

21일차

92쪽

1 15
2 12
3 19
4 33 ⋯ 1
5 12 ⋯ 2
6 54
7 238 ⋯ 1

8 10
9 13
10 17
11 8 ⋯ 7
12 12 ⋯ 1
13 53
14 51 ⋯ 3
15 130 ⋯ 4

93쪽

16 13 ⋯ 1 / 2 × 13 = 26, 26 + 1 = 27
17 14 ⋯ 3 / 4 × 14 = 56, 56 + 3 = 59
18 21 ⋯ 2 / 3 × 21 = 63, 63 + 2 = 65
19 43 ⋯ 2 / 5 × 43 = 215, 215 + 2 = 217
20 64 ⋯ 5 / 9 × 64 = 576, 576 + 5 = 581

21 20
22 34
23 28
24 29
25 135

🔁 틀린 문제는 **클리닉 북**에서 보충할 수 있습니다.

1	9쪽	5	13쪽	8	9쪽	12	13쪽	16	16쪽	19	16쪽	21	9쪽	24	14쪽
2	10쪽	6	14쪽	9	10쪽	13	14쪽	17	16쪽	20	16쪽	22	10쪽	25	14쪽
3	11쪽	7	15쪽	10	11쪽	14	15쪽	18	16쪽			23	11쪽		
4	12쪽			11	12쪽	15	15쪽								

3. 원

① 원의 중심, 반지름, 지름

1일차

96쪽

❶ 점 ㄴ
❷ 점 ㄷ
❸ 점 ㄷ
❹ 점 ㄹ

97쪽

❺ 선분 ㅇㄹ
❻ 선분 ㅇㄷ
❼ 선분 ㅇㄴ, 선분 ㅇㅁ
❽ 선분 ㅇㄴ, 선분 ㅇㄹ

❾ 선분 ㄷㅂ
❿ 선분 ㄱㄷ
⓫ 선분 ㄷㅂ
⓬ 선분 ㄱㄹ

② 원의 지름의 성질

2일차

98쪽

❶ 선분 ㄱㄹ
❷ 선분 ㄴㄹ
❸ 선분 ㄱㄹ
❹ 선분 ㄴㅂ

❺ 선분 ㄱㄷ
❻ 선분 ㄷㅅ
❼ 선분 ㄷㅅ
❽ 선분 ㄴㅂ

99쪽

❾ 선분 ㄴㅅ / 선분 ㄴㅅ
❿ 선분 ㄹㅊ / 선분 ㄹㅊ
⓫ 선분 ㄱㄹ / 선분 ㄱㄹ
⓬ 선분 ㄷㅂ / 선분 ㄷㅂ

⓭ 선분 ㄷㅂ / 선분 ㄷㅂ
⓮ 선분 ㄴㅂ / 선분 ㄴㅂ
⓯ 선분 ㄴㅁ / 선분 ㄴㅁ
⓰ 선분 ㄷㅅ / 선분 ㄷㅅ

4. 분수

② 분수만큼 알아보기

3일차

110쪽

❶ 2, 4
❷ 2, 8
❸ 4, 12
❹ 3, 15

111쪽

❺ 2, 6
❻ 3, 9
❼ 5, 10
❽ 4, 20

4일차

112쪽

❶ 2, 8
❷ 7, 21
❸ 5, 15
❹ 4, 32

113쪽

❺ 2, 6
❻ 6, 12
❼ 14, 9
❽ 8, 21

③ 진분수, 가분수, 대분수

5일차

114쪽

❶ $\frac{1}{2}$, $\frac{2}{7}$
❷ $\frac{5}{6}$, $\frac{1}{4}$
❸ $\frac{4}{9}$, $\frac{3}{10}$
❹ $\frac{5}{7}$, $\frac{7}{10}$, $\frac{1}{5}$
❺ $\frac{7}{8}$, $\frac{3}{4}$, $\frac{5}{12}$
❻ $\frac{2}{5}$, $\frac{8}{13}$, $\frac{4}{6}$

115쪽

❼ $\frac{5}{5}$, $\frac{9}{7}$
❽ $\frac{13}{5}$, $\frac{4}{4}$
❾ $\frac{8}{7}$, $\frac{10}{10}$
❿ $\frac{11}{11}$, $\frac{9}{4}$, $\frac{8}{2}$
⓫ $\frac{7}{7}$, $\frac{7}{4}$, $\frac{10}{7}$
⓬ $\frac{4}{3}$, $\frac{2}{2}$, $\frac{9}{6}$

⓭ $1\frac{4}{5}$, $5\frac{1}{2}$
⓮ $2\frac{5}{7}$, $1\frac{1}{9}$
⓯ $9\frac{5}{6}$, $4\frac{3}{10}$
⓰ $3\frac{1}{3}$, $1\frac{3}{5}$, $5\frac{4}{8}$
⓱ $1\frac{3}{4}$, $6\frac{10}{13}$, $3\frac{5}{8}$
⓲ $7\frac{1}{7}$, $10\frac{2}{3}$, $2\frac{6}{7}$

6일차

116쪽

❶ 진
❷ 가
❸ 가
❹ 대
❺ 진
❻ 가
❼ 가
❽ 대
❾ 가
❿ 대
⓫ 진
⓬ 진
⓭ 진
⓮ 가
⓯ 대
⓰ 진
⓱ 대
⓲ 진
⓳ 대
⓴ 가
㉑ 진

117쪽

㉒ $\frac{3}{4}$, $\frac{4}{7}$, $\frac{1}{5}$ / $\frac{6}{5}$, $\frac{11}{6}$ / $1\frac{8}{9}$, $3\frac{2}{3}$, $1\frac{1}{2}$
㉓ $\frac{2}{9}$, $\frac{7}{10}$, $\frac{3}{11}$ / $\frac{10}{7}$, $\frac{3}{3}$, $\frac{9}{8}$ / $5\frac{5}{6}$, $2\frac{2}{5}$
㉔ $\frac{5}{6}$, $\frac{6}{8}$, $\frac{1}{3}$ / $\frac{7}{4}$, $\frac{3}{2}$ / $5\frac{1}{5}$, $1\frac{7}{9}$, $4\frac{2}{11}$
㉕ $\frac{5}{7}$, $\frac{1}{8}$, $\frac{2}{3}$ / $\frac{6}{6}$, $\frac{10}{9}$, $\frac{9}{5}$ / $2\frac{1}{6}$, $1\frac{4}{13}$

7일 차

118쪽

❶ $\dfrac{7}{3}$

❷ $\dfrac{13}{4}$

❸ $\dfrac{23}{6}$

❹ $\dfrac{19}{8}$

119쪽

❺ $2\dfrac{1}{2}$

❻ $1\dfrac{1}{3}$

❼ $1\dfrac{3}{4}$

❽ $1\dfrac{2}{5}$

8일 차

120쪽

❶ $\dfrac{11}{2}$

❷ $\dfrac{4}{3}$

❸ $\dfrac{8}{3}$

❹ $\dfrac{9}{4}$

❺ $\dfrac{15}{4}$

❻ $\dfrac{14}{5}$

❼ $\dfrac{28}{5}$

❽ $\dfrac{29}{6}$

❾ $\dfrac{9}{7}$

❿ $\dfrac{20}{7}$

⓫ $\dfrac{13}{8}$

⓬ $\dfrac{43}{8}$

⓭ $\dfrac{23}{9}$

⓮ $\dfrac{35}{9}$

⓯ $\dfrac{17}{10}$

⓰ $\dfrac{33}{10}$

⓱ $\dfrac{27}{11}$

⓲ $\dfrac{43}{12}$

⓳ $\dfrac{77}{15}$

⓴ $\dfrac{25}{17}$

㉑ $\dfrac{83}{20}$

121쪽

㉒ $4\dfrac{1}{2}$

㉓ $5\dfrac{1}{2}$

㉔ $2\dfrac{1}{3}$

㉕ $3\dfrac{1}{3}$

㉖ $1\dfrac{1}{4}$

㉗ $3\dfrac{3}{4}$

㉘ $3\dfrac{2}{5}$

㉙ $1\dfrac{1}{6}$

㉚ $1\dfrac{5}{6}$

㉛ $2\dfrac{1}{7}$

㉜ $2\dfrac{6}{7}$

㉝ $1\dfrac{3}{8}$

㉞ $3\dfrac{1}{8}$

㉟ $1\dfrac{2}{9}$

㊱ $2\dfrac{2}{9}$

㊲ $4\dfrac{9}{10}$

㊳ $1\dfrac{8}{11}$

㊴ $2\dfrac{1}{12}$

㊵ $1\dfrac{7}{13}$

㊶ $2\dfrac{3}{16}$

㊷ $1\dfrac{11}{19}$

9일 차

122쪽

❶ <

❷ <

❸ >

❹ >

❺ >

❻ >

❼ <

❽ <

❾ <

❿ <

⓫ >

⓬ >

⓭ <

⓮ <

123쪽

⓯ >

⓰ <

⓱ <

⓲ <

⓳ >

⓴ >

㉑ >

㉒ <

㉓ <

㉔ >

㉕ <

㉖ >

㉗ <

㉘ <

㉙ >

㉚ >

㉛ <

㉜ >

㉝ <

㉞ >

㉟ >

10일 차

124쪽			125쪽		
❶ <	❽ >	⓯ <	㉒ >	㉙ <	㊱ >
❷ <	❾ <	⓰ <	㉓ >	㉚ >	㊲ <
❸ <	❿ >	⓱ <	㉔ <	㉛ <	㊳ >
❹ >	⓫ >	⓲ >	㉕ >	㉜ >	㊴ <
❺ <	⓬ <	⓳ <	㉖ >	㉝ <	㊵ >
❻ <	⓭ >	⓴ >	㉗ <	㉞ >	㊶ <
❼ >	⓮ >	㉑ >	㉘ <	㉟ <	㊷ >

6 가분수와 대분수의 크기 비교

11일 차

126쪽		127쪽		
❶ >	❽ <	⓯ >	㉒ =	㉙ >
❷ >	❾ =	⓰ <	㉓ <	㉚ <
❸ >	❿ >	⓱ =	㉔ <	㉛ <
❹ <	⓫ <	⓲ >	㉕ >	㉜ >
❺ <	⓬ <	⓳ <	㉖ <	㉝ =
❻ >	⓭ <	⓴ <	㉗ >	㉞ <
❼ =	⓮ <	㉑ >	㉘ >	㉟ >

12일 차

128쪽			129쪽		
❶ <	❽ >	⓯ >	㉒ =	㉙ >	㊱ >
❷ <	❾ <	⓰ >	㉓ <	㉚ =	㊲ <
❸ <	❿ <	⓱ <	㉔ >	㉛ >	㊳ =
❹ >	⓫ =	⓲ >	㉕ >	㉜ >	㊴ >
❺ =	⓬ >	⓳ =	㉖ <	㉝ <	㊵ <
❻ <	⓭ >	⓴ >	㉗ >	㉞ >	㊶ <
❼ >	⓮ <	㉑ <	㉘ <	㉟ <	㊷ >

13일차

130쪽

1 4, $\dfrac{3}{4}$

2 3, $\dfrac{2}{3}$

3 2, $\dfrac{1}{2}$

4 2, 10

5 5, 15

6 3, 12

131쪽

7 가

8 진

9 대

10 $\dfrac{11}{3}$

11 $\dfrac{23}{5}$

12 $2\dfrac{1}{6}$

13 $5\dfrac{4}{7}$

14 <

15 <

16 >

17 <

18 >

19 =

20 >

틀린 문제는 **클리닉 북**에서 보충할 수 있습니다.

1 21쪽
2 21쪽
3 21쪽
4 22쪽
5 22쪽
6 22쪽
7 23쪽
8 23쪽
9 23쪽
10 24쪽
11 24쪽
12 24쪽
13 24쪽
14 25쪽
15 25쪽
16 25쪽
17 26쪽
18 26쪽
19 26쪽
20 26쪽

5. 들이와 무게

① 1 L와 1 mL의 관계

1일차

134쪽

❶ 2000
❷ 4000
❸ 5000
❹ 6000
❺ 8000
❻ 11000
❼ 14000

❽ 1
❾ 3
❿ 7
⓫ 9
⓬ 16
⓭ 27
⓮ 38

135쪽

⓯ 1400
⓰ 3100
⓱ 6530
⓲ 7090
⓳ 12600
⓴ 25710
㉑ 31020

㉒ 1, 800
㉓ 2, 300
㉔ 5, 120
㉕ 8, 470
㉖ 10, 240
㉗ 35, 490
㉘ 42, 70

2일차

136쪽

❶ 1000
❷ 3000
❸ 7000
❹ 9000
❺ 15000
❻ 21000
❼ 54000

❽ 1600
❾ 2300
❿ 4500
⓫ 8170
⓬ 10620
⓭ 29030
⓮ 40070

137쪽

⓯ 2
⓰ 4
⓱ 5
⓲ 6
⓳ 13
⓴ 20
㉑ 59

㉒ 1, 500
㉓ 3, 600
㉔ 7, 280
㉕ 9, 10
㉖ 14, 360
㉗ 30, 100
㉘ 40, 50

② 들이의 덧셈

3일차

138쪽

❶ 2, 700
❷ 3, 500
❸ 5, 900
❹ 4, 700
❺ 7, 800
❻ 7, 800
❼ 9, 850
❽ 9, 550
❾ 9, 450
❿ 11, 750
⓫ 17, 730
⓬ 15, 800

139쪽

⓭ 4, 100
⓮ 8, 200
⓯ 7, 500
⓰ 5, 100
⓱ 9, 300
⓲ 6, 400
⓳ 8, 50
⓴ 9, 350
㉑ 9, 250
㉒ 11, 450
㉓ 13, 410
㉔ 12, 500

4일차

140쪽

❶ 5 L 300 mL
❷ 4 L 900 mL
❸ 4 L 750 mL
❹ 9 L 500 mL
❺ 7 L 300 mL
❻ 8 L 100 mL
❼ 7 L 150 mL
❽ 9 L 450 mL
❾ 9 L 350 mL
❿ 12 L 260 mL
⓫ 10 L 300 mL
⓬ 16 L 100 mL

141쪽

⓭ 2 L 500 mL
⓮ 4 L 800 mL
⓯ 6 L 500 mL
⓰ 8 L 800 mL
⓱ 5 L 740 mL
⓲ 5 L 450 mL
⓳ 9 L 600 mL
⓴ 8 L 100 mL
㉑ 9 L 300 mL
㉒ 8 L 50 mL
㉓ 10 L 210 mL
㉔ 14 L 150 mL
㉕ 17 L 650 mL
㉖ 15 L 100 mL

③ 들이의 뺄셈

5일차

142쪽

❶ 1, 700
❷ 2, 100
❸ 2, 400
❹ 2, 300
❺ 5, 200
❻ 2, 100
❼ 5, 150
❽ 3, 500
❾ 1, 450
❿ 8, 250
⓫ 8, 650
⓬ 6, 150

143쪽

⓭ 1, 600
⓮ 2, 600
⓯ 1, 500
⓰ 2, 800
⓱ 2, 600
⓲ 1, 900
⓳ 3, 600
⓴ 3, 350
㉑ 6, 650
㉒ 5, 300
㉓ 2, 550
㉔ 7, 250

6일차

144쪽

❶ 2 L 200 mL
❷ 2 L 100 mL
❸ 1 L 740 mL
❹ 3 L 500 mL
❺ 1 L 600 mL
❻ 4 L 800 mL
❼ 1 L 850 mL
❽ 6 L 700 mL
❾ 4 L 540 mL
❿ 5 L 350 mL
⓫ 6 L 650 mL
⓬ 7 L 650 mL

145쪽

⓭ 1 L 100 mL
⓮ 1 L 300 mL
⓯ 3 L 200 mL
⓰ 2 L 100 mL
⓱ 4 L 650 mL
⓲ 2 L 340 mL
⓳ 2 L 550 mL
⓴ 2 L 500 mL
㉑ 6 L 600 mL
㉒ 5 L 830 mL
㉓ 2 L 730 mL
㉔ 8 L 750 mL
㉕ 8 L 650 mL
㉖ 9 L 900 mL

7일차

146쪽

❶ 4 L 800 mL
❷ 4 L 300 mL
❸ 9 L 100 mL
❹ 7 L 670 mL
❺ 12 L 150 mL
❻ 2 L 400 mL
❼ 1 L 800 mL
❽ 4 L 300 mL
❾ 1 L 810 mL
❿ 6 L 650 mL

147쪽

⑪ 7 L 800 mL
⑫ 9 L 100 mL
⑬ 13 L 530 mL
⑭ 2 L 700 mL
⑮ 1 L 900 mL
⑯ 8 L 630 mL
⑰ 1, 350 / 1, 800 / 3, 150

④ 1 kg, 1 g, 1 t의 관계

8일차

148쪽

❶ 2000
❷ 3000
❸ 8000
❹ 12000
❺ 1000
❻ 5000
❼ 24000
❽ 1
❾ 4
❿ 9
⑪ 15
⑫ 2
⑬ 7
⑭ 13

149쪽

⑮ 1400
⑯ 4600
⑰ 5520
⑱ 8010
⑲ 19900
⑳ 27210
㉑ 32070
㉒ 1, 200
㉓ 2, 800
㉔ 3, 140
㉕ 7, 530
㉖ 13, 750
㉗ 20, 480
㉘ 27, 65

9일차

150쪽

❶ 1000
❷ 4000
❸ 9000
❹ 41000
❺ 2000
❻ 7000
❼ 14000
❽ 2700
❾ 3100
❿ 5900
⑪ 8380
⑫ 15540
⑬ 37075
⑭ 50060

151쪽

⑮ 3
⑯ 7
⑰ 8
⑱ 35
⑲ 1
⑳ 5
㉑ 29
㉒ 1, 900
㉓ 4, 200
㉔ 6, 550
㉕ 9, 100
㉖ 10, 160
㉗ 23, 45
㉘ 41, 80

⑤ 무게의 덧셈

10일차

152쪽

❶ 2, 500
❷ 5, 600
❸ 4, 800
❹ 7, 900
❺ 6, 700
❻ 6, 900
❼ 9, 950
❽ 7, 660
❾ 8, 750
❿ 10, 750
⑪ 12, 850
⑫ 14, 700

153쪽

⑬ 6, 200
⑭ 6, 100
⑮ 4, 300
⑯ 6, 500
⑰ 6, 100
⑱ 8, 500
⑲ 8, 330
⑳ 9, 550
㉑ 9, 250
㉒ 13, 180
㉓ 17, 150
㉔ 11, 100

11일차

154쪽

❶ 6 kg 500 g
❷ 6 kg 900 g
❸ 4 kg 950 g
❹ 7 kg 200 g
❺ 8 kg 400 g
❻ 7 kg 200 g
❼ 9 kg 550 g
❽ 9 kg 170 g
❾ 9 kg 340 g
❿ 12 kg 280 g
⓫ 10 kg 150 g
⓬ 19 kg 300 g

155쪽

⓭ 2 kg 600 g
⓮ 7 kg 900 g
⓯ 6 kg 600 g
⓰ 5 kg 700 g
⓱ 8 kg 960 g
⓲ 5 kg 730 g
⓳ 7 kg 750 g
⓴ 8 kg 400 g
㉑ 9 kg 300 g
㉒ 8 kg 40 g
㉓ 12 kg 180 g
㉔ 15 kg 330 g
㉕ 11 kg 400 g
㉖ 17 kg 50 g

❻ 무게의 뺄셈

12일차

156쪽

❶ 1, 100
❷ 1, 300
❸ 3, 400
❹ 1, 300
❺ 3, 100
❻ 2, 300
❼ 2, 150
❽ 8, 300
❾ 3, 220
❿ 3, 160
⓫ 8, 350
⓬ 6, 250

157쪽

⓭ 1, 300
⓮ 1, 800
⓯ 2, 900
⓰ 3, 800
⓱ 3, 500
⓲ 1, 900
⓳ 3, 940
⓴ 3, 550
㉑ 1, 740
㉒ 4, 420
㉓ 8, 650
㉔ 8, 950

13일차

158쪽

❶ 2 kg 200 g
❷ 2 kg 100 g
❸ 1 kg 370 g
❹ 1 kg 600 g
❺ 3 kg 600 g
❻ 1 kg 300 g
❼ 4 kg 550 g
❽ 1 kg 870 g
❾ 7 kg 930 g
❿ 7 kg 850 g
⓫ 6 kg 400 g
⓬ 6 kg 750 g

159쪽

⓭ 1 kg 200 g
⓮ 1 kg 100 g
⓯ 3 kg 500 g
⓰ 2 kg 100 g
⓱ 4 kg 210 g
⓲ 1 kg 500 g
⓳ 6 kg 250 g
⓴ 3 kg 800 g
㉑ 6 kg 800 g
㉒ 3 kg 670 g
㉓ 7 kg 720 g
㉔ 4 kg 380 g
㉕ 5 kg 600 g
㉖ 9 kg 650 g

❺ ~ ❻ 다르게 풀기

14일차

160쪽

❶ 4 kg 900 g
❷ 9 kg 200 g
❸ 6 kg 100 g
❹ 9 kg 750 g
❺ 14 kg 500 g
❻ 2 kg 400 g
❼ 3 kg 700 g
❽ 1 kg 400 g
❾ 5 kg 340 g
❿ 5 kg 150 g

161쪽

⓫ 3 kg 700 g
⓬ 8 kg 100 g
⓭ 11 kg 820 g
⓮ 2 kg 100 g
⓯ 3 kg 600 g
⓰ 9 kg 550 g
⓱ 6, 700 / 5, 200 / 1, 500

15일 차

162쪽

1 2000	8 6 L 700 mL
2 3700	9 8 L 250 mL
3 8, 140	10 4 L 650 mL
4 5000	11 5 kg 600 g
5 9	12 2 kg 850 g
6 4820	13 5 kg 100 g
7 13, 40	

163쪽

14 4 L 660 mL	21 9 L 600 mL
15 14 L 100 mL	22 3 L 450 mL
16 5 L 550 mL	23 4 kg 300 g
17 2 L 600 mL	24 3 kg 630 g
18 4 kg 850 g	25 3 kg 550 g
19 12 kg 270 g	
20 3 kg 600 g	

🔗 틀린 문제는 **클리닉 북**에서 보충할 수 있습니다.

1	27쪽	8	28쪽	14	28쪽	21	28쪽
2	27쪽	9	28쪽	15	28쪽	22	29쪽
3	27쪽	10	29쪽	16	29쪽	23	31쪽
4	30쪽	11	31쪽	17	29쪽	24	32쪽
5	30쪽	12	32쪽	18	31쪽	25	32쪽
6	30쪽	13	32쪽	19	31쪽		
7	30쪽			20	32쪽		

6. 그림그래프

① 그림그래프

1일 차

166쪽

❶ 10권, 1권
❷ 24권
❸ 백과사전, 40권
❹ 동화책

167쪽

❺ 10명, 1명
❻ 43명
❼ 과학, 국어, 사회, 수학
❽ 4명

❷ 그림그래프로 나타내기

2일차

168쪽

❶ 색깔별 구슬 수

색깔	구슬 수
빨간색	◎◎◎◎◎○○
노란색	◎◎○○○○○○
파란색	◎◎◎◎○○○
보라색	◎◎◎

◎10개 ○1개

❷ 학예회 종목별 참가 학생 수

종목	학생 수
무용	◎○○○○○
합창	◎◎◎○
합주	◎◎◎○○○○
연극	◎◎○○○○○○○

◎10명 ○1명

169쪽

❸ 학생들의 혈액형

혈액형	학생 수
A형	◎◎◎◎○○○○
B형	◎◎
AB형	◎○○
O형	◎◎◎○○○○○○

◎10명 ○1명

❹ 진아와 친구들이 줄넘기를 한 횟수

이름	줄넘기 횟수
진아	◎◎◎○○○
선호	◎◎◎◎◎
하나	◎○○○○○
미정	◎◎◎◎◎○

◎10회 ○1회

❺ 마을별 자동차 수

마을	자동차 수
가	◎○○
나	◎◎○○○○○
다	◎◎◎○○
라	◎◎○○○○

◎10대 ○1대

❻ 학생들이 좋아하는 운동

운동	학생 수
야구	◎◎◎○○○○○
축구	◎◎◎◎○○
농구	◎○○○○○
배구	◎◎○○○

◎10명 ○1명

평가 6. 그림그래프

3일차

170쪽

1 10회, 1회
2 40회
3 재우
4 경호, 영지, 미혜, 재우
5 10명, 1명
6 33명
7 미국
8 24명

171쪽

9 과수원별 귤 생산량

과수원	귤 생산량
가	◎◎◎
나	◎○○○○○○
다	◎○
라	◎◎◎◎○○○

◎10상자 ○1상자

10 도서관에서 빌려 온 책의 수

월	책의 수
9월	◎◎◎◎◎○
10월	◎◎◎○○○
11월	◎◎○○○○○
12월	◎◎○○○○○○

◎10권 ○1권

11 목장에서 기르고 있는 동물 수

종류	동물 수
소	○○○○○○○○
돼지	◎◎○○○○○○◎
오리	◎○○○○○
닭	◎◎◎◎

◎10마리 ○1마리

12 마을별 심은 나무 수

마을	나무 수
가	◎○○○
나	◎◎○○
다	◎◎◎◎○○○○○
라	◎◎◎○○

◎10그루 ○1그루

틀린 문제는 **클리닉 북**에서 보충할 수 있습니다.

1 33쪽
2 33쪽
3 33쪽
4 33쪽
5 33쪽
6 33쪽
7 33쪽
8 33쪽
9 34쪽
10 34쪽
11 34쪽
12 34쪽

1. 곱셈

1쪽 ① 올림이 없는 (세 자리 수) × (한 자리 수)

① 248 ② 399 ③ 268
④ 406 ⑤ 699 ⑥ 903
⑦ 624 ⑧ 820 ⑨ 844
⑩ 264 ⑪ 288 ⑫ 428
⑬ 663 ⑭ 468 ⑮ 930
⑯ 969 ⑰ 802 ⑱ 868

2쪽 ② 일의 자리에서 올림이 있는 (세 자리 수) × (한 자리 수)

① 351 ② 372 ③ 250
④ 864 ⑤ 675 ⑥ 918
⑦ 658 ⑧ 836 ⑨ 850
⑩ 763 ⑪ 378 ⑫ 274
⑬ 868 ⑭ 454 ⑮ 478
⑯ 948 ⑰ 656 ⑱ 874

3쪽 ③ 십, 백의 자리에서 올림이 있는 (세 자리 수) × (한 자리 수)

① 805 ② 876 ③ 704
④ 2055 ⑤ 4509 ⑥ 2484
⑦ 5760 ⑧ 2586 ⑨ 1908
⑩ 489 ⑪ 816 ⑫ 784
⑬ 2807 ⑭ 1086 ⑮ 1836
⑯ 3805 ⑰ 3568 ⑱ 1968

4쪽 ④ (몇십) × (몇십)

① 1000 ② 1200 ③ 2400
④ 4000 ⑤ 1200 ⑥ 3600
⑦ 3500 ⑧ 2400 ⑨ 6300
⑩ 1800 ⑪ 2100 ⑫ 2000
⑬ 2800 ⑭ 2500 ⑮ 5400
⑯ 5600 ⑰ 4800 ⑱ 1800

5쪽 ⑤ (몇십몇) × (몇십)

① 390 ② 840 ③ 1950
④ 3220 ⑤ 2080 ⑥ 1320
⑦ 3750 ⑧ 2460 ⑨ 5820
⑩ 950 ⑪ 750 ⑫ 1110
⑬ 2400 ⑭ 2160 ⑮ 4140
⑯ 1540 ⑰ 6880 ⑱ 6510

6쪽 ⑥ (몇) × (몇십몇)

① 54 ② 192 ③ 141
④ 152 ⑤ 65 ⑥ 198
⑦ 378 ⑧ 200 ⑨ 693
⑩ 108 ⑪ 204 ⑫ 104
⑬ 170 ⑭ 72 ⑮ 498
⑯ 252 ⑰ 504 ⑱ 405

7	올림이 한 번 있는 (몇십몇) × (몇십몇)	
❶ 455	❷ 322	❸ 456
❹ 1008	❺ 636	❻ 744
❼ 1278	❽ 2573	❾ 1729
❿ 285	⓫ 576	⓬ 1054
⓭ 1148	⓮ 676	⓯ 1323
⓰ 1008	⓱ 5751	⓲ 1209

8쪽 8	올림이 여러 번 있는 (몇십몇) × (몇십몇)	
❶ 612	❷ 2325	❸ 900
❹ 836	❺ 3534	❻ 3024
❼ 2052	❽ 1312	❾ 3610
❿ 1275	⓫ 1176	⓬ 663
⓭ 1692	⓮ 1537	⓯ 3672
⓰ 2044	⓱ 6438	⓲ 3312

2. 나눗셈

9쪽 1	(몇십) ÷ (몇)	
❶ 20	❷ 10	❸ 20
❹ 40	❺ 15	❻ 15
❼ 14	❽ 45	❾ 18
❿ 30	⓫ 10	⓬ 20
⓭ 30	⓮ 25	⓯ 12
⓰ 35	⓱ 16	⓲ 15

10쪽 2	내림이 없는 (몇십몇) ÷ (몇)	
❶ 12	❷ 13	❸ 11
❹ 13	❺ 22	❻ 21
❼ 34	❽ 21	❾ 33
❿ 14	⓫ 12	⓬ 21
⓭ 12	⓮ 11	⓯ 32
⓰ 23	⓱ 44	⓲ 31

11쪽 3	내림이 있는 (몇십몇) ÷ (몇)	
❶ 16	❷ 19	❸ 15
❹ 17	❺ 13	❻ 17
❼ 37	❽ 14	❾ 12
❿ 18	⓫ 14	⓬ 19
⓭ 16	⓮ 24	⓯ 15
⓰ 27	⓱ 12	⓲ 16

12쪽 4	내림이 없고 나머지가 있는 (몇십몇) ÷ (몇)	
❶ 8 ⋯ 2	❷ 5 ⋯ 5	❸ 8 ⋯ 3
❹ 8 ⋯ 2	❺ 9 ⋯ 4	❻ 9 ⋯ 6
❼ 21 ⋯ 1	❽ 11 ⋯ 2	❾ 32 ⋯ 1
❿ 9 ⋯ 1	⓫ 6 ⋯ 4	⓬ 8 ⋯ 5
⓭ 7 ⋯ 7	⓮ 8 ⋯ 7	⓯ 9 ⋯ 2
⓰ 12 ⋯ 1	⓱ 21 ⋯ 1	⓲ 20 ⋯ 1

13쪽 5	내림이 있고 나머지가 있는 (몇십몇) ÷ (몇)	
❶ 18 ⋯ 1	❷ 13 ⋯ 2	❸ 12 ⋯ 3
❹ 13 ⋯ 2	❺ 12 ⋯ 4	❻ 24 ⋯ 1
❼ 12 ⋯ 5	❽ 14 ⋯ 1	❾ 24 ⋯ 3
❿ 16 ⋯ 1	⓫ 18 ⋯ 1	⓬ 14 ⋯ 1
⓭ 13 ⋯ 2	⓮ 35 ⋯ 1	⓯ 19 ⋯ 1
⓰ 28 ⋯ 1	⓱ 14 ⋯ 4	⓲ 23 ⋯ 3

14쪽 6	나머지가 없는 (세 자리 수) ÷ (한 자리 수)	
❶ 113	❷ 154	❸ 118
❹ 85	❺ 148	❻ 207
❼ 125	❽ 92	❾ 239
❿ 144	⓫ 115	⓬ 210
⓭ 47	⓮ 175	⓯ 87
⓰ 92	⓱ 169	⓲ 103

❶ 136 ⋯ 1　　❷ 159 ⋯ 1　　❸ 114 ⋯ 3
❹ 185 ⋯ 2　　❺ 67 ⋯ 2　　❻ 219 ⋯ 2
❼ 88 ⋯ 2　　❽ 266 ⋯ 2　　❾ 466 ⋯ 1
❿ 134 ⋯ 1　　⓫ 162 ⋯ 1　　⓬ 111 ⋯ 1
⓭ 208 ⋯ 1　　⓮ 148 ⋯ 3　　⓯ 88 ⋯ 2
⓰ 252 ⋯ 1　　⓱ 99 ⋯ 5　　⓲ 234 ⋯ 1

16쪽　8　계산이 맞는지 확인하기

❶ 11 ⋯ 2 / $3 \times 11 = 33$, $33 + 2 = 35$
❷ 11 ⋯ 3 / $5 \times 11 = 55$, $55 + 3 = 58$
❸ 18 ⋯ 3 / $4 \times 18 = 72$, $72 + 3 = 75$
❹ 75 ⋯ 2 / $3 \times 75 = 225$, $225 + 2 = 227$
❺ 22 ⋯ 1 / $2 \times 22 = 44$, $44 + 1 = 45$
❻ 14 ⋯ 3 / $4 \times 14 = 56$, $56 + 3 = 59$
❼ 21 ⋯ 2 / $3 \times 21 = 63$, $63 + 2 = 65$
❽ 14 ⋯ 3 / $5 \times 14 = 70$, $70 + 3 = 73$
❾ 20 ⋯ 2 / $7 \times 20 = 140$, $140 + 2 = 142$
❿ 158 ⋯ 1 / $2 \times 158 = 316$, $316 + 1 = 317$

3. 원

17쪽　1　원의 중심, 반지름, 지름

❶ 점 ㄴ　　　　　　　❷ 점 ㄷ
❸ 선분 ㅇㄷ　　　　　❹ 선분 ㅇㄴ, 선분 ㅇㄹ
❺ 선분 ㄱㄹ　　　　　❻ 선분 ㄱㄷ

18쪽　2　원의 지름의 성질

❶ 선분 ㄴㅁ　　　　　❷ 선분 ㄱㄹ
❸ 선분 ㄱㄹ　　　　　❹ 선분 ㄱㄹ
❺ 선분 ㄷㅈ / 선분 ㄷㅈ　　❻ 선분 ㄷㅂ / 선분 ㄷㅂ
❼ 선분 ㄴㅁ / 선분 ㄴㅁ　　❽ 선분 ㄷㅁ / 선분 ㄷㅁ

19쪽　3　원의 지름과 반지름 사이의 관계

❶ 6　　　　❷ 8　　　　❸ 12
❹ 18　　　❺ 20　　　❻ 24
❼ 2　　　　❽ 5　　　　❾ 7
❿ 8　　　　⓫ 11　　　⓬ 15

4. 분수

21쪽　1　분수로 나타내기

❶ 5, $\dfrac{4}{5}$

❷ 4, $\dfrac{1}{4}$

❸ $\dfrac{1}{3}$, $\dfrac{2}{3}$

❹ $\dfrac{1}{9}$, $\dfrac{7}{9}$

22쪽　2　분수만큼 알아보기

❶ 3, 6
❷ 6, 30
❸ 5, 10
❹ 2, 8

23쪽　3　진분수, 가분수, 대분수

❶ 대　　　　❷ 가　　　　❸ 진
❹ 대　　　　❺ 진　　　　❻ 가
❼ 가　　　　❽ 대　　　　❾ 진
❿ 대　　　　⓫ 진　　　　⓬ 가
⓭ 진　　　　⓮ 가　　　　⓯ 진
⓰ 대　　　　⓱ 진　　　　⓲ 가
⓳ 가　　　　⓴ 대　　　　㉑ 진

24쪽 4 대분수를 가분수로, 가분수를 대분수로 나타내기

① $\dfrac{7}{2}$ 　② $\dfrac{10}{3}$ 　③ $\dfrac{7}{4}$

④ $\dfrac{12}{5}$ 　⑤ $\dfrac{17}{6}$ 　⑥ $\dfrac{23}{7}$

⑦ $\dfrac{15}{8}$ 　⑧ $\dfrac{19}{9}$ 　⑨ $\dfrac{49}{10}$

⑩ $1\dfrac{1}{2}$ 　⑪ $1\dfrac{2}{3}$ 　⑫ $2\dfrac{3}{4}$

⑬ $1\dfrac{3}{5}$ 　⑭ $4\dfrac{1}{6}$ 　⑮ $2\dfrac{5}{7}$

⑯ $3\dfrac{5}{8}$ 　⑰ $1\dfrac{5}{9}$ 　⑱ $2\dfrac{3}{10}$

25쪽 5 가분수의 크기 비교, 대분수의 크기 비교

① <　② >　③ >

④ <　⑤ <　⑥ >

⑦ <　⑧ <　⑨ >

⑩ <　⑪ >　⑫ <

⑬ >　⑭ <　⑮ <

⑯ >　⑰ <　⑱ <

26쪽 6 가분수와 대분수의 크기 비교

① >　② <　③ <

④ >　⑤ <　⑥ >

⑦ <　⑧ >　⑨ =

⑩ <　⑪ <　⑫ =

⑬ >　⑭ >　⑮ <

⑯ >　⑰ <　⑱ <

5. 들이와 무게

27쪽 1 1 L와 1 mL의 관계

① 3000　　② 8000

③ 9000　　④ 12000

⑤ 2400　　⑥ 5910

⑦ 16320　　⑧ 20040

⑨ 2　　⑩ 5

⑪ 7　　⑫ 11

⑬ 4, 900　　⑭ 8, 320

⑮ 10, 730　　⑯ 24, 90

28쪽 2 들이의 덧셈

① 4 L 500 mL　② 7 L 900 mL

③ 4 L 750 mL　④ 9 L 200 mL

⑤ 9 L 350 mL　⑥ 13 L 760 mL

⑦ 3 L 600 mL　⑧ 7 L 500 mL

⑨ 7 L 720 mL　⑩ 8 L 100 mL

⑪ 9 L 190 mL　⑫ 12 L 300 mL

29쪽 3 들이의 뺄셈

① 1 L 100 mL　② 1 L 200 mL

③ 2 L 350 mL　④ 5 L 300 mL

⑤ 3 L 650 mL　⑥ 6 L 660 mL

⑦ 2 L 400 mL　⑧ 1 L 600 mL

⑨ 4 L 150 mL　⑩ 2 L 900 mL

⑪ 1 L 870 mL　⑫ 5 L 840 mL

30쪽 4 1 kg, 1 g, 1 t의 관계

❶ 3000
❷ 5000
❸ 8000
❹ 16000
❺ 1700
❻ 4290
❼ 7100
❽ 13070
❾ 4
❿ 19
⓫ 7
⓬ 12
⓭ 3, 100
⓮ 6, 540
⓯ 9, 120
⓰ 15, 90

31쪽 5 무게의 덧셈

❶ 2 kg 800 g
❷ 6 kg 600 g
❸ 5 kg 660 g
❹ 7 kg 500 g
❺ 8 kg 160 g
❻ 12 kg 200 g
❼ 3 kg 900 g
❽ 4 kg 600 g
❾ 7 kg 950 g
❿ 9 kg 100 g
⓫ 9 kg 60 g
⓬ 16 kg 260 g

32쪽 6 무게의 뺄셈

❶ 1 kg 500 g
❷ 2 kg 700 g
❸ 1 kg 150 g
❹ 2 kg 900 g
❺ 1 kg 550 g
❻ 8 kg 550 g
❼ 2 kg 200 g
❽ 4 kg 100 g
❾ 5 kg 100 g
❿ 1 kg 700 g
⓫ 4 kg 580 g
⓬ 5 kg 570 g

6. 그림그래프

33쪽 1 그림그래프

❶ 10명, 1명
❷ 27명
❸ 윷놀이, 연날리기, 팽이치기, 제기차기
❹ 15명

34쪽 2 그림그래프로 나타내기

❶ 학생들이 태어난 계절

계절	학생 수
봄	◎◎◎○
여름	◎○○○○○
가을	◎◎○○○○
겨울	◎◎○○○○○○○

◎10명 ○1명

❷ 종류별 동물 수

종류	동물 수
양	◎○○○○○○
돼지	◎◎◎○○○
오리	◎◎○
닭	◎◎◎◎◎

◎10마리 ○1마리

❸ 농장별 감자 생산량

농장	생산량
가	◎◎◎
나	◎◎◎◎○○
다	◎◎○○○○○○
라	◎◎◎○○○○

◎10 kg ○1 kg

❹ 학생들이 좋아하는 간식

간식	학생 수
과자	◎◎○○○○○
빵	◎◎◎○
떡	◎○○○○○○○
과일	◎◎◎○○○○○

◎10명 ○1명

900만*의 압도적 선택

학부모 10명 중 9명이 재구매*한
비상교육 온리원 초등

교과서 발행사
전국 99%학교에서
사용하는 비상교과서

검증된 학습법
개뼈노트 업로드 수
누적 80만건 돌파!

업계유일
전과목 그룹형
라이브 화상수업

특허*받은
메타인지 학습법으로
오래 기억되는 공부

독점강의
초등베스트셀러 교재
독점강의 제공

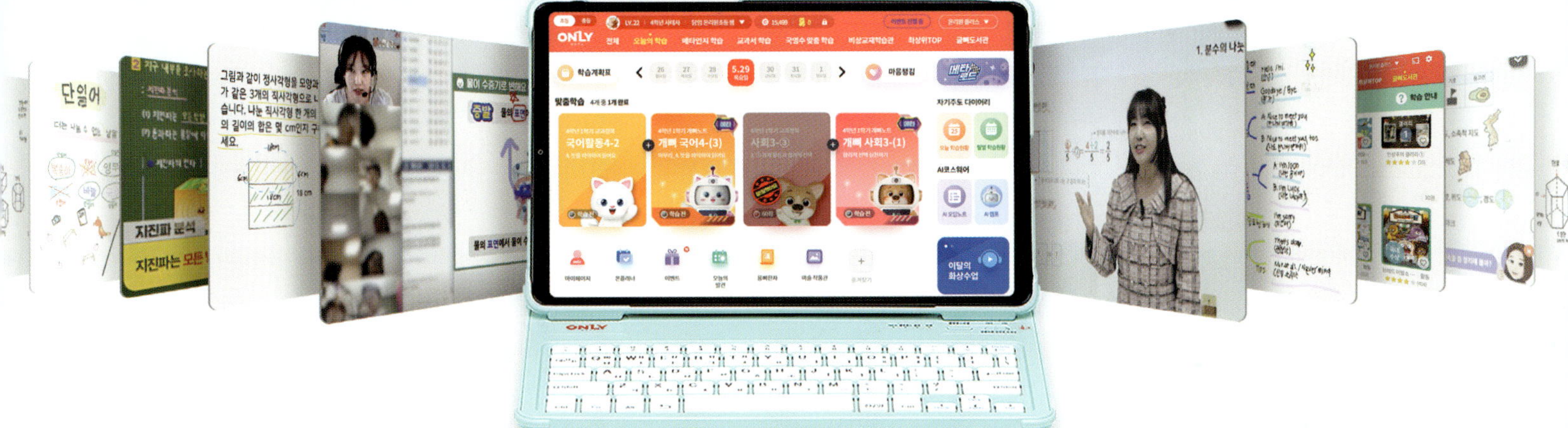

비상교육 온리원 초등 전용 무료 쿠폰북

지금 나에게 필요한 쿠폰 QR코드를 스캔해 보세요!

수준별 맞춤 학습
초등 전과목
10일 무제한 0원 학습

초등 베스트셀러 교재
수/사/과 강의
독점 강의 무료 수강

인기 필독서를 한 번에
WHO? 시리즈
무료 읽기

인기 영어 원서 다 있다!
콜린스, 옥스포드
대학출판사 원서 무료 읽기

비상교육 온리원 ▼

문의 1588-6563 | www.only1.co.kr

+ 개념·플러스·연산 개념과 연산이 만나 수학의 즐거운 학습 시너지를 일으킵니다.

대표전화 1544-0554
주소 경기도 과천시 과천대로2길 54(갈현동, 그라운드브이)